つまずきをなくす

# 小5算数 全分野 基礎からていねいに

西村則康
前田昌宏

実務教育出版

# はじめに

「つまずきをなくす」シリーズは、好評のうちに、計算編・文章題編・図形編、全学年を発刊し、ありがたいことに版を重ね続けています。これは問題集の題名どおり、今まさにつまずいている子どもたちが多い証拠だと考えています。

小学校で学習する算数の基盤を作りあげることは、中学・高校で学習する数学のためにはどうしてもやっておかなければいけないことです。今、小学校の試験でよい点数を取るための努力をすることは、中学以降に学習する数学の基盤を自然に作りあげることになります。そのお役に立てていることは著者冥利に尽きます。ありがとうございます。

「つまずきをなくす」シリーズをすべて作りおえて、もうこれ以上補うことはないだろうと考えていたところ、「もっとコンパクトなものを」という要望を編集部からもらいました。

確かに今の「つまずきをなくす」シリーズを使って、たとえば小学５年生の算数の総復習をしようとすれば、まず、計算編１冊を仕上げ、その後文章題編をもう１冊を解き、図形編の５年生の範囲をやることになります。３冊の大判の問題集を積みあげられて、「これをやりなさい！」と言われる子どもの立場に立てば、コンパクトに全項目が入っている１冊ものがあればよいのに、という気持ちは痛いほどわかります。

そこで、本書を制作するに当たり、３つの大胆な基本方針を立てました。

**❶ この１冊で、その学年の大切な事柄を全部学習できるコンパクトなものにする。**
**❷「なぜそうなるの？」という概念理解を、子どもにわかりやすい形で書き表す。**
**❸ 子どもが無理なく読み進めることで、体感的に理解できることを重視する。**

本書の各項目は、いつも「つまずきをなくす説明」から始まります。この説明は、クマくん（生徒）とフクロウ先生の会話で成り立っています。どこがわからないかを言い表せない子どもに代わって、クマくんが質問しています。また、親御さんが説明する代わりに、フクロウ先生が解説しています。

子ども一人で勉強する場合は、このページを読んでもらうことで、“疑問を発言して”→“解決のヒントをもらって”→“ああ、なるほどと理解する”練習を積むことができます。

親御さんが協力できる場合は、クマくん（生徒）の吹き出しを子どもが音読し、フクロウ先生の部分を親御さんが音読するという使い方をお勧めします。丁寧に内容を理解する最良の練習になります。

そして、これまでの「つまずきをなくす」シリーズと同様に、“文字は大きく・読みやすく・書きこみやすく”は絶対に外せない方針として、継承しています。

前述のとおり、本書は大切な項目をコンパクトにまとめ、子どもたちが、「これだったら、ちょっとがんばればなんとかなりそう」と感じてもらえることを目的にしています。そのために、演習量を意識的に少なくしています。

各項目の見出しの下に、「関連ページ（『つまずきをなくす○○』○○～○○ページ）」を記載しました。本書で、「なるほど、そうだったのか！」と理解したあとに、これまでの「つまずきをなくす」シリーズの該当箇所の演習問題を解くことで、知識の定着は格段に高まります。

本書は、小学校の授業進行と合わせて、その復習として使うことで理解が深まり、学校の試験の点数が上がるという直接的な効果があります。また、予習として使い、小学校の授業をよりスムーズに理解することを目的にした使い方もできます。

本書が、多くの子どもたちの“苦手の芽”を摘み、今後学習する算数や数学に自信を持ってもらえることを心から願っています。

2020年１月　西村則康

# 本書の使い方

算数って、ホントに苦手だな。この前のテストも悪かったし……。

ホーホッホッホ、大丈夫(だいじょうぶ)だよ、クマくん。

あっ、フクロウ先生！

算数が苦手でこまっているんだって？

そうなんだよ。

じゃあ、この『つまずきをなくす 小５ 算数 全分野 基礎(きそ)からていねいに』を使ってみないかい？

でも、算数の参考書や問題集ってむずかしいから……。

この本は算数が苦手なクマくんでもひとりで勉強できるように、ちゃーんと工夫(くふう)をしておいたからね。

本当!?　でも、ひとりで勉強なんて、心配だな……。

そんなことないよ。ほら、こんなふうになっているから。

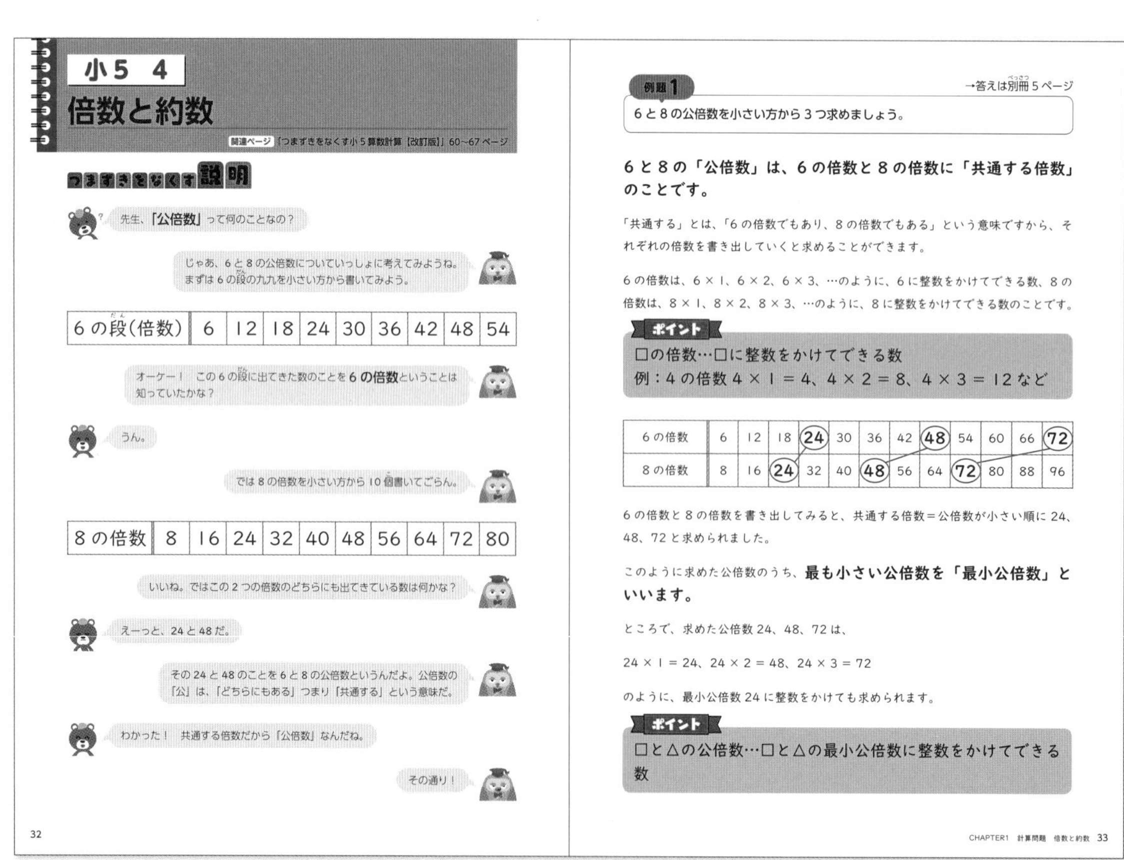

小５　４

## 倍数と約数

関連ページ「つまずきをなくす小５算数計算【改訂版】」60～67ページ

つまずきをなくす説明

先生、**「公倍数」**って何のことなの？

じゃあ、６と８の公倍数についていっしょに考えてみようね。まずは６の段(だん)の九九を小さい方から書いてみよう。

| 6の段(倍数) | 6 | 12 | 18 | 24 | 30 | 36 | 42 | 48 | 54 |
|---|---|---|---|---|---|---|---|---|---|

オーケー！　この６の段に出てきた数のことを**６の倍数**ということは知っていたかな？

うん。

では８の倍数を小さい方から10個書いてごらん。

| 8の倍数 | 8 | 16 | 24 | 32 | 40 | 48 | 56 | 64 | 72 | 80 |
|---|---|---|---|---|---|---|---|---|---|---|

いいね。ではこの２つの倍数のどちらにも出てきている数は何かな？

えーっと、24と48だ。

その24と48のことを６と８の公倍数というんだよ。公倍数の「公」は、「どちらにもある」つまり「共通する」という意味だ。

わかった！　共通する倍数だから「公倍数」なんだね。

その通り！

32

例題１　→答えは別冊(べっさつ)５ページ

６と８の公倍数を小さい方から３つ求めましょう。

**６と８の「公倍数」は、６の倍数と８の倍数に「共通する倍数」のことです。**

「共通する」とは、「６の倍数でもあり、８の倍数でもある」という意味ですから、それぞれの倍数を書き出していくと求めることができます。

６の倍数は、6 × 1、6 × 2、6 × 3、…のように、６に整数をかけてできる数、８の倍数は、8 × 1、8 × 2、8 × 3、…のように、８に整数をかけてできる数のことです。

ポイント
□の倍数…□に整数をかけてできる数
例：４の倍数 4 × 1 = 4、4 × 2 = 8、4 × 3 = 12 など

| 6の倍数 | 6 | 12 | 18 | (24) | 30 | 36 | 42 | (48) | 54 | 60 | 66 | (72) |
|---|---|---|---|---|---|---|---|---|---|---|---|---|
| 8の倍数 | 8 | 16 | (24) | 32 | 40 | (48) | 56 | 64 | (72) | 80 | 88 | 96 |

６の倍数と８の倍数を書き出してみると、共通する倍数＝公倍数が小さい順に24、48、72と求められました。

このように求めた公倍数のうち、**最も小さい公倍数を「最小公倍数」といいます。**

ところで、求めた公倍数24、48、72は、

24 × 1 = 24、24 × 2 = 48、24 × 3 = 72

のように、最小公倍数24に整数をかけても求められます。

ポイント
□と△の公倍数…□と△の最小公倍数に整数をかけてできる数

CHAPTER1　計算問題　倍数と約数　33

うわっ、ぼくだ！

ホーホッホッホ、クマくんのこまっていることはお見通しだからね。

ぼくがこまっていることをフクロウ先生が教えてくれるんだね。

これまでの「つまずきをなくす算数」よりももっと基礎が勉強できるようにヒントをあげるから、それを読むとクマくんひとりでも正しい答えが出せるよ。

フクロウ先生がついていてくれるのなら安心だな。

それに左のページでわかったことは右のページに整理し直して、大切なことも「ポイント」としてまとめておいたよ。

これならひとりでもできそうだ！

例題を勉強して基礎がわかったら、ページをめくって練習をしてみよう。

**たしかめよう**

→答えは別冊５ページ

**1** ５の倍数を小さい方から３つ求めます。次の □ の中にあてはまる数を書きましょう。
５の倍数は５に整数をかけてできる数ですから、小さい順に
５×１＝５、５× □ ＝ □ 、５× □ ＝ □ です。

**2** 次の数の中から、７の倍数をすべて選びましょう。

５、７、９、10、13、14、20、25、27、28、30

答え：

７の倍数は、７に整数をかけてできる数ですから、７でわり切れる数が７の倍数です。

**3** ４と６の公倍数を小さい方から３つ求めます。

(1) 下の表は４の倍数と６の倍数を小さい順に書いたものです。空らんにあてはまる数を書きましょう。

| ４の倍数 | 4 | 8 | | 16 | | | 28 | | |
|---|---|---|---|---|---|---|---|---|---|
| ６の倍数 | 6 | 12 | | | 30 | | 42 | 48 | 54 |

(2) 次の □ の中にあてはまる数を書きましょう。
上の表から、４と６の公倍数は、小さい方から □ 、 □ 、 □ です。

34

**4** ６と９の公倍数を小さい方から３つ求めます。

(1) 下の表の上のらんに、その下に書かれた９の倍数が６の倍数であれば○、そうでなければ×を書きましょう。

| ６の倍数になっている | × | ○ | × | | | |
|---|---|---|---|---|---|---|
| ９の倍数 | 9 | 18 | 27 | 36 | 45 | 54 |

(2) 次の □ の中にあてはまる数を書きましょう。
上の表から、６と９の公倍数は、小さい方から □ 、 □ 、 □ です。

**5** ３と５の公倍数を小さい方から３つ求めます。 □ の中にあてはまる数を書きましょう。

(1) 下の表の上のらんに、その下の数が３の倍数であれば○、そうでなければ×を書き、３と５の最小公倍数を求めましょう。（表をすべて使わなくてもかまいません。）

| ３の倍数になっている | × | | | | | |
|---|---|---|---|---|---|---|
| ５の倍数 | 5 | | | | | |

上の表から、３と５の最小公倍数は □ とわかります。

(2) ３と５の公倍数は、３と５の最小公倍数に整数をかけてできる数ですから、小さい順に、
□ ×１＝ □ 、 □ ×２＝ □ 、
□ ×３＝ □ です。

公倍数は、最小公倍数に整数をかけてできる数です。

CHAPTER1 計算問題 倍数と約数 35

本に書きこんでもいいの？

もちろん。その方がひとりで勉強しやすいだろう？

やった！　それに、ここでもフクロウ先生がヒントをくれるんだね。

ヒントを見てもいいし、見ないで問題にチャレンジしてもいいよ。

このページができたら、どうすればいいの？

「たしかめよう」のあとには「やってみよう」という、復習の問題とチャレンジ用の問題のページがあるから、それをやるといいね。

やってみよう　→答えは別冊6ページ

**1** 次の問いに答えましょう。

(1) 6の倍数を小さい方から順に4つ求めましょう。

答え：　、　、　、

(2) 8の倍数を小さい方から順に3つ求めましょう。

答え：　、　、

(3) 6と8の最小公倍数を求めましょう。

答え：

(4) 6と8の公倍数を小さい方から順に3つ求めましょう。

答え：　、　、

(5) 1以上100以下の整数について、6と8の公倍数の個数を求めます。次の□の中にあてはまる数を書きましょう。

6と8の公倍数は、最小公倍数の□の倍数ですから、

□×1＝□、□×2＝□、

□×3＝□、□×4＝□の□個です。

答え：　個

40

(6) 1以上80以下の整数の中にある6と8の公倍数の個数を、(5)でわかったことや下のヒントを利用して計算で求めます。次の□の中にあてはまる数を書きましょう。

6と8の公倍数は、24×□で求められますから、□にあてはまる最も大きい整数を求めればよいので、80÷□＝3あまり8という計算で、

□個とわかります。

（ヒント）

1　24　48　72　80

24×1　24×2　24×3

1個め　2個め　3個め

**2** 次の問いに答えましょう。

(1) 18の約数を小さい順にすべて求めましょう。

答え：　、　、　、　、　、

(2) 30の約数を小さい順にすべて求めましょう。

答え：　、　、　、　、　、　、　、

(3) 18と30の最大公約数を求めましょう。

答え：

(4) 18と30の公約数を小さい方から順にすべて求めましょう。

答え：　、　、　、

CHAPTER1　計算問題　倍数と約数　41

チャレンジ用の問題ってむずかしくないかな……。

「つまずきをなくす 算数 全分野 基礎からていねいに」シリーズは基礎がひとりで勉強できるようになるための本だから、もし、チャレンジ用の問題でこまったら、これまでの「つまずきをなくす算数」を読んでみよう。説明のページの上の方に、これまでの「つまずきをなくす算数」のどこを見ればいいか書いておいたからね。

「つまずきをなくす 算数 全分野 基礎からていねいに」シリーズで基礎がわかったら、これまでの「つまずきをなくす算数」にレベルアップするんだね。

その通り。では、さっそくはじめてみようか。

# 学習のポイント

フクロウ先生、5 年生の算数で大切なことって何かな？

それでは 5 年生で主にどんな勉強をするのか見てみよう。

| | 学習のテーマ | 達成目標 |
|---|---|---|
| 1 | 整数と小数 | 小数の 10 倍、100 倍、$\frac{1}{10}$、$\frac{1}{100}$ がわかる |
| 2 | 小数のかけ算 | 積の小数点が正しくかける |
| 3 | 小数のわり算 | 商やあまりの小数点が正しくかける |
| 4 | 倍数と約数 | 公倍数、公約数を求めることができる |
| 5 | 約分と通分 | 大きさの等しい分数がかける |
| 6 | 分数のたし算とひき算 | 通分が必要なたし算とひき算ができる |
| 7 | 分数のかけ算とわり算 | 分数×整数、分数÷整数ができる |
| 8 | 分数と小数・整数・割合（わりあい） | 割合（わりあい）の表し方と表す意味がわかる |
| 9 | 小数の文章題 | 小数倍、小数でわることの意味がわかる |
| 10 | 倍数と約数の文章題 | 倍数、約数が問題の何にあたるかを理解（りかい）する |
| 11 | 分数の文章題 | 分数で表された量の意味がわかる |
| 12 | 単位量あたりの文章題 | 平均（へいきん）、人口密度（じんこうみつど）の計算ができる |
| 13 | 百分率（ひゃくぶんりつ）とグラフの文章題 | 百分率（ひゃくぶんりつ）で表されたグラフがよみ取れる |
| 14 | きまりを見つけてとく文章題 | 表などを利用してきまりを見つけられる |
| 15 | 和と差に目をつけてとく文章題 | 和や差の規則的（きそくてき）な変化に気づける |
| 16 | 速さの文章題 | 速さ、時間、道のりの計算ができる |
| 17 | 三角形・四角形の角の大きさ | 内角の和が求められる |
| 18 | 三角形・四角形の面積 | 三角形やいろいろな四角形の面積が求められる |
| 19 | 合同な図形 | 合同な図形が作図できる |
| 20 | 正多角形と円 | 円周の計算ができる |
| 21 | 立方体・直方体の体積 | 体積を求めることができる |
| 22 | 角柱・円柱の見方 | 見取り図と展開図（てんかいず）が読み取れる |

うわー、こんなにたくさん！

そうだね。でも大きく分けると、小数や分数の「計算」、それを使った「文章題」、三角形や四角形、立方体や直方体などの「図形」の3つになるよ。

そうなんだね。

はじめに計算から見ていくと、小数の計算では「位取り」という小数点の位置の勉強が一番大切だけど、考え方は整数のときと同じだよ。

では、分数の計算は何が大切なの？

一番大切なことは「同じ大きさの分数」の勉強だね。

はじめて分数を習ったときはテープ図をかいたよ。

テープ図がかければ、「分数のたし算やひき算」、「分数のかけ算やわり算」も理解しやすくなるよ。

それなら、大丈夫かも。

それだけではなく、テープ図は「割合」の勉強にも役に立つよ。

「割合」ってはじめて聞く言葉だなぁ。

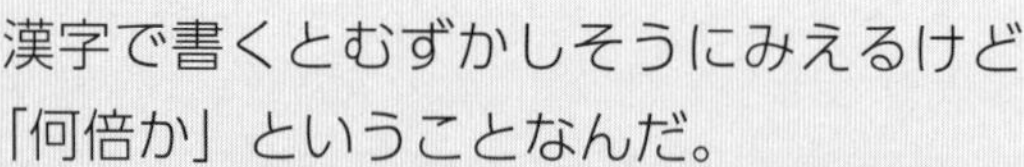

漢字で書くとむずかしそうにみえるけど「何倍か」ということなんだ。

「100円の2倍」のようなもの？

その通り。だから、「整数や小数のかけ算・わり算」や「分数を小数に表す」勉強がきちんとできていれば、クマくんもきっとマスターできるよ。

「計算」って大切なんだね。

そうだね。それと「割合」の勉強をするときは、「200円は100円の2倍」のように、「何が 何の 何倍」といった文で考えるようにしよう。

うん、わかった。

あと、2020年度から新しく「速さ」の勉強を5年生ですることになったよ。

えっ、そうなの⁉

でも、クマくんは長方形の面積を求められるだろう？

「たて×横＝長方形の面積」！

そうだね。それがわかっていれば大丈夫。「速さ×時間＝道のり」に変えるだけだから、安心してね。

4年生で習った図形が役に立つのか……。

その図形だけど、5年生では三角形やいろいろな四角形の面積を学習するよ。

でも、4年生で習った「正方形・長方形の面積」がわかっていればこまらないんだよね？

もちろん。面積は1辺の長さが1cmの正方形がいくつ集まっているか、という4年生の学習ができていれば心配することはないよ。

では「円」の勉強はどうなるの？

「円」の勉強では「円周率」という新しい言葉が出てくるけど、「円周率」がどのようにして求められるかをはじめに習うから、これをきちんと学べれば大丈夫だよ。

何事もはじめが大切なんだね。

そうだね。その意味で言うと、「体積」も2020年度から5年生で学ぶことになったけど、面積の考え方が身についていれば、体積もむずかしくはないよ。

最後の「角柱・円柱の見方」では、何に気をつければいいの？

これも４年生で習った「立方体・直方体の見取り図や展開図」がわかっていればこまることはないけど、新しく出てくる「底面」、「高さ」という考え方は６年生の勉強とつながっているので、きちんと勉強するようにしよう。

フクロウ先生の話を聞いていると、４年生までの勉強がきちんとできていれば、新しく習うことははじめに感じたほど多くはないという気がしてきたなぁ。

その通り。だから、４年生の勉強に不安があるときは、５年生で習う内容と関連のあるところだけでかまわないので、これまでの「つまずきをなくす小４算数」の各分野や『つまずきをなくす 小４ 算数 全分野 基礎からていねいに』などを使って、おさらいをしておくといいね。

## ＜４年生の勉強に不安があるときはこれ！＞

**つまずきをなくす**
**小４算数 計算【改訂版】**
**【わり算・小数・分数】**

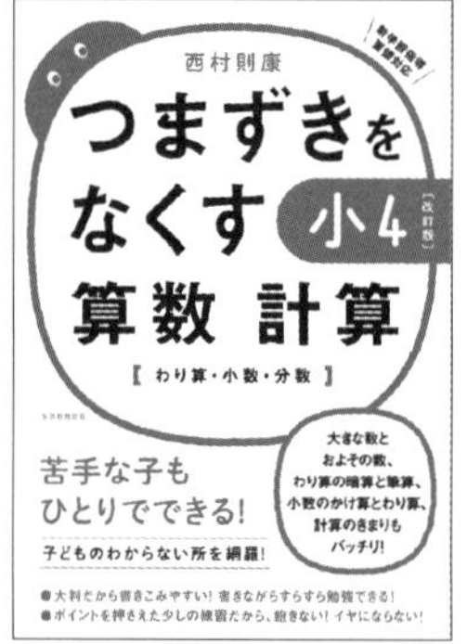


**つまずきをなくす**
**小４算数 文章題【改訂版】**
**【わり算・線分図・小数や分数・計算のきまり】**

**つまずきをなくす**
**小４・５・６ 算数 平面図形**
**【角度・面積・作図・単位】**

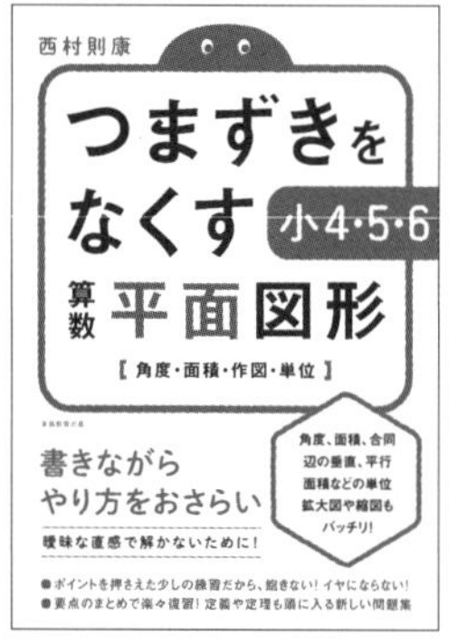


**つまずきをなくす**
**小４・５・６ 算数 立体図形**
**【立方体・直方体・角柱・円柱】**

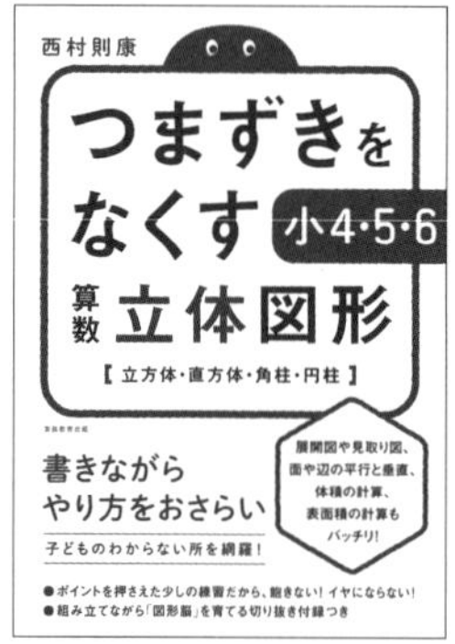

# もくじ

Chapter

1

# 計算問題

小５　１

# 整数と小数

関連ページ「つまずきをなくす小５算数計算【改訂版】」8～15 ページ

## つまずきをなくす説明

先生、4.25 を 10 倍した数っていくつになるの？

整数を 10 倍すると位はいくつどうなるんだったか覚えているかな？

位が 1 つ上がるよ。

そうだね。それは小数でも同じなんだよ。

じゃあ、4.25 を 10 倍すると、$\frac{1}{10}$の位の数の「2」は 1 つ上がって一の位の数になるんだね。

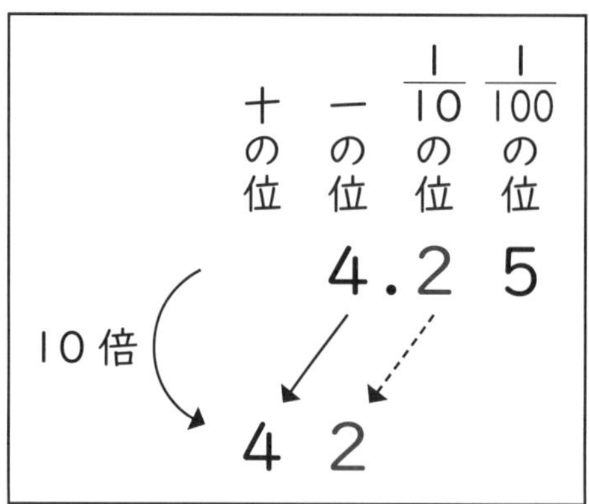

その通り。

ということは、$\frac{1}{100}$の位の数の「5」は$\frac{1}{10}$の位の数になるから……。

そうそう、その調子。

わかった！　**4.25 を 10 倍するとそれぞれの数の位が 1 つ上がって、42.5 になる**んだ！

## 例題 1

→答えは別冊2ページ

**4.25を10倍した数を答えましょう。**

はじめに整数の場合を思い出してみましょう。

例えば、4を10倍した数は40でしたね。

つまり、**10倍すると一の位にあった「4」は十の位にうつります。**

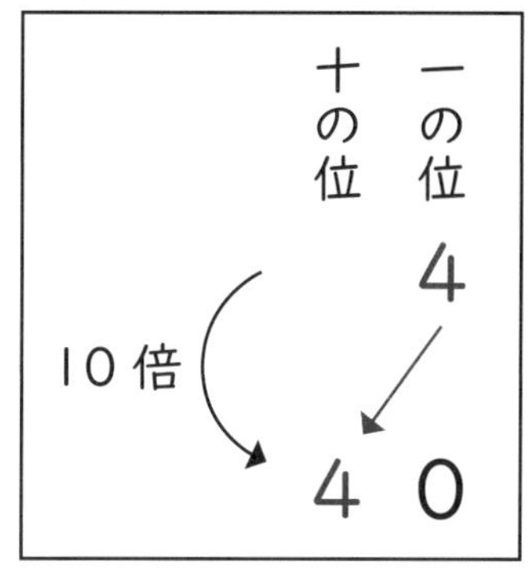


**ポイント**

10倍すると位が1つ上がる。

同じように、4.25を10倍すると、

「4」は　一の位から、十の位の数になる

「2」は　$\frac{1}{10}$の位から、一の位の数になる

「5」は　$\frac{1}{100}$の位から、$\frac{1}{10}$の位の数になる

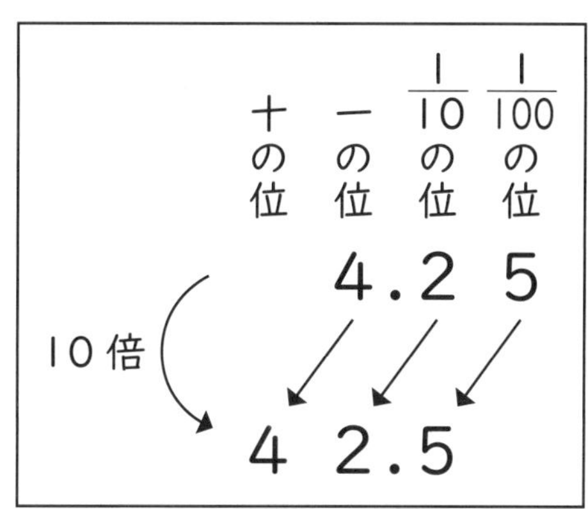


ので、4.25を10倍した数は42.5です。

このように、4.25を10倍するとそれぞれの数の位が1つ上がり42.5になりますが、このことは**「小数点を1つ右にうつした」ことと同じです。**

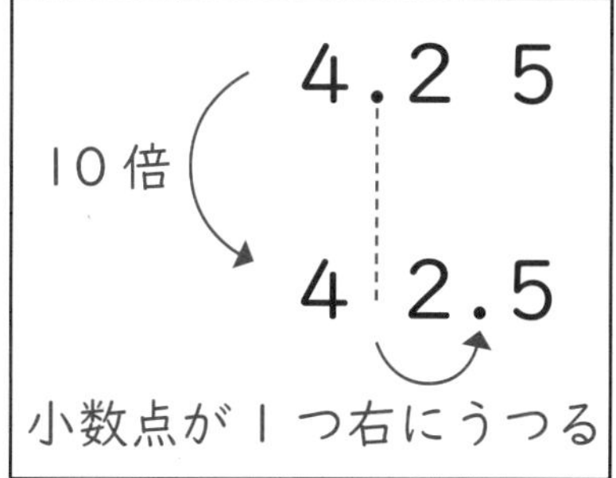


**ポイント**

10倍すると小数点が1つ右にうつる。

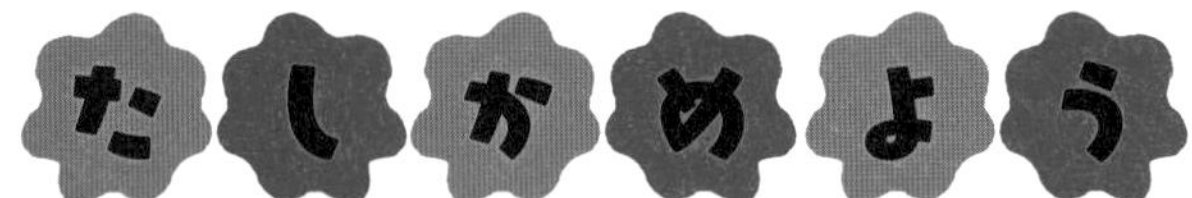

→答え は別冊(べっさつ) 2 ページ

［　］の中に、あてはまる数を書きましょう。（　　）は正しい方を丸で囲みましょう。

**1** 7.53 を 10 倍した数を答えましょう。

7.53 を 10 倍すると、

一の位の数の 7 は［　］の位の数になります。

$\frac{1}{10}$ の位の数の 5 は［　］の位の数になります。

$\frac{1}{100}$ の位の数の 3 は［　］の位の数になります。

ですから、7.53 を 10 倍した数は、［　］です。

このことは、7.53 の小数点を［　］つ（ 右 ・ 左 ）にうつしたことと同じです。

**2** 2.46 を 10 倍した数を答えましょう。

2.46 を 10 倍するときは、小数点を［　］つ（ 右 ・ 左 ）にうつせばよいので、［　］になります。

10 倍すると小数点を 1 つ右にうつした数になります。

**3** 1.234 を 100 倍した数を答えましょう。

整数の場合、例えば「1 を 100 倍」すると 100 ですから、一の位の数の 1 は

[　　] の位の数になり、位が [　　] つ上がります。

同じように、1.234 を 100 倍すると、

一の位の数の 1 は [　　] の位の数になります。

$\frac{1}{10}$ の位の数の 2 は [　　] の位の数になります。

$\frac{1}{100}$ の位の数の 3 は [　　] の位の数になります。

$\frac{1}{1000}$ の位の数の 4 は [　　] の位の数になります。

ですから、1.234 を 100 倍した数は、[　　　　] です。

このことは、1.234 の小数点を [　　] つ（　右　・　左　）にうつしたことと

同じです。

**4** 2.468 を 100 倍した数を答えましょう。

2.468 を 100 倍するときは、小数点を [　　] つ（　右　・　左　）にうつせば

よいので、[　　　　] になります。

100 倍すると小数点を 2 つ
右にうつした数になります。

## つまずきをなくす説明

先生、42.5 を$\frac{1}{10}$にした数っていくつになるの？

整数を$\frac{1}{10}$にすると位はどうなったかな？

位が 1 つ下がるよ。

その通り。そして、**小数でも$\frac{1}{10}$にすると位が 1 つ下がるんだ。**

ということは、十の位の数の「4」は一の位、一の位の数の「2」は$\frac{1}{10}$の位、$\frac{1}{10}$の位の数の「5」は$\frac{1}{100}$の位の数になるから、42.5 を$\frac{1}{10}$にすると 4.25 になるんだね！

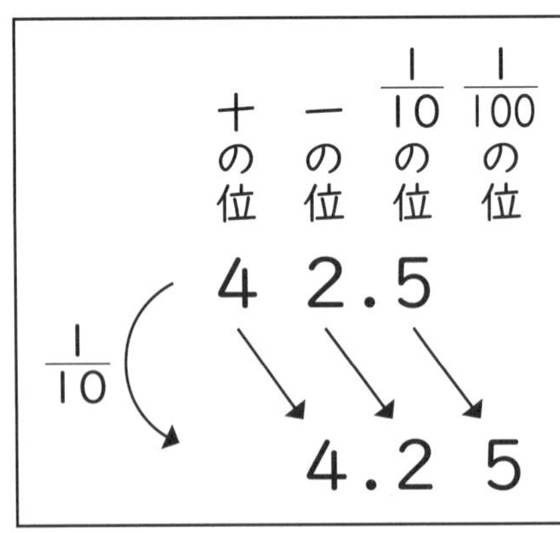

## 例題2

→答え は別冊(べっさつ) 2 ページ

42.5 の $\frac{1}{10}$ の数を答えましょう。

はじめに整数の場合を思い出してみましょう。

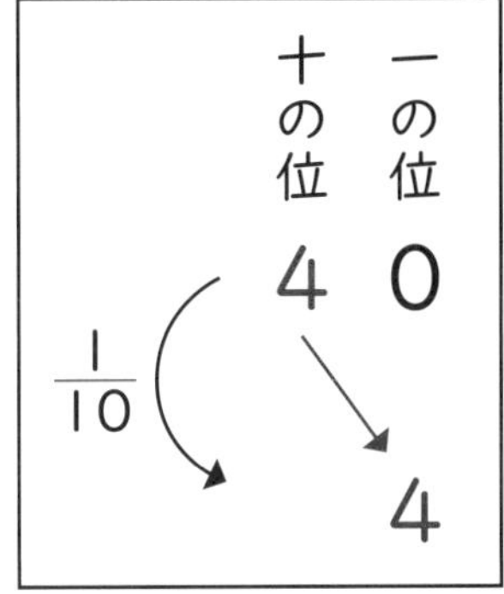


例えば、40 の $\frac{1}{10}$ の数は 4 でしたね。

つまり、**$\frac{1}{10}$ にすると十の位にあった「4」は一の位にうつります。**

**ポイント**

**$\frac{1}{10}$ にすると位が 1 つ下がる。**

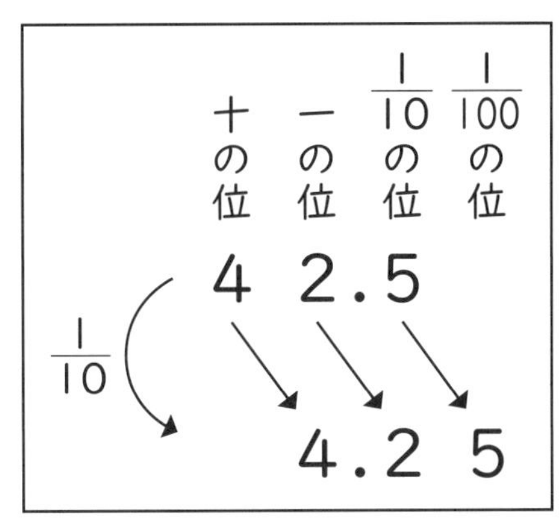


同じように、42.5 を $\frac{1}{10}$ にすると、

「4」は　十の位から、一の位の数になる

「2」は　一の位から、$\frac{1}{10}$ の位の数になる

「5」は　$\frac{1}{10}$ の位から、$\frac{1}{100}$ の位の数になる

ので、42.5 を $\frac{1}{10}$ にした数は 4.25 です。

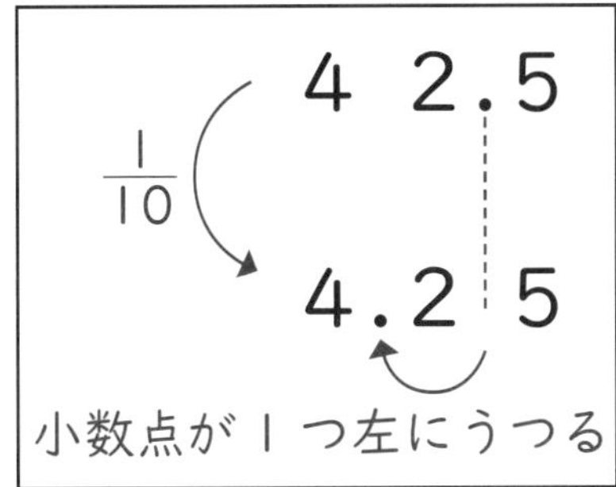


このように、42.5 を $\frac{1}{10}$ にするとそれぞれの数の位が 1 つ下がり 4.25 になりますが、このことは**「小数点を 1 つ左にうつした」ことと同じです。**

**ポイント**

**$\frac{1}{10}$ にすると小数点が 1 つ左にうつる。**

→答え<ruby>は別冊</ruby>2ページ

[　　]の中に、あてはまる数を書きましょう。(　　)は正しい方を丸で囲みましょう。

**5** 75.3を$\frac{1}{10}$にした数を答えましょう。

75.3を$\frac{1}{10}$にすると、

十の位の数の7は[　　]の位の数になります。

一の位の数の5は[　　]の位の数になります。

$\frac{1}{10}$の位の数の3は[　　]の位の数になります。

ですから、75.3を$\frac{1}{10}$にした数は、[　　]です。

このことは、75.3の小数点を[　　]つ(　右　・　左　)にうつしたことと同じです。

**6** 24.6を$\frac{1}{10}$にした数を答えましょう。

24.6を$\frac{1}{10}$にするときは、小数点を[　　]つ(　右　・　左　)にうつせばよいので、[　　]になります。

$\frac{1}{10}$にすると小数点を1つ左にうつした数になります。

**7** 123.4 を$\frac{1}{100}$にした数を答えましょう。

整数の場合、例えば「100 を$\frac{1}{100}$」にすると 1 ですから、百の位の数の 1 は

□の位の数になり、位が□つ下がります。

同じように、123.4 を$\frac{1}{100}$にすると、

百の位の数の 1 は□の位の数になります。

十の位の数の 2 は□の位の数になります。

一の位の数の 3 は□の位の数になります。

$\frac{1}{10}$の位の数の 4 は□の位の数になります。

ですから、123.4 を$\frac{1}{100}$にした数は、□です。

このことは、123.4 の小数点を□つ（ 右 ・ 左 ）にうつしたことと同じです。

**8** 246.8 を$\frac{1}{100}$にした数を答えましょう。

246.8 を$\frac{1}{100}$にするときは、小数点を□つ（ 右 ・ 左 ）にうつせばよいので、□になります。

$\frac{1}{100}$にすると小数点を 2 つ左にうつした数になります。

# やってみよう

→答えは別冊(べっさつ) 2 ページ

**1** 次の数を答えましょう。

**(1)** 9.16 を 10 倍した数

答え：

**(2)** 8.472 を 100 倍した数

答え：

**(3)** 6.7 を 10 倍した数

答え：

**(4)** 0.3 を 10 倍した数

答え：

**(5)** 5.4 を 100 倍した数

答え：

「23.」「23.0」のように小数点以下の数がないときは、
小数点と 0 をとって「23」と答えましょう。

**(6)** 73.5 を $\frac{1}{10}$ にした数

答え：

**(7)** 298.4 を $\frac{1}{100}$ にした数

答え：

**(8)** 3.5 を $\frac{1}{10}$ にした数

答え：

**(9)** 0.6 を $\frac{1}{10}$ にした数

答え：

**(10)** 98.4 を $\frac{1}{100}$ にした数

答え：

「.5」のように一の位の数がないときは、
一の位に 0 をつけて「0.5」と答えましょう。

小5　2

# 小数のかけ算

関連ページ「つまずきをなくす小5算数計算【改訂版】」18～33ページ

## つまずきをなくす説明

50 × 0.2 の計算のしかたがわかんないや……。

でも、50 × 2 の計算はできるよね。

そんなのは簡単！　50 × 2 は 100 でしょ。

正解！　それって、1m が 50 円のリボンを 2m 買うときの代金の計算と同じだよね。

うん。

じゃあ、2m は 20cm がいくつ集まった長さかな？

うーんと、2m は 200cm だから、200 ÷ 20 で 10 個分。

その通り。だからリボン 2m の代金もリボン 20cm の代金 10 個分だね。

ということは、リボン 20cm の代金は 100 ÷ 10 で 10 円だ。

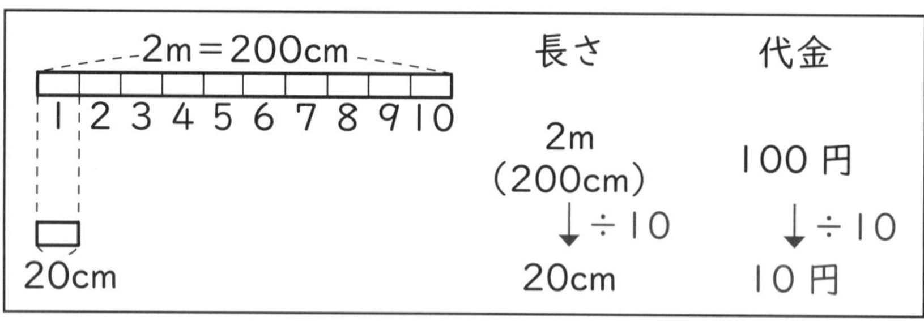

大正解！　じゃあ、今のことを式に書いてみるよ。

| 1m の値段(円) | | 買った長さ(m) | | 代金(円) |
|---|---|---|---|---|
| 50 | × | 2 | ＝ | 100 |
| | | ↓÷10 | | ↓÷10 |
| 50 | × | 0.2 | ＝ | 10 |

**かける数を 10 でわると、答えも 10 でわった数になる**んだ。

その通り！

## 例題1

→答えは別冊(べっさつ)2ページ

**1mが50円のリボンを0.2m買うときの代金は何円ですか。**

はじめに1mが50円のリボンを2m買うときを考えてみましょう。

50 × 2 = 100(円)

ところで2m = 200cm

ですから、200cmは

20cmの10倍です。

200 ÷ 20 = 10（倍）

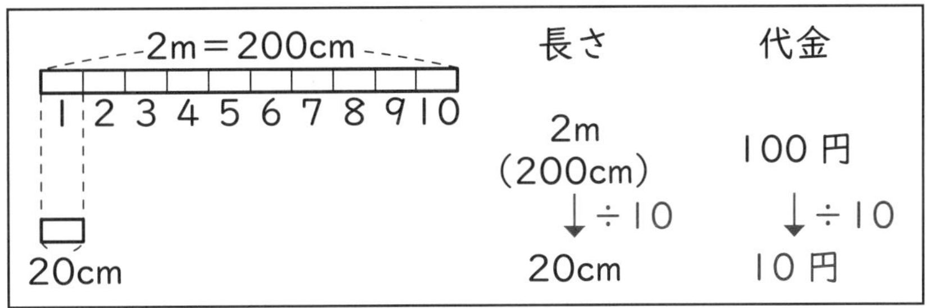


ですから、リボンを2m（= 200cm）買ったときの代金は、20cm（= 0.2m）買ったときの代金の10倍です。

ということは、**リボンを2m（= 200cm）買ったときの代金を10でわると、0.2m（= 20cm）買ったときの代金が求められます。**

100 ÷ 10 = 10（円）

ですから、1mが50円のリボンを0.2m買うときの代金を求める式と答えは、

50 × 0.2 = 10（円）

です。

| 1mの値段(ねだん)(円) | | 買った長さ(m) | | 代金(円) |
|---|---|---|---|---|
| 50 | × | 2 | = | 100 |
| | | ↓÷10 | | ↓÷10 |
| 50 | × | 0.2 | = | 10 |

**ポイント**

10でわった数（1けた小さい数）をかけると、答え（積）も10でわった数（1けた小さい数）になる。

ところで、この計算は、かける数とその答えの数の**「小数点を1つ左にうつした」ことと同じです。**

「÷10」は「小数点を1つ左へうつす」のと同じこと

50 × 2.0 = 100.0

50 × 0.2 = 10.00

**ポイント**

かける数の小数点が1つ左にうつると、答え（積）も小数点が1つ左にうつる。

→答えは別冊（べっさつ）2、3ページ

□の中に、あてはまる数を書きましょう。（　　）は正しい方を丸で囲みましょう。

**1** 12 × 0.3 を計算しましょう。

0.3 は、3（3.0 と考えましょう）の小数点を□つ（ 右 ・ 左 ）にうつした数ですから、12 × 0.3 の答えも、12 × 3 の答えの小数点を□つ（ 右 ・ 左 ）にうつした数になります。

ですから、12 × 3 = □なので、12 × 0.3 = □です。

**2** 56 × 0.07 を計算しましょう。

0.07 は、7 の小数点を□つ（ 右 ・ 左 ）にうつした数ですから、56 × 0.07 の答えも、56 × 7 の答えの小数点を□つ（ 右 ・ 左 ）にうつした数になります。

ですから、56 × 7 = □なので、56 × 0.07 = □です。

小数点がないもの（整数）としてかけ算をし、その答えの小数点を左にうつします。

**3** 1.2 × 0.3 を計算しましょう。

1.2 は、12 の小数点を [ ] つ（ 右 ・ 左 ）にうつした数で、0.3 は、3 の小数点を [ ] つ（ 右 ・ 左 ）にうつした数ですから、1.2 × 0.3 の答えは、12 × 3 の答えの小数点を**合わせて** [ ] つ（ 右 ・ 左 ）にうつした数になります。

ですから、12 × 3 = [ ] なので、1.2 × 0.3 = [ ] です。

かけられる数とかける数の小数点をそれぞれ 1 つずつ左にうつすと、かけ算の答えの小数点は合わせて 2 つ左にうつります。

**4** 0.8 × 0.09 を計算しましょう。

0.8 は、8 の小数点を [ ] つ（ 右 ・ 左 ）にうつした数で、0.09 は、9 の小数点を [ ] つ（ 右 ・ 左 ）にうつした数ですから、0.8 × 0.09 の答えは、8 × 9 の答えの小数点を**合わせて** [ ] つ（ 右 ・ 左 ）にうつした数になります。

ですから、8 × 9 = [ ] なので、0.8 × 0.09 = [ ] です。

〈ヒント〉

| 8.0 | × | 9.0 | = | 072.0 |
|---|---|---|---|---|
| 1 つ左 | | 2 つ左 | | 合わせて 3 つ左 |
| 0.8 | × | 0.09 | = | ？ |

かけられる数の小数点を 1 つとかける数の小数点を 2 つ左にうつすと、かけ算の答えの小数点は合わせて 3 つ左にうつります。

## つまずきをなくす説明

先生、9.8 × 7.6 みたいに暗算できない計算はどうすればいいの？

整数の計算のときと同じように**筆算**を使えばいいね。

$$
\begin{array}{r}
98 \\
\times \quad 76 \\
\hline
588 \\
686\phantom{0} \\
\hline
7448
\end{array}
$$

うーんと、9.8 は 98 を 10 でわった数で、7.6 も 76 を 10 でわった数だから、答えは 100 でわった数と同じになるのかな……。

そうだね、10 等分の 10 等分だから 100 等分、つまり 100 でわったことになるね。で、100 でわるということは $\frac{1}{100}$ になるということだから、答えの位が 2 つ下がるんだ。

位が 2 つ下がるということは小数点が 2 つ左にうつることと同じだったから、答えは 74.48！

$$
\begin{array}{r}
9.8 \\
\times \quad 7.6 \\
\hline
588 \\
686\phantom{0} \\
\hline
74.48
\end{array}
$$

## 例題2

→答えは別冊3ページ

9.8 × 7.6 を筆算で計算しましょう。

はじめに小数点がないものとして筆算をしましょう。

|   |   | 9 | 8 |
|---|---|---|---|
| × |   | 7 | 6 |
|   | 5 | 8 | 8 |
| 6 | 8 | 6 |   |
| 7 | 4 | 4 | 8 |

次に小数点を書きこんで、98 を 9.8 に、76 を 7.6 にします。

|   |   | 9. | 8 |
|---|---|---|---|
| × |   | 7. | 6 |
|   | 5 | 8 | 8 |
| 6 | 8 | 6 |   |
| 7 | 4 | 4 | 8 |

9.8 は 98 の小数点を 1 つ左にうつした数、7.6 も 76 の小数点を 1 つ左にうつした数ですから、答えははじめの答え 7448 の小数点を 2 つ左にうつした 74.48 になります。

|   |   | 9. | 8 |
|---|---|---|---|
| × |   | 7. | 6 |
|   | 5 | 8 | 8 |
| 6 | 8 | 6 |   |
| 7 | 4. | 4 | 8 |

このことは、かける数とかけられる数の**「小数点より右にある数の個数の合計分だけ、答えも小数点より右の数がある」ということです。**

|   |   | 9. | 8 |
|---|---|---|---|
| × |   | 7. | 6 |
|   | 5 | 8 | 8 |
| 6 | 8 | 6 |   |
| 7 | 4. | 4 | 8 |

小数点より右に2つの数がある

小数点より右にある数は2つになる

### ポイント

かける数とかけられる数の小数点より右にある数の個数の合計＝答えの数の小数点より右にある数の個数

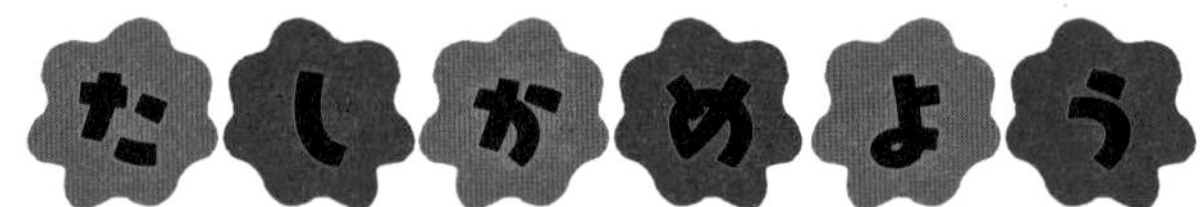


→答えは別冊(べっさつ)3ページ

**5** 5.4 × 32 を筆算で計算します。2つめの筆算で、正しい小数点を選んで黒色（.）にしましょう。

小数点がないものとして 54 × 32 を計算すると

$$\begin{array}{r} 5\ 4 \\ \times\quad 3\ 2 \\ \hline 1\ 0\ 8 \\ 1\ 6\ 2\ \ \\ \hline 1\ 7\ 2\ 8 \end{array}$$

ですから、5.4 × 32 は

$$\begin{array}{r} 5.4 \\ \times\quad 3\ 2 \\ \hline 1\ 0\ 8 \\ 1\ 6\ 2\ \ \\ \hline 1.7.2.8 \end{array}$$

のようになります。

「5.4」の小数点の右にある数は「4」の1つだけですから、答えの「1728」の小数点の右にある数も1つだけです。

**6** 0.12 × 34 を筆算で計算します。2つめの筆算で、正しい小数点を選んで黒色（.）にしましょう。

小数点がないものとして 12 × 34 を計算すると

$$\begin{array}{r} 1\ 2 \\ \times\quad 3\ 4 \\ \hline 4\ 8 \\ 3\ 6\ \ \\ \hline 4\ 0\ 8 \end{array}$$

ですから、0.12 × 34 は

$$\begin{array}{r} 0.1\ 2 \\ \times\quad 3\ 4 \\ \hline 4\ 8 \\ 3\ 6\ \ \\ \hline 4.0.8 \end{array}$$

のようになります。

「0.12」の小数点の右にある数は「1」と「2」の2つですから、答えの「408」の小数点の右にある数も2つです。

**7** 5.7 × 4.6 を筆算で計算します。2つめの筆算で、正しい小数点を選んで黒色（.）にしましょう。

小数点がないものとして 57 × 46 を計算すると

```
      5 7
×     4 6
---------
    3 4 2
  2 2 8
---------
  2 6 2 2
```

ですから、5.7 × 4.6 は

```
      5.7
×     4.6
---------
    3 4 2
  2 2 8
---------
  2.6.2.2
```

のようになります。

「5.7」の小数点の右にある数は1つ、「4.6」の小数点の右にある数も1つですから、答えの「2622」の小数点の右にある数は合わせて2つです。

**8** 0.03 × 0.8 を筆算で計算します。2つめの筆算で、正しい小数点を選んで黒色（.）にしましょう。また、「0」も必要な分だけ「0」のように黒色でなぞりましょう。

小数点がないものとして 3 × 8 を計算すると

```
      3
×     8
-------
    2 4
```

ですから、0.03 × 0.8 は

```
  0.0 3
×   0.8
-------
0.0.2.4
```

のようになります。

「0.03」の小数点の右にある数は2つ、「0.8」の小数点の右にある数は1つですから、答えの「24」の小数点の右にある数は合わせて3つです。

## やってみよう

→答えは別冊3ページ

**1** 次の計算をしましょう。

**(1)** $7 \times 0.8$

答え：

**(2)** $0.6 \times 3$

答え：

**(3)** $0.4 \times 5$

答え：

**(4)** $0.03 \times 9$

答え：

**(5)** $2 \times 0.01$

答え：

(5)の答えは、0.2ではありませんね。

**(6)**

$$\begin{array}{r} 32 \\ \times \quad 0.4 \\ \hline \end{array}$$

**(7)**

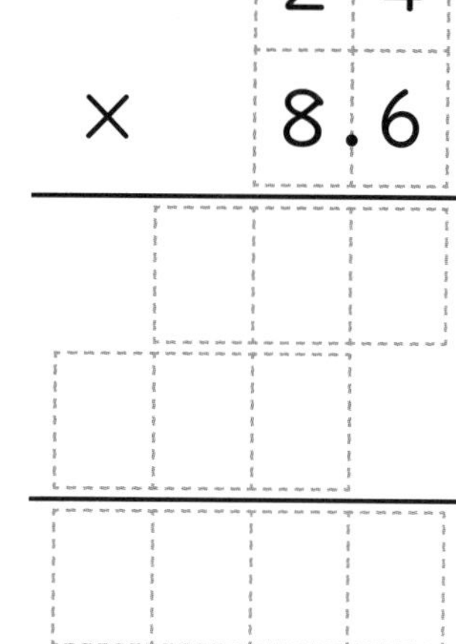

$$\begin{array}{r} 24 \\ \times \quad 8.6 \\ \hline \end{array}$$

**(8)**

$$\begin{array}{r} 9.5 \\ \times \quad 0.3 \\ \hline \end{array}$$

**(9)**

$$\begin{array}{r} 0.67 \\ \times \quad 3.6 \\ \hline \end{array}$$

**(10)**

$$\begin{array}{r} 0.05 \\ \times \quad 0.6 \\ \hline \end{array}$$

「0.50」のように小数点より右で最も右に 0 がある場合は「0.50」のように 0 を消して答えましょう。

# 小5　3

# 小数のわり算

関連ページ「つまずきをなくす小5算数計算【改訂版】」34～49ページ

## つまずきをなくす説明

6 ÷ 0.3 の計算ができません……。

6cm の中に 0.3cm がいくつあるかを求める計算と同じだね？

うん。

じゃあ、単位を mm に変えてごらん。

60mm ÷ 3mm になるから答えは 20 だよね。

でも単位を変えただけだから長さそのものは変わっていないね。

そうか、**わる数とわられる数をそれぞれ 10 倍しても答えは同じ**なんだ！

その通り。

**例題 1**

→答えは別冊（べっさつ）4 ページ

**0.3m が 6 円のリボンを 1m 買うときの代金は何円ですか。**

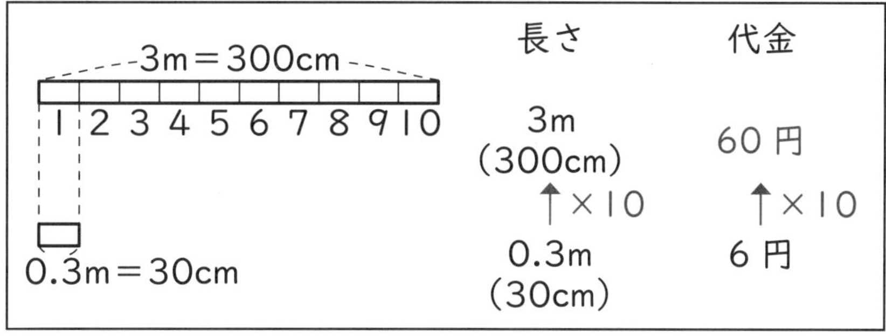


はじめに 0.3m が 6 円のリボンを 3m 買うときを考えてみましょう。

3m ＝ 300cm ですから、3m は 30cm の 10 倍です。

300 ÷ 30 ＝ 10(倍)

ですから、リボンを 3m（＝ 300cm）買ったときの代金は、30cm（＝ 0.3m）買ったときの代金の 10 倍です。

6 × 10 ＝ 60(円)

リボンを 3m 買ったときの代金 60 円を 3 でわると、リボンを 1m 買ったときの代金になります。

60 ÷ 3 ＝ 20(円)

| 代金(円) | | 買った長さ(m) | | 1m の値段（ねだん）(円) |
|---|---|---|---|---|
| 60 | ÷ | 3 | ＝ | 20 |
| ↑×10 | | ↑×10 | | |
| 6 | ÷ | 0.3 | ＝ | 20 |

0.3m が 6 円のリボンを 1m 買っても、3m が 60 円のリボンを 1m 買っても、代金は同じはずですから、

6 ÷ 0.3 ＝(6 × 10)÷(0.3 × 10)＝ 20(円)

のように、**代金と長さをそれぞれ 10 倍した式で求められます。**

**ポイント**

**わられる数とわる数をそれぞれ 10 倍しても、元のわり算の答え（商）と同じになる。**

ところで、この計算はわられる数とわる数の **「小数点を 1 つ右にうつして整数で計算」したことと同じです。**

「×10」は「小数点を 1 つ右へうつす」のと同じこと

6.0 ÷ 0.3 ＝ 20

60 ÷ 3.0 ＝ 20

**ポイント**

**わられる数とわる数の小数点を 1 つ右にうつしても、答え（商）の小数点の位置は変わらない。**

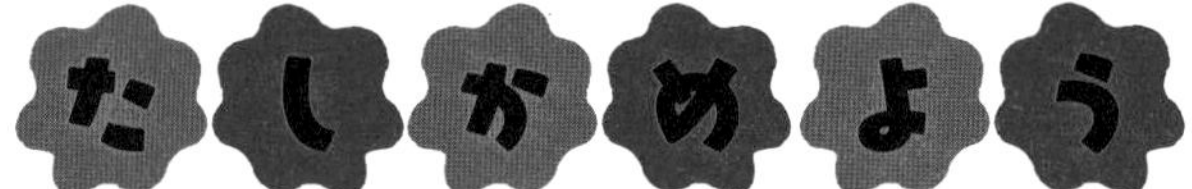

→答え は別冊(べっさつ) 4 ページ

□の中に、あてはまる数を書きましょう。(　　)は正しい方を丸で囲みましょう。

**1** 2 ÷ 0.4 を計算しましょう。

わる数 0.4 の小数点を□つ(　右　・　左　)にうつして 4 にすると、わられる数 2(2.0 と考えましょう)も小数点を□つ(　右　・　左　)にうつして 20 にしますから、2 ÷ 0.4 の答えは、20 ÷ 4 の答えと同じ□になります。

**2** 2.4 ÷ 0.6 を計算しましょう。

わる数 0.6 の小数点を□つ(　右　・　左　)にうつして 6 にすると、わられる数 2.4 も小数点を□つ(　右　・　左　)にうつして 24 にしますから、2.4 ÷ 0.6 の答えは、24 ÷ 6 の答えと同じ□になります。

**3** 次の□の中にあてはまる数を書きましょう。

**(1)** 3 ÷ 0.6 = □ ÷ 6 = □

**(2)** 6.3 ÷ 0.9 = □ ÷ 9 = □

はじめにわる数の小数点を右にうつして整数にし、その後でそれと同じだけわられる数の小数点も右にうつしましょう。

**4** 1.5 ÷ 0.03 を計算しましょう。

わる数 0.03 の小数点を [ ] つ（ 右 ・ 左 ）にうつして 3 にすると、わられる数 1.5 も小数点を [ ] つ（ 右 ・ 左 ）にうつして 150 にしますから、1.5 ÷ 0.03 の答えは、150 ÷ 3 の答えと同じ [ ] になります。

**5** 0.14 ÷ 0.7 を計算しましょう。

わる数 0.7 の小数点を [ ] つ（ 右 ・ 左 ）にうつして 7 にすると、わられる数 0.14 も小数点を [ ] つ（ 右 ・ 左 ）にうつして 1.4 にしますから、0.14 ÷ 0.7 の答えは、1.4 ÷ 7 の答えと同じ [ ] になります。

1.4 ÷ 7 の計算のしかたがわからないときは、「つまずきをなくす小 4 算数計算【改訂版】」で考え方を確認（かくにん）しましょう。

**6** 次の [ ] の中にあてはまる数を書きましょう。

**(1)** 2.8 ÷ 0.04 = [ ] ÷ 4 = [ ]

**(2)** 0.42 ÷ 0.7 = [ ] ÷ 7 = [ ]

(2) わる数の小数点を右に 1 つしかうつさないときは、わられる数の小数点も右に 1 つしかうつしません。

## つまずきをなくす説明

先生、8.4 ÷ 1.2 みたいに暗算がむずかしい計算は
どうすればいいの？

整数の計算のときと同じように筆算を使えばいいね。

ところで、**1.2 の小数点を 1 つ右にうつすと 12 になるから、8.4 も小数点を 1 つ右にうつすと 84 になるね。**

$$1.2\,\overline{)\,8.4}$$

すると、今回はどちらの数も整数になったから、
小数点に＼を書いておこう。

$$1{\setminus}2\,\overline{)\,8{\setminus}4}$$

ということは、84 ÷ 12 の計算をすればよいのだから……、
7だ！

$$\begin{array}{r} 7 \\ 1{\setminus}2\,\overline{)\,8{\setminus}4} \\ 8\ 4 \\ \hline 0 \end{array}$$

**例題2**

→答え は別冊(べっさつ) 4ページ

**8.4 ÷ 1.2 を筆算で計算しましょう。**

はじめに小数点がないものとして筆算を書きましょう。

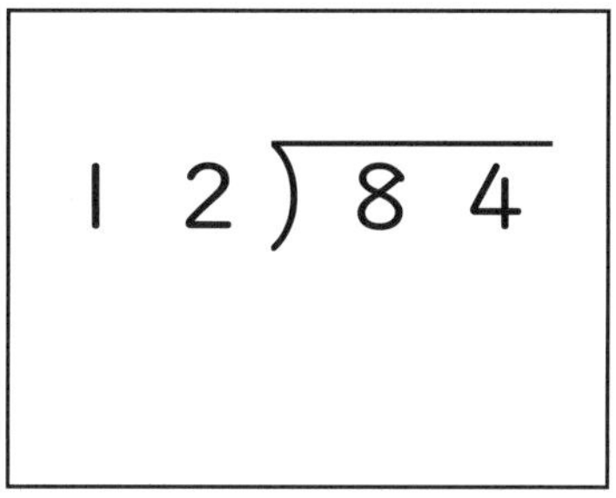

```
12)84
```

次に小数点を書きこんで、84 を 8.4 に、12 を 1.2 にします。

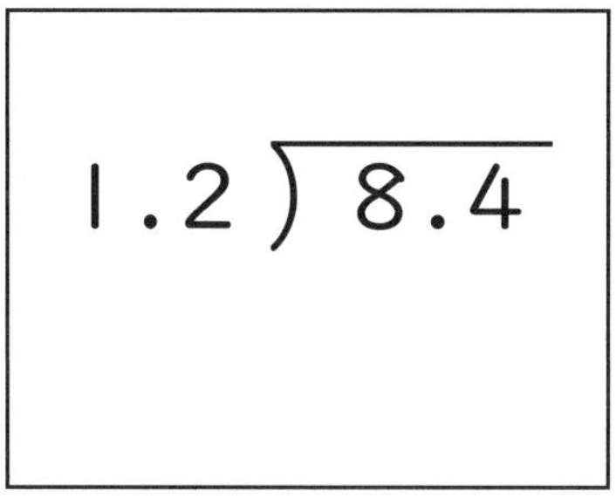

```
1.2)8.4
```

わる数の 1.2 を整数の 12 にするには小数点を 1 つ右にうつせばよいので、8.4 も小数点を 1 つ右にうつして 84 とします。このとき、元の小数点を消す代わりに ＼を書いておきましょう。

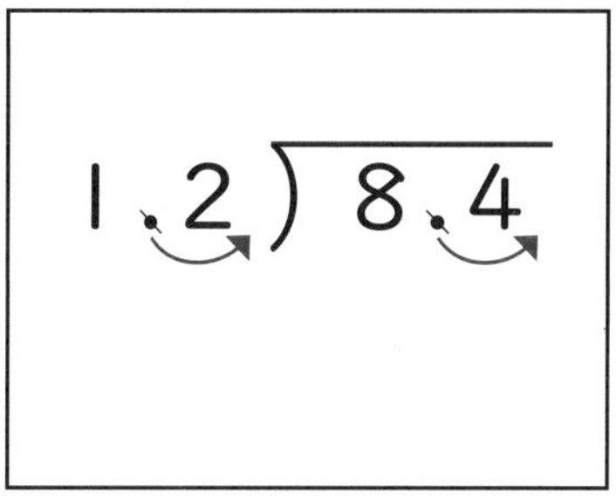

```
1.2)8.4
```

すると、84 ÷ 12 という計算と同じになります。

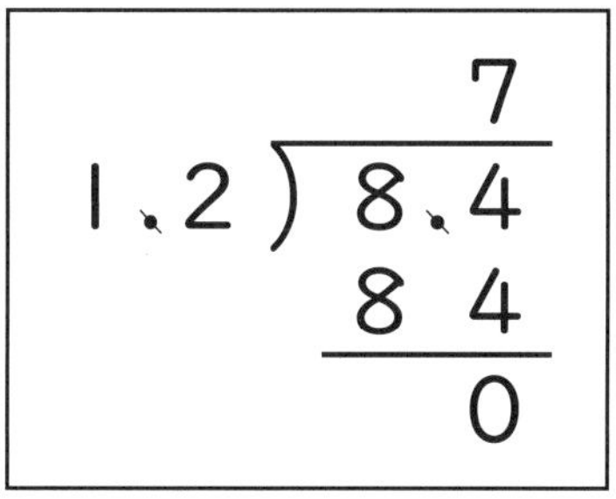

```
       7
1.2)8.4
    8 4
      0
```

このことから、**商の小数点の位置は小数点をうつした後のわられる数の小数点の位置の真上**になることがわかります。

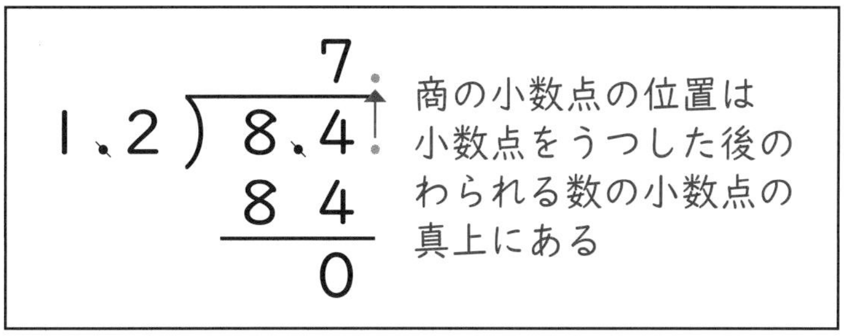

```
       7.
1.2)8.4
    8 4
      0
```

商の小数点の位置は小数点をうつした後のわられる数の小数点の真上にある

**ポイント**

**商の小数点の位置と小数点をうつした後のわられる数の小数点の位置は同じ。**

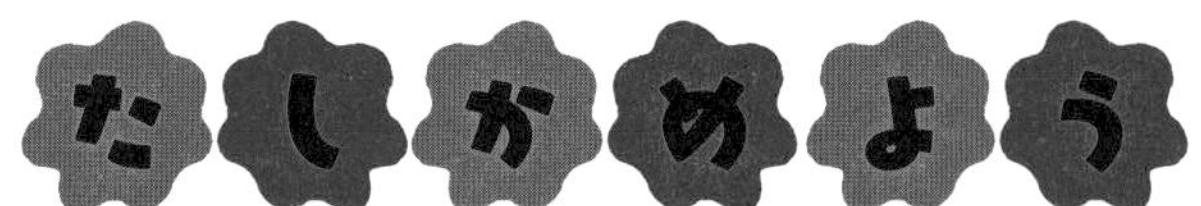

→答え は別冊(べっさつ) 4 ページ

**7** 3.6 ÷ 1.8 を筆算で計算します。2 つめの筆算が正しいときはそのままに、まちがっている場合は正しい小数点を選んで黒色（.）にし、「0」も必要であれば「0」のように黒色でなぞりましょう。

小数点がないものとして 36 ÷ 18 を計算すると

```
      2
18)36
   36
    0
```

ですから、3.6 ÷ 1.8 は

```
     0.2
1.8)3.6
    3 6
      0
```

のようになります。

**8** 0.96 ÷ 1.6 を筆算で計算します。次の筆算で、正しい小数点を選んで黒色（.）にしましょう。ただし、小数点を使わない場合はそのまま（.）にしておきます。また、「0」も必要であれば「0」のように黒色でなぞりましょう。

```
     0.0.6.
1.6)0.9.6.
       9 6
         0
```

**9** 0.16 ÷ 0.5 を筆算で計算して、商を小数第一位まで求め、あまりも出します。

**(1)** はじめに商を求めます。正しい小数点を選んで黒色（.）にしましょう。また、「0」も必要であれば「0」のように黒色でなぞりましょう。

```
         0.0.3.
0.5 ) 0.1.6.
         1 5
        ────
            1
```

答え：商

**(2)** 次にあまりを出します。正しい小数点を選んで黒色（.）にしましょう。また、「0」も必要であれば「0」のように黒色でなぞりましょう。

```
           0.3
0.5 ) 0.1.6
         1 5
        ────
       0.0.1
```

答え：あまり

〈ヒント〉

0.16 ÷ 0.5 ＝ 0.3 あまり（ア）の「たしかめ算」の式は、0.5 × 0.3 ＋（ア）＝ 0.16　です。

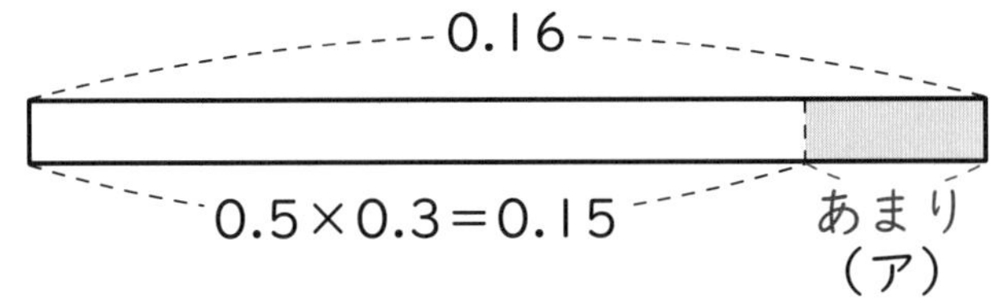


あまりの小数点の位置は、小数点をうつす前のわられる数の小数点の真下です。

## やってみよう

→答え は別冊(べっさつ)4、5ページ

**1** 次の計算をしましょう。

(1) $3.2 \div 0.8$

答え：

(2) $1 \div 0.2$

答え：

(3) $5.6 \div 0.07$

答え：

(4) $0.18 \div 0.09$

答え：

(5) $2 \div 0.04$

答え：

**(6)**

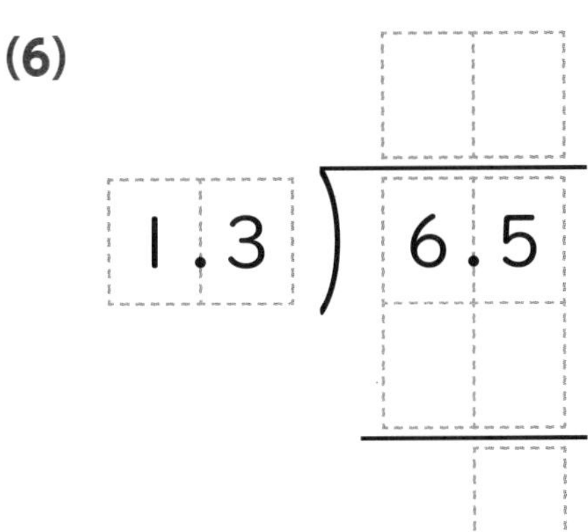

**(7)**

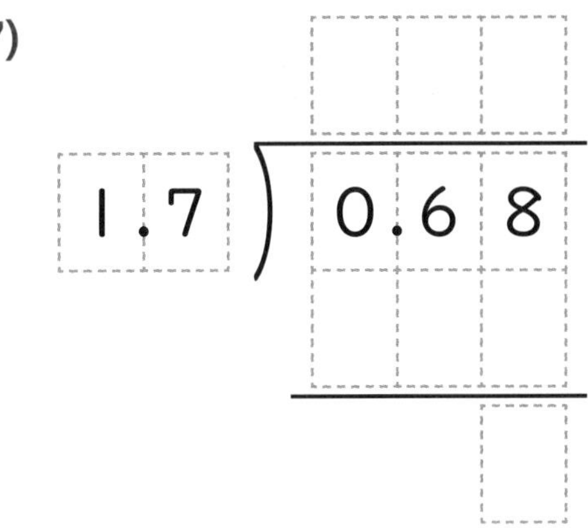

**(8)**

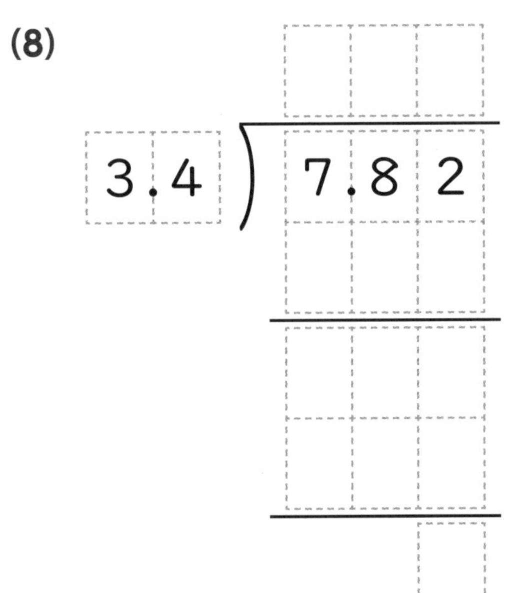

**(9)** 商をわり切れるまで求めましょう。

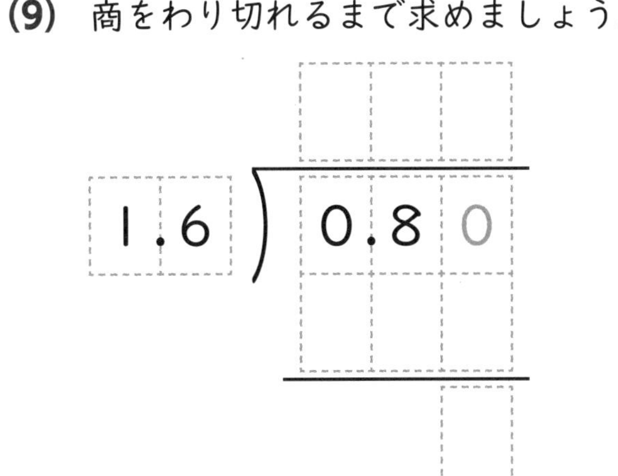

**(10)** 商を小数第一位まで求め、あまりも答えましょう。

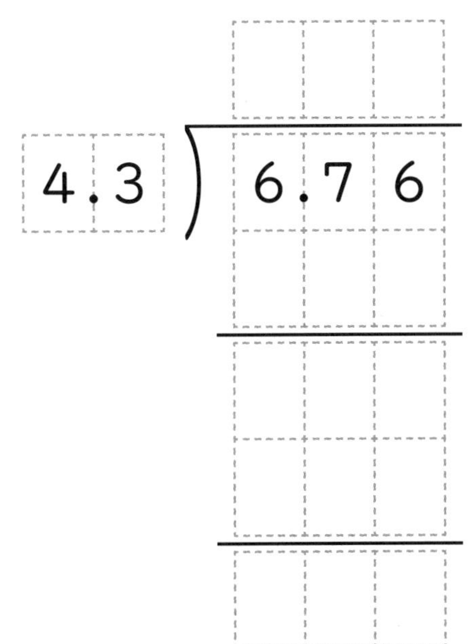

答え：商　　　　、あまり

(9)　わられる数の小数点の右側に「0」をつけたして計算します。
(10)　あまりの小数点の位置は、小数点をうつす前のわられる数6.76の小数点の真下です。

**小５　４**

# 倍数と約数

関連ページ「つまずきをなくす小５算数計算【改訂版】」60～67 ページ

## つまずきをなくす説明

先生、**「公倍数」**って何のことなの？

じゃあ、６と８の公倍数についていっしょに考えてみようね。まずは６の段（だん）の九九を小さい方から書いてみよう。

| ６の段（だん）（倍数） | 6 | 12 | 18 | 24 | 30 | 36 | 42 | 48 | 54 |
|---|---|---|---|---|---|---|---|---|---|

オーケー！　この６の段（だん）に出てきた数のことを**６の倍数**ということは知っていたかな？

うん。

では８の倍数を小さい方から 10 個（こ）書いてごらん。

| ８の倍数 | 8 | 16 | 24 | 32 | 40 | 48 | 56 | 64 | 72 | 80 |
|---|---|---|---|---|---|---|---|---|---|---|

いいね。ではこの２つの倍数のどちらにも出てきている数は何かな？

えーっと、24 と 48 だ。

その 24 と 48 のことを６と８の公倍数というんだよ。公倍数の「公」は、「どちらにもある」つまり「共通する」という意味だ。

わかった！　共通する倍数だから「公倍数」なんだね。

その通り！

**例題1**

→答え は別冊（べっさつ）5ページ

6と8の公倍数を小さい方から3つ求めましょう。

**6と8の「公倍数」は、6の倍数と8の倍数に「共通する倍数」のことです。**

「共通する」とは、「6の倍数でもあり、8の倍数でもある」という意味ですから、それぞれの倍数を書き出していくと求めることができます。

6の倍数は、6×1、6×2、6×3、…のように、6に整数をかけてできる数、8の倍数は、8×1、8×2、8×3、…のように、8に整数をかけてできる数のことです。

**ポイント**

□の倍数…□に整数をかけてできる数
例：4の倍数 4×1＝4、4×2＝8、4×3＝12など

| 6の倍数 | 6 | 12 | 18 | **24** | 30 | 36 | 42 | **48** | 54 | 60 | 66 | **72** |
|---|---|---|---|---|---|---|---|---|---|---|---|---|
| 8の倍数 | 8 | 16 | **24** | 32 | 40 | **48** | 56 | 64 | **72** | 80 | 88 | 96 |

6の倍数と8の倍数を書き出してみると、共通する倍数＝公倍数が小さい順に24、48、72と求められました。

このように求めた公倍数のうち、**最も小さい公倍数を「最小公倍数」といいます。**

ところで、求めた公倍数24、48、72は、

24×1＝24、24×2＝48、24×3＝72

のように、最小公倍数24に整数をかけても求められます。

**ポイント**

□と△の公倍数…□と△の最小公倍数に整数をかけてできる数

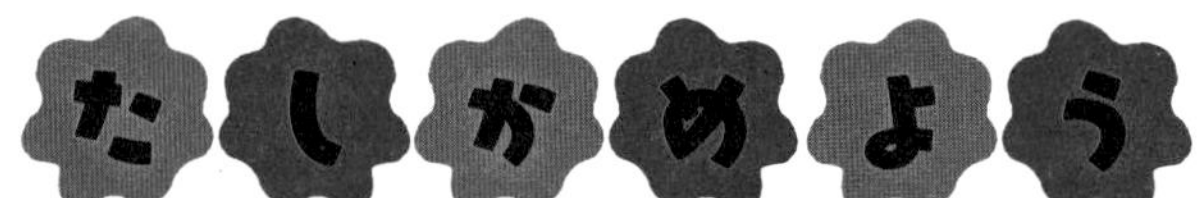

→答え は別冊(べっさつ)5ページ

**1** 5の倍数を小さい方から3つ求めます。次の □ の中にあてはまる数を書きましょう。

5の倍数は5に整数をかけてできる数ですから、小さい順に

5 × 1 = 5、5 × □ = □、5 × □ = □ です。

**2** 次の数の中から、7の倍数をすべて選びましょう。

5、7、9、10、13、14、20、25、27、28、30

答え：

7の倍数は、7に整数をかけてできる数ですから、7でわり切れる数が7の倍数です。

**3** 4と6の公倍数を小さい方から3つ求めます。

**(1)** 下の表は4の倍数と6の倍数を小さい順に書いたものです。空らんにあてはまる数を書きましょう。

| 4の倍数 | 4 | 8 | | 16 | | | 28 | | |
|---|---|---|---|---|---|---|---|---|---|
| 6の倍数 | 6 | 12 | | | 30 | | 42 | 48 | 54 |

**(2)** 次の □ の中にあてはまる数を書きましょう。

上の表から、4と6の公倍数は、小さい方から □、□、□ です。

**4** 6と9の公倍数を小さい方から3つ求めます。

**(1)** 下の表の上のらんに、その下に書かれた9の倍数が6の倍数であれば○、そうでなければ×を書きましょう。

| 6の倍数になっている | × | ○ | × | | | |
|---|---|---|---|---|---|---|
| 9の倍数 | 9 | 18 | 27 | 36 | 45 | 54 |

**(2)** 次の□の中にあてはまる数を書きましょう。

上の表から、6と9の公倍数は、小さい方から□、□、□です。

**5** 3と5の公倍数を小さい方から3つ求めます。□の中にあてはまる数を書きましょう。

**(1)** 下の表の上のらんに、その下の数が3の倍数であれば○、そうでなければ×を書き、3と5の最小公倍数を求めましょう。(表をすべて使わなくてもかまいません。)

| 3の倍数になっている | × | | | | | |
|---|---|---|---|---|---|---|
| 5の倍数 | 5 | | | | | |

上の表から、3と5の最小公倍数は□とわかります。

**(2)** 3と5の公倍数は、3と5の最小公倍数に整数をかけてできる数ですから、小さい順に、

□×1=□、□×2=□、

□×3=□です。

公倍数は、最小公倍数に整数をかけてできる数です。

## つまずきをなくす説明

先生、18と24の**「公約数」**の求め方を教えて。

じゃあ、その前に「4と6の公倍数」がどんな数のことだったか説明してごらん。

えーっと、4と6に共通する倍数のことだったような……。

正解(せいかい)！ **「公」は「共通する」という意味**だったね。

あっ、ということは、18と24に共通する約数を求めればいいんだね。

その通り。じゃあ、それぞれの約数を書き出してみよう。

| 18の約数 | 1 | 2 | 3 | 6 | 9 | 18 |
|---|---|---|---|---|---|---|

オーケー！　同じように24の約数も書き出してみるとどうなるかな？

| 24の約数 | 1 | 2 | 3 | 4 | 6 | 8 | 12 | 24 |
|---|---|---|---|---|---|---|---|---|

いいね。ではどちらにも共通する約数は何があるかな？

1、2、3、6だ。

それが18と24の公約数だよ。

**例題 2**

→答え は別冊（べっさつ） 5 ページ

18 と 24 の公約数をすべて求めましょう。

## 18 と 24 の「公約数」は、18 の約数と 24 の約数に「共通する約数」のことです。

「共通する」とは、「18 の約数でもあり、24 の約数でもある」という意味ですから、それぞれの約数を書き出していくと求めることができます。

18 の約数は、18 ÷ **1** = 18、18 ÷ **2** = 9、18 ÷ **3** = 6、18 ÷ **6** = 3、18 ÷ **9** = 2、18 ÷ **18** = 1 のように 18 をわり切ることができる 1、2、3、6、9、18 のことです。24 の約数は、24 ÷ **1** = 24、24 ÷ **2** = 12、24 ÷ **3** = 8、24 ÷ **4** = 6、24 ÷ **6** = 4、24 ÷ **8** = 3、24 ÷ **12** = 2、24 ÷ **24** = 1 のように 24 をわり切ることができる 1、2、3、4、6、8、12、24 のことです。

**ポイント**

**□の約数…□をわり切ることができる数**
**例：6 の約数　1、2、3、6**

| 18 の約数 | ① | ② | ③ | ⑥ | 9 | 18 | | |
|---|---|---|---|---|---|---|---|---|
| 24 の約数 | ① | ② | ③ | 4 | ⑥ | 8 | 12 | 24 |

18 の約数と 24 の約数を書き出してみると、共通する約数＝公約数が小さい順に 1、2、3、6 と求められました。

このように求めた公約数のうち、**最も大きい公約数を「最大公約数」といいます。**

ところで、求めた公約数 1、2、3、6 は、

6 ÷ 1 = 6、6 ÷ 2 = 3、6 ÷ 3 = 2、6 ÷ 6 = 1

のように、最大公約数 6 の約数にもなっています。

**ポイント**

**□と△の公約数…□と△の最大公約数をわり切ることができる数**

## たしかめよう

→答えは別冊（べっさつ）5、6ページ

**6** 12の約数をすべて求めます。次の□の中にあてはまる数を書きましょう。

12の約数は12をわり切ることができる数ですから、小さい順に

12÷1＝12で1、12÷2＝6で2、12÷□＝□で□、12÷□＝□で□、12÷□＝□で□、12÷□＝□で□と求められます。

**7** 次の数の中から、20の約数をすべて選びましょう。

1、3、5、8、10、12、15、20、40、50

20の約数は、20をわり切ることができる数ですから、20÷□の答えが整数になるときの□にあてはまる数です。

答え：

**8** 8と12の公約数をすべて求めます。

**(1)** 下の表は8の約数と12の約数を小さい順にすべて書いたものです。空らんにあてはまる数を書きましょう。

| 8の約数 | 1 | | 4 | | | |
|---|---|---|---|---|---|---|
| 12の約数 | | | | | 6 | 12 |

**(2)** 次の□の中にあてはまる数を書きましょう。

上の表から、8と12の公約数は小さい方から□、□、□です。

## 9 24と36の公約数をすべて求めます。

**(1)** 下の表の下のらんに、その上に書かれた24の約数が36の約数であれば○、そうでなければ×を書きましょう。

| 24の約数 | 1 | 2 | 3 | 4 | 6 | 8 | 12 | 24 |
|---|---|---|---|---|---|---|---|---|
| 36の約数になっている | | ○ | ○ | | | × | | |

**(2)** 次の□の中にあてはまる数を書きましょう。

上の表から、24と36の公約数は小さい方から□、□、

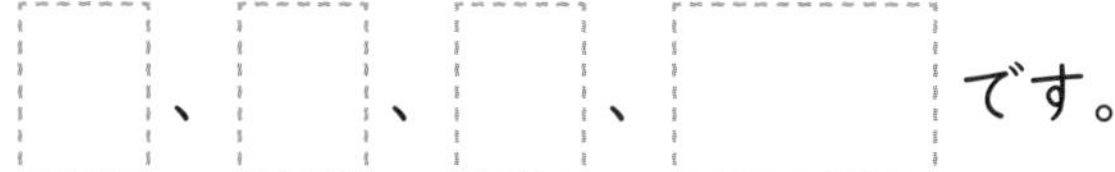
□、□、□、□です。

## 10 12と16の公約数をすべて求めます。

**(1)** 12と16の最大公約数を求めます。下の表の下のらんに、その上に書かれた12の約数が16の約数であれば○、そうでなければ×を書きましょう。

| 12の約数 | 12 | 6 | 4 |
|---|---|---|---|
| 16の約数になっている | × | | |

**(2)** 次の□の中にあてはまる数を書きましょう。

上の表から、12と16の最大公約数は□とわかりますから、12と16の

公約数は小さい方から順に

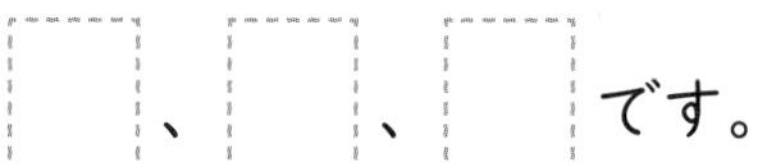
□、□、□です。

公約数は、最大公約数をわり切ることができる数です。

## やってみよう

→答えは別冊（べっさつ）6ページ

**1** 次の問いに答えましょう。

**(1)** 6の倍数を小さい方から順に4つ求めましょう。

答え：　　、　　、　　、

**(2)** 8の倍数を小さい方から順に3つ求めましょう。

答え：　　、　　、

**(3)** 6と8の最小公倍数を求めましょう。

答え：

**(4)** 6と8の公倍数を小さい方から順に3つ求めましょう。

答え：　　、　　、

**(5)** 1以上100以下の整数について、6と8の公倍数の個数（こすう）を求めます。次の □ の中にあてはまる数を書きましょう。

6と8の公倍数は、最小公倍数の □ の倍数ですから、

□ ×1＝ □ 、 □ ×2＝ □ 、

□ ×3＝ □ 、 □ ×4＝ □ の □ 個（こ）です。

答え：　　個（こ）

**(6)** 1以上80以下の整数の中にある6と8の公倍数の個数を、(5)でわかったことや下のヒントを利用して計算で求めます。次の［　］の中にあてはまる数を書きましょう。

6と8の公倍数は、24×□で求められますから、□にあてはまる最も大きい整数を求めればよいので、80÷［　］＝3あまり8という計算で、

［　］個とわかります。

（ヒント）

| 1 | 24 | 48 | 72 | 80 |
|---|---|---|---|---|
| | 24×1 | 24×2 | 24×3 | |
| | 1個め | 2個め | 3個め | |

**2** 次の問いに答えましょう。

**(1)** 18の約数を小さい順にすべて求めましょう。

答え：　、　、　、　、　、

**(2)** 30の約数を小さい順にすべて求めましょう。

答え：　、　、　、　、　、　、　、

**(3)** 18と30の最大公約数を求めましょう。

答え：

**(4)** 18と30の公約数を小さい方から順にすべて求めましょう。

答え：　、　、　、

# 小5　5

# 約分と通分

関連ページ「つまずきをなくす小5算数計算【改訂版】」68～83 ページ

## つまずきをなくす説明

$\frac{1}{2}$と同じ大きさの分数ってどうやって求めるの？

じゃあ、その前に$\frac{1}{2}$ってどんな大きさのことだったか言えるかな？

えーっと、1の半分の大きさでしょ。

その通りだね。それを「等分」という言葉を使って言い直すとどうなるだろう？

1を2等分したうちの1つ分。

正解(せいかい)！　では、1を4等分したうちの2つ分はどんな分数だったっけ。

1を4等分したうちの1つ分が$\frac{1}{4}$だから、$\frac{2}{4}$だ。

その調子。では、このことをテープ図にしてみよう。

1

2等分　$\frac{1}{2}$

4等分　$\frac{1}{4}$　$\frac{1}{4}$

そうか、$\frac{2}{4}$**が**$\frac{1}{2}$**と同じ大きさの分数**なんだ。

その通り。このテープ図を見ると、1を4等分すると$\frac{1}{4}$が4つできるから、それを2つ集めると$\frac{1}{2}$と同じ大きさになるともいえるね。

ということは、**1を6等分すると**$\frac{1}{6}$**が6つできるから、その半分の3つを集めた**$\frac{3}{6}$**も**$\frac{1}{2}$**と同じ大きさの分数になる**んだね。

大正解(だいせいかい)！

**例題 1**

→答え は別冊（べっさつ）6ページ

$\frac{1}{2}$と同じ大きさの分数を分母が小さい順に３つ求めましょう。

**$\frac{1}{2}$は、１を２等分したうちの１つ分**のことです。

そこで、長さが１のテープ図を２等分、３等分、４等分、…してみましょう。

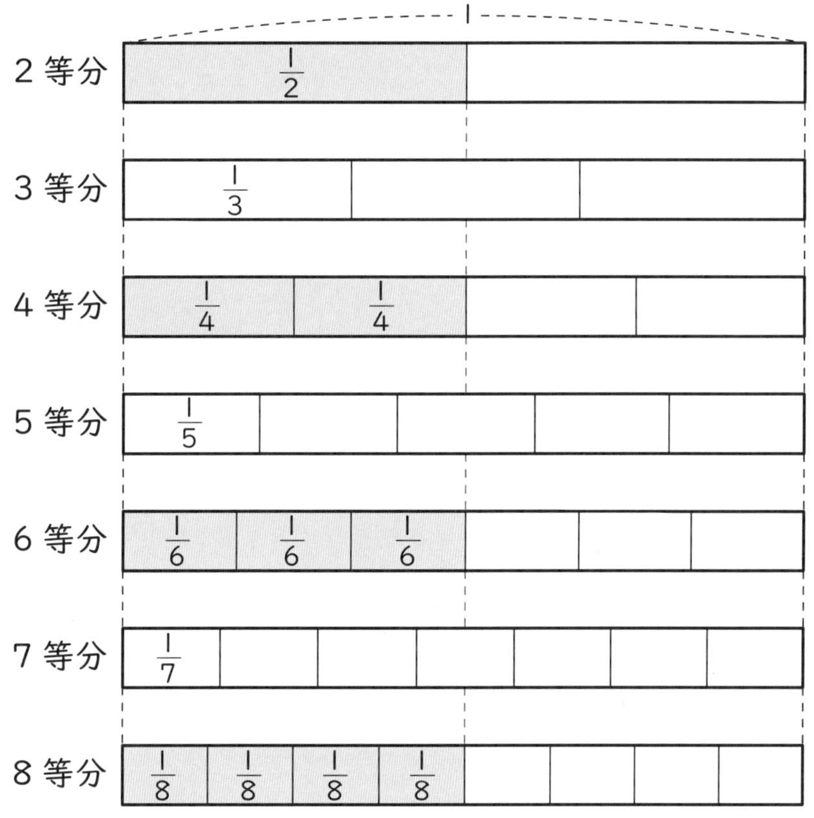


上のテープ図から、$\frac{1}{2}$と$\frac{2}{4}$、$\frac{3}{6}$、$\frac{4}{8}$は同じ大きさの分数であることがわかります。

これらの分数は、分母と分子が次のような関係になっています。

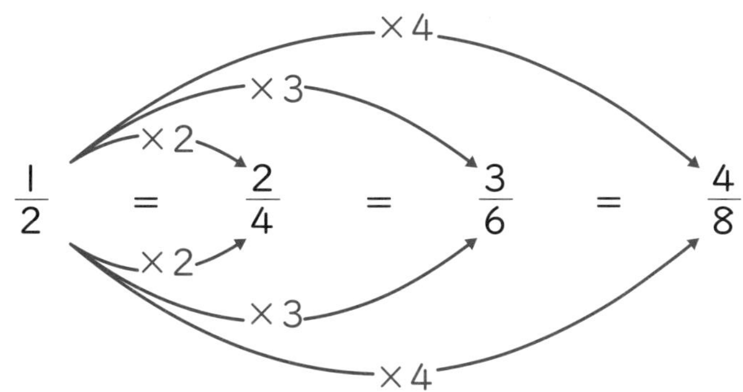


**ポイント**

**分母と分子に同じ数をかけてできる分数は、元の分数と大きさが等しい。（「倍分」といいます）**

→答え は別冊(べっさつ) 6、7 ページ

**1** $\frac{1}{3}$ と同じ大きさの分数を分母が小さい順に 3 つ求めます。次の □ の中にあてはまる数を書きましょう。

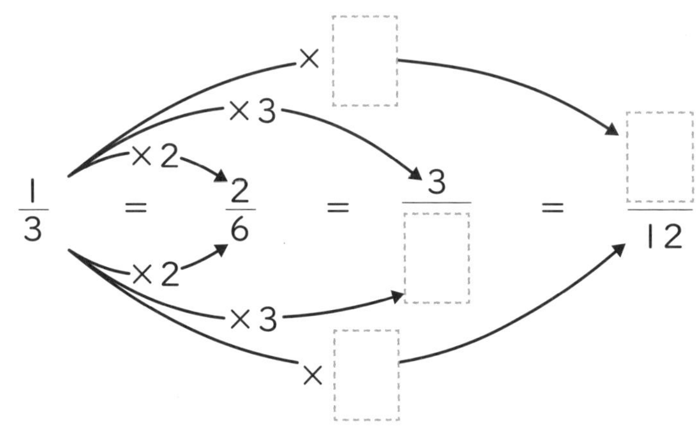


**2** $\frac{4}{20}$ と同じ大きさの分数を分母が小さい順に 3 つ求めます。次の □ の中にあてはまる数を書きましょう。

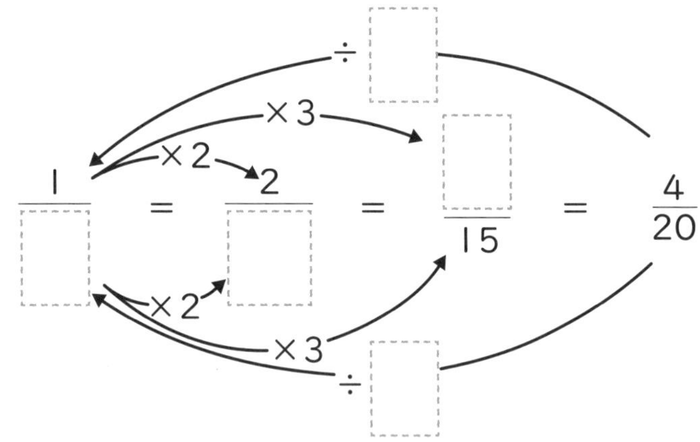


はじめに $\frac{4}{20}$ を $\frac{1}{□}$ に直しましょう。

**3** 次の □ の中にあてはまる数を書きましょう。

$$\frac{1}{6} = \frac{2}{□} = \frac{□}{18} = \frac{□}{24}$$

**4** $\frac{4}{8}$ を $\frac{1}{2}$ のように、同じ大きさの分数の中で分母が最も小さい分数に表すことを「**約分**」といいます。次の分数を約分します。□の中にあてはまる数を書きましょう。

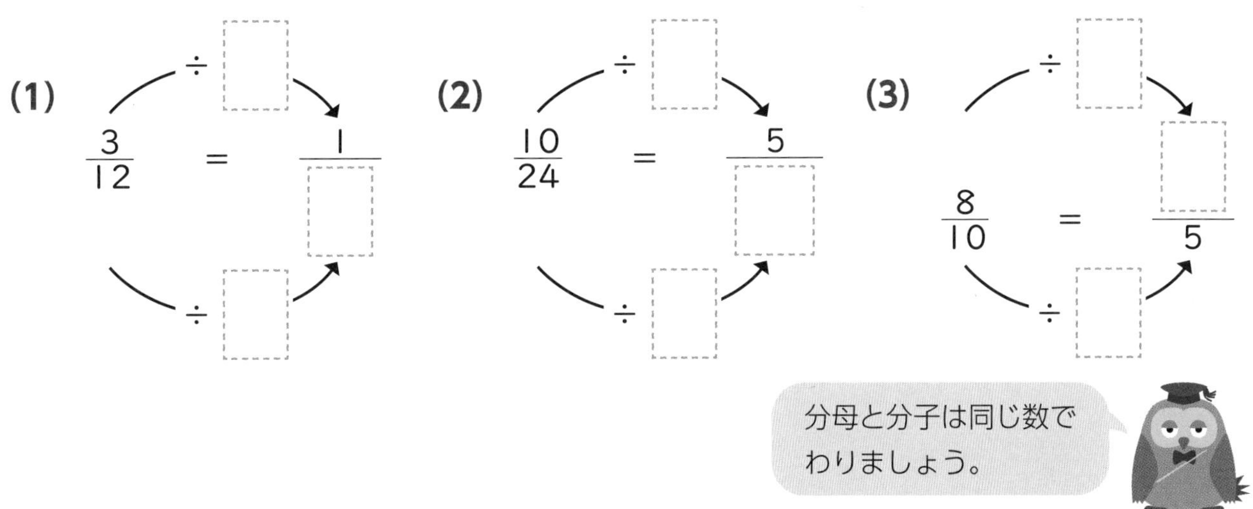


分母と分子は同じ数でわりましょう。

**5** $\frac{48}{120}$ を 2 つの方法で約分します。次の□の中にあてはまる数を書きましょう。

（方法 1） 2 や 3 のような小さい数で順々にわっていく。

$$\frac{48}{120} = \frac{24}{□} = \frac{12}{□} = \frac{6}{□} = \frac{2}{□}$$

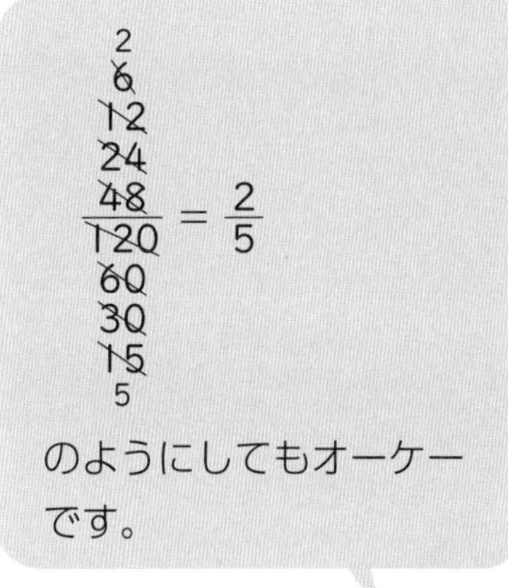

（方法 2） 分母と分子の最大公約数でわる。

| 48 の約数 | 48 | 24 |
|---|---|---|
| 120 の約数になっている | × | ○ |

⇩

$$\frac{48}{120} = \frac{□}{□}$$

（分母・分子ともに ÷ 24）

## つまずきをなくす説明

$\frac{1}{2}$と$\frac{1}{3}$はどちらが大きいのかな。

$\frac{1}{2}$や$\frac{1}{3}$は「等分」という言葉を使って言い直すことができたよね？

うん、**$\frac{1}{2}$は 1 を 2 等分したうちの 1 つ分、$\frac{1}{3}$は 1 を 3 等分したうちの 1 つ分。**

その通り。2 等分は 2 つに公平に分けるということだし、3 等分は 3 つに公平に分けるということだから、どちらが大きいかわかるよね。

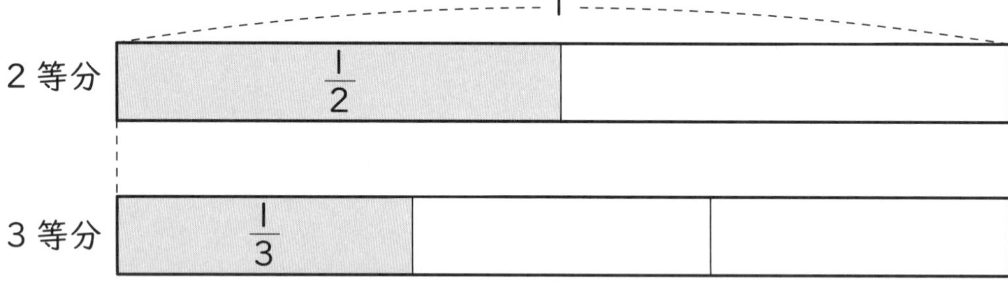

あっ、そうか。$\frac{1}{2}$の方が$\frac{1}{3}$よりも大きい分数だ。

正解（せいかい）！

## 例題2

→答えは別冊(べっさつ)7ページ

$\frac{1}{2}$と$\frac{1}{3}$は、どちらが大きいでしょう。

**$\frac{1}{2}$は1を2等分したうちの1つ分、$\frac{1}{3}$は1を3等分したうちの1つ分**ですから、$\frac{1}{2}$の方が$\frac{1}{3}$よりも大きい分数です。

このことを、テープ図で考えてみましょう。

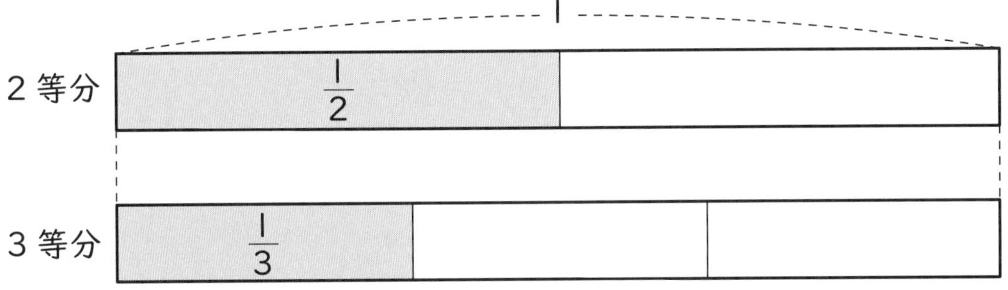


**2と3の最小公倍数は6**ですから、このテープ図を「6等分」した図にかき直してみます。

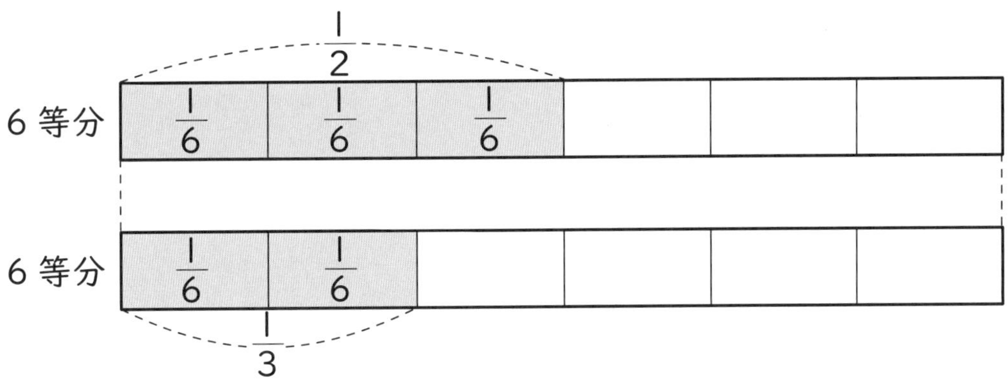


このテープ図のように、$\frac{1}{2}=\frac{3}{6}$、$\frac{1}{3}=\frac{2}{6}$ですから、

$$\begin{array}{ccc} \frac{1}{2} & & \frac{1}{3} \\ \downarrow & & \downarrow \\ \frac{3}{6} & > & \frac{2}{6} \end{array}$$

のように**分母が同じ分数に直す（通分する）**と、$\frac{1}{2}$の方が$\frac{1}{3}$よりも大きい分数であることがわかります。

**ポイント**

**通分…分母を公倍数でそろえた分数に直すこと**

## たしかめよう

→答えは別冊7ページ

**6** $\frac{1}{4}$と$\frac{1}{5}$の大きさをくらべます。次の□の中にあてはまる数や言葉を書きましょう。

（考え方1）

$\frac{1}{4}$は1を□等分したうちの1つ分、$\frac{1}{5}$は1を□等分したうちの1つ分

ですから、$\frac{□}{□}$の方が$\frac{□}{□}$よりも大きい分数です。

（考え方2）

2つの分数の分母の4と5の最□公□数は20なので、分母を20

で□分します。

$\frac{1}{4}=\frac{□}{20}$　　$\frac{1}{5}=\frac{□}{20}$

ですから、$\frac{□}{□}$の方が$\frac{□}{□}$よりも大きい分数です。

通分するときは、分母を最小公倍数にそろえましょう。

**7** 次の分数を、例のように通分しましょう。

例：$\left(\frac{1}{2}\quad\frac{1}{3}\right)\rightarrow\left(\frac{3}{6}\quad\frac{2}{6}\right)$

**(1)** $\left(\frac{1}{2}\quad\frac{1}{4}\right)\rightarrow\left(\frac{□}{4}\quad\frac{1}{4}\right)$

**(2)** $\left(\frac{1}{4}\quad\frac{1}{6}\right)\rightarrow\left(\frac{3}{□}\quad\frac{2}{□}\right)$

(1)　$\frac{1}{2}$の分母を2倍するので、分子も2倍します。

**8** 次の分数を例のように通分して、大小をくらべます。表の空らんや □ の中にあてはまる数を書いて、答えを完成させましょう。

例：$\left(\frac{2}{3}\ \ \frac{4}{5}\right)$

| 5 の倍数 | 5 | 10 | 15 |
|---|---|---|---|
| 3 の倍数になっている | × | × | ○ |

$\frac{2}{3} = \frac{10}{15}$（×5）　$\frac{4}{5} = \frac{12}{15}$（×3）　⇨　$\frac{10}{15} < \frac{12}{15}$

$\frac{2}{3} < \frac{4}{5}$

**(1)** $\left(\frac{3}{8}\ \ \frac{5}{6}\right)$

| 8 の倍数 | 8 | 16 | |
|---|---|---|---|
| 6 の倍数になっている | × | | |

$\frac{3}{8} = \frac{\square}{\square}$　　$\frac{5}{6} = \frac{\square}{\square}$

$\frac{3}{8}\ \ \frac{5}{6}$

**(2)** $\left(\frac{7}{12}\ \ \frac{11}{18}\right)$

| 18 の倍数 | 18 | 36 |
|---|---|---|
| 12 の倍数になっている | × | |

$\frac{7}{12} = \frac{\square}{\square}$　　$\frac{11}{18} = \frac{\square}{\square}$

$\frac{7}{12}\ \ \frac{11}{18}$

分母の大きい方の数の倍数を書き出すと、
最小公倍数が見つけやすいです。

## やってみよう

→答えは別冊(べっさつ)7ページ

**1** 例のように、2つの整数をわり切ることができる最も大きい数（最大公約数）を答えましょう。

例：(8、12)

8をわり切ることができる数（約数）1、2、4、8のうち、12をわり切ることができる最も大きい数は4

答え：　4

**(1)** (8、16)

答え：

**(2)** (12、20)

答え：

**(3)** (32、48)

答え：

**2** 次の分数を約分しましょう。

**(1)** $\frac{8}{16}$

答え：

**(2)** $\frac{12}{20}$

答え：

**(3)** $\frac{32}{48}$

答え：

**(4)** $\frac{30}{36}$

答え：

**(5)** $\frac{64}{72}$

答え：

分母と分子の最大公約数でわると1回の計算で約分ができます。

## 3 例のように、2 つの整数に共通する倍数の中で最も小さい数（最小公倍数）を答えましょう。

例：（8、12）

12 の倍数を小さい順に調べると、12 は 8 の倍数ではなく、24 は 8 の倍数なので、共通する倍数の中で最も小さい数は 24

答え：　24

**(1)**（4、8）

答え：

**(2)**（6、10）

答え：

**(3)**（12、16）

答え：

## 4 例のように、次の分数を通分しましょう。

例：$\left(\frac{1}{8}、\frac{1}{12}\right)$

分母の 8 と 12 の最小公倍数は 24 なので、$\frac{1}{8}=\frac{3}{24}$、$\frac{1}{12}=\frac{2}{24}$

答え：$\frac{3}{24}$、$\frac{2}{24}$

**(1)** $\left(\frac{1}{4}、\frac{1}{8}\right)$

答え：

**(2)** $\left(\frac{1}{6}、\frac{1}{10}\right)$

答え：

**(3)** $\left(\frac{1}{12}、\frac{1}{16}\right)$

答え：

**(4)** $\left(\frac{3}{8}、\frac{5}{12}\right)$

答え：

**(5)** $\left(\frac{1}{6}、\frac{1}{8}、\frac{1}{9}\right)$

答え：

（5）　3 つの分数の通分は、3 つの分数の分母の最小公倍数に分母をそろえます。

# 小5　6

# 分数のたし算とひき算

関連ページ「つまずきをなくす小5算数計算【改訂版】」84～99ページ

## つまずきをなくす説明

$\frac{1}{2}+\frac{1}{3}=\frac{2}{5}$はどうしてまちがいなの？

$\frac{1}{2}$と$\frac{1}{3}$と$\frac{2}{5}$をテープ図にしてみると正しいかどうかがわかるよ。

$\frac{1}{2}$は1を2等分したうちの1つ分、$\frac{1}{3}$は1を3等分したうちの1つ分、$\frac{2}{5}$は1を5等分したうちの2つ分だから……。

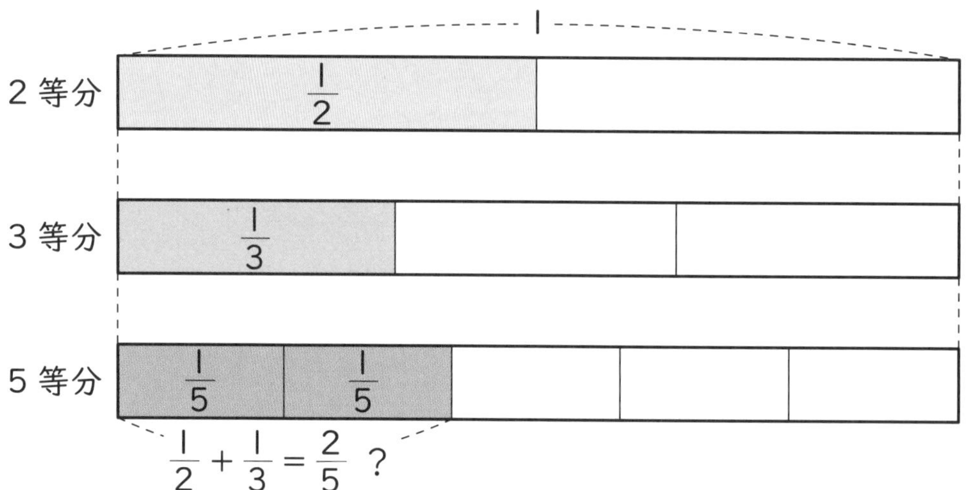

$\frac{1}{2}$と$\frac{1}{3}$をたすと$\frac{2}{5}$よりも大きくなるからまちがっているんだ。

その通りだね。そこで前に習った**「通分」**を使おう。

## 例題 1

→答え は別冊(べっさつ)8ページ

$\frac{1}{2}+\frac{1}{3}$を計算しましょう。

$\frac{1}{2}$は1を2等分したうちの1つ分、$\frac{1}{3}$は1を3等分したうちの1つ分のことですから、この2つの分数をたすことは、次のようなテープ図で表せます。

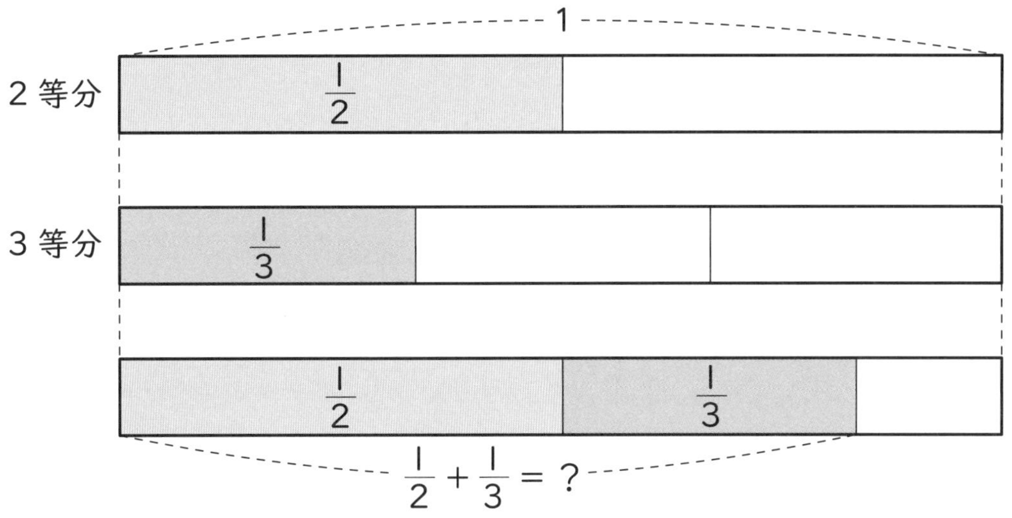


分数は「○等分（いくつかの同じ大きさに分ける）のうちの□分」を表しますから、

**$\frac{1}{2}$や$\frac{1}{3}$を同じ大きさの分数の集まりに直す（通分する）とたし算ができます。**

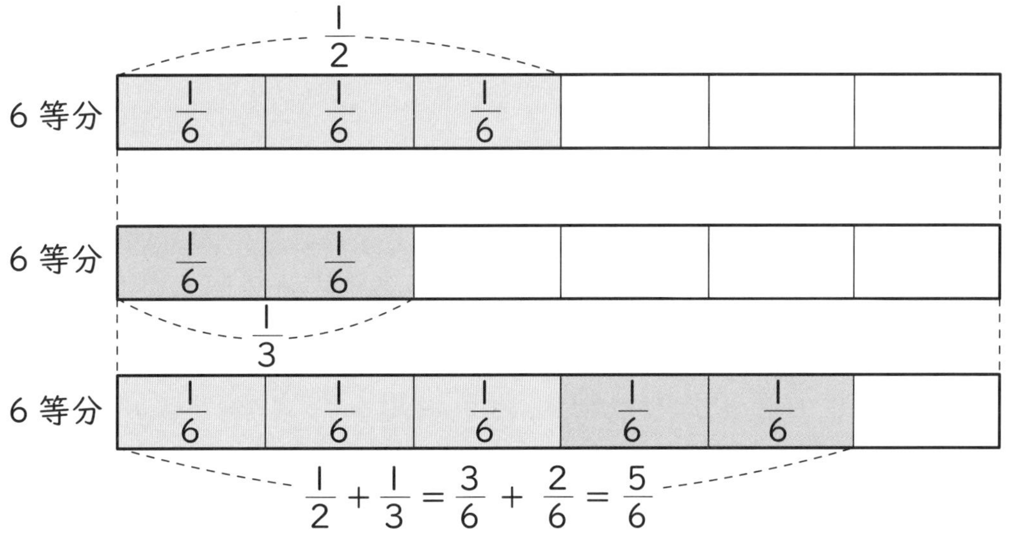


**ポイント**

分母がことなる数の分数のたし算やひき算は、通分をしてから計算する。

## たしかめよう

→答えは別冊(べっさつ)8ページ

**1** $\frac{1}{4}+\frac{1}{6}$の計算をします。次の□の中にあてはまる数を書きましょう。

分母の4と6の最小公倍数は□です。

$\frac{1}{4}=\frac{3}{\square}$　　$\frac{1}{6}=\frac{2}{\square}$

$\frac{1}{4}+\frac{1}{6}=\frac{3}{\square}+\frac{2}{\square}=\frac{5}{\square}$

**2** $\frac{2}{5}+\frac{3}{7}$の計算をします。次の□の中にあてはまる数を書きましょう。

分母の5と7の最小公倍数は□です。

$\frac{2}{5}=\frac{14}{\square}$　　$\frac{3}{7}=\frac{15}{\square}$

$\frac{2}{5}+\frac{3}{7}=\frac{14}{\square}+\frac{15}{\square}=\frac{29}{\square}$

**3** $\frac{1}{5}+\frac{3}{10}$の計算をします。次の□の中にあてはまる数を書きましょう。

分母の5と10の最小公倍数は□です。

$\frac{1}{5}=\frac{2}{\square}$

$\frac{1}{5}+\frac{3}{10}=\frac{2}{\square}+\frac{3}{\square}=\frac{5}{\square}=\frac{1}{\square}$

$\frac{5}{10}$は約分できます。

**4** $\frac{3}{4}+\frac{5}{6}$の計算をします。次の $\square$ の中にあてはまる数を書きましょう。

分母の 4 と 6 の最小公倍数は $\square$ です。

$\frac{3}{4}=\frac{9}{\square}$　　$\frac{5}{6}=\frac{10}{\square}$

$\frac{3}{4}+\frac{5}{6}=\frac{9}{\square}+\frac{10}{\square}=\frac{19}{\square}=1\frac{7}{\square}$

答えが１より大きいときは帯分数に直しましょう。
※学校で仮分数（かぶんすう）のままで書くように習っていれば、帯分数に直さなくてもかまいません。

**5** $\frac{1}{4}-\frac{1}{6}$の計算をします。次の $\square$ の中にあてはまる数を書きましょう。

分母の 4 と 6 の最小公倍数は $\square$ です。

$\frac{1}{4}=\frac{3}{\square}$　　$\frac{1}{6}=\frac{2}{\square}$

$\frac{1}{4}-\frac{1}{6}=\frac{3}{\square}-\frac{2}{\square}=\frac{1}{\square}$

ひき算もたし算と同じように通分をして計算します。

**6** $\frac{4}{5}-\frac{2}{3}$の計算をします。次の $\square$ の中にあてはまる数を書きましょう。

分母の 5 と 3 の最小公倍数は $\square$ です。

$\frac{4}{5}=\frac{12}{\square}$　　$\frac{2}{3}=\frac{10}{\square}$

$\frac{4}{5}-\frac{2}{3}=\frac{12}{\square}-\frac{10}{\square}=\frac{2}{\square}$

## つまずきをなくす説明

$1\frac{1}{2}+1\frac{1}{3}$はどうやって計算すればいいの？

**帯分数は整数と真分数をたしたもの**だったね。

はい、$1\frac{1}{2}$は 1 と$\frac{1}{2}$をたした分数で、$1\frac{1}{3}$は 1 と$\frac{1}{3}$をたした分数だよ。

その通り。じゃあ、$1\frac{1}{2}+1\frac{1}{3}$をテープ図にしてごらん。

| 1 | $\frac{1}{2}$ | 1 | $\frac{1}{3}$ |
|---|---|---|---|

いいね。このテープ図で、$\frac{1}{2}$と 1 を入れかえるとどうなるかな。

入れかえると……。

| 1 | 1 | $\frac{1}{2}$ | $\frac{1}{3}$ |
|---|---|---|---|

そっか、1 と 1、$\frac{1}{2}$と$\frac{1}{3}$をそれぞれたせばいいんだ！

大正解（だいせいかい）！

**例題2**

→答え は別冊(べっさつ) 8 ページ

$1\frac{1}{2}+1\frac{1}{3}$ を計算しましょう。

**帯分数は、整数と真分数をたしてできる分数です**から、$1\frac{1}{2}+1\frac{1}{3}$ をテープ図に表すと次のようになります。

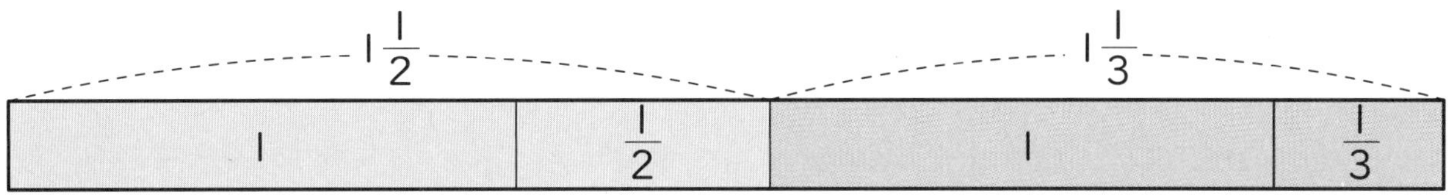


このテープ図で、$\frac{1}{2}$ と 1 を入れかえてもテープ図の全体の長さは変わりません。

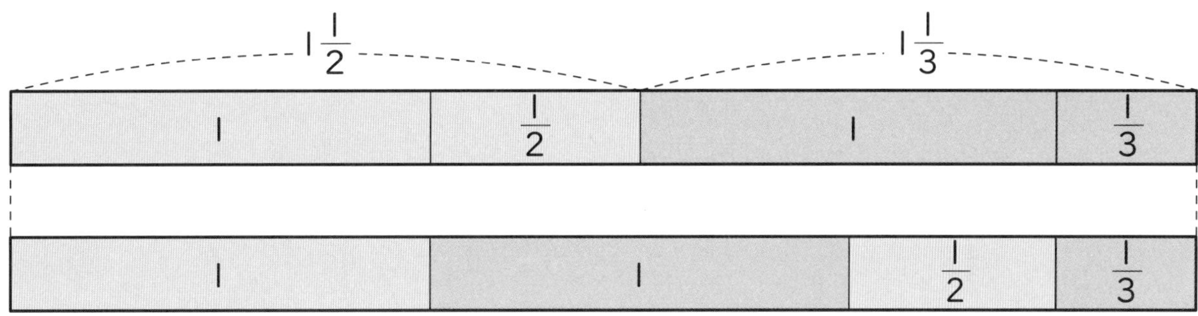


ですから、$1\frac{1}{2}+1\frac{1}{3}$ は、$1+1+\frac{1}{2}+\frac{1}{3}=2+\frac{3}{6}+\frac{2}{6}=2\frac{5}{6}$ のように、**帯分数の整数どうし、真分数どうしに分けて、それぞれを計算します。**

**ポイント**

帯分数のたし算・ひき算…帯分数を整数と真分数に分けて計算する。

→答え は別冊（べっさつ）8 ページ

**7** $1\frac{1}{5}+1\frac{1}{8}$ を計算しましょう。次の □ の中にあてはまる数を書きましょう。

分母の 5 と 8 の最小公倍数は □ です。

$1\frac{1}{5}+1\frac{1}{8}=1\frac{8}{\square}+1\frac{5}{\square}=2\frac{13}{\square}$

整数どうし、真分数どうしを
たしましょう

**8** $1\frac{1}{3}+2\frac{3}{4}$ を計算しましょう。次の □ の中にあてはまる数を書きましょう。

分母の 3 と 4 の最小公倍数は □ です。

$1\frac{1}{3}+2\frac{3}{4}=1\frac{4}{\square}+2\frac{9}{\square}=3\frac{13}{\square}=4\frac{1}{\square}$

たし算をして仮分数（かぶんすう）
になったら帯分数に
直しましょう。

**9** $1\frac{2}{3}+4\frac{5}{6}$ を計算しましょう。次の □ の中にあてはまる数を書きましょう。

分母の 3 と 6 の最小公倍数は □ です。

$1\frac{2}{3}+4\frac{5}{6}=1\frac{4}{\square}+4\frac{5}{6}=5\frac{9}{\square}=6\frac{3}{\square}=6\frac{1}{\square}$

答えが約分でき
るときは、約分
をしましょう。

**10** $2\frac{1}{2} - 1\frac{1}{3}$ を計算しましょう。次の □ の中にあてはまる数を書きましょう。

分母の 2 と 3 の最小公倍数は □ です。

$$2\frac{1}{2} - 1\frac{1}{3} = 2\frac{3}{\square} - 1\frac{2}{\square} = 1\frac{1}{\square}$$

整数どうし、真分数どうしをひきましょう

**11** $1\frac{1}{4} - \frac{1}{3}$ を計算しましょう。次の □ の中にあてはまる数を書きましょう。

分母の 4 と 3 の最小公倍数は □ です。

$$1\frac{1}{4} - \frac{1}{3} = 1\frac{3}{\square} - \frac{4}{\square} = \frac{15}{\square} - \frac{4}{\square} = \frac{11}{\square}$$

$\frac{3}{12}$ から $\frac{4}{12}$ はひけませんから、$1\frac{3}{12}$ の整数部分から 1 を借りて仮分数(かぶんすう)にしておきます。

**12** $3\frac{1}{5} - \frac{1}{4}$ を計算しましょう。次の □ の中にあてはまる数を書きましょう。

分母の 5 と 4 の最小公倍数は □ です。

$$3\frac{1}{5} - \frac{1}{4} = 3\frac{4}{\square} - \frac{5}{\square} = 2\frac{24}{\square} - \frac{5}{\square} = 2\frac{19}{\square}$$

$\frac{4}{20}$ から $\frac{5}{20}$ はひけませんから、$3\frac{4}{20}$ の整数部分から 1 を借りて $2\frac{24}{20}$ にしておきます。

→答え は別冊（べっさつ）8、9 ページ

**1** 次の計算をしましょう。

(1) $\frac{2}{5}+\frac{4}{7}$

答え：

(2) $\frac{1}{8}+\frac{5}{12}$

答え：

(3) $\frac{1}{6}+\frac{1}{18}$

答え：

(4) $\frac{1}{8}+\frac{1}{24}$

答え：

(5) $\frac{3}{5}+\frac{5}{6}$

答え：

(6) $\frac{1}{3}-\frac{1}{7}$

答え：

(7) $\frac{9}{10}-\frac{1}{2}$

答え：

(8) $\frac{5}{8} - \frac{1}{6}$

答え：

**2** 次の計算をしましょう。

(1) $1\frac{2}{5} + 2\frac{1}{3}$

答え：

(2) $1\frac{3}{4} + 1\frac{1}{3}$

答え：

(3) $1\frac{2}{3} + 1\frac{5}{6}$

答え：

(4) $5\frac{1}{2} - 3\frac{1}{7}$

答え：

(5) $1\frac{1}{7} - \frac{1}{4}$

答え：

(6) $4\frac{1}{6} - 1\frac{5}{12}$

答え：

# 小5　7

# 分数のかけ算とわり算

関連ページ「つまずきをなくす小6算数計算【改訂版】」18〜23、32〜37ページ

## つまずきをなくす説明

$\frac{2}{7}\times 3$ はどうやって計算するの？

2 × 3 は 2 を 3 回たす（2 ＋ 2 ＋ 2）という意味だったよね。

はい。ということは、$\frac{2}{7}\times 3$ も $\frac{2}{7}+\frac{2}{7}+\frac{2}{7}$ と同じということ？

大正解（だいせいかい）！　だから、$\frac{2}{7}\times 3$ は次のようなテープ図で表せるんだ。

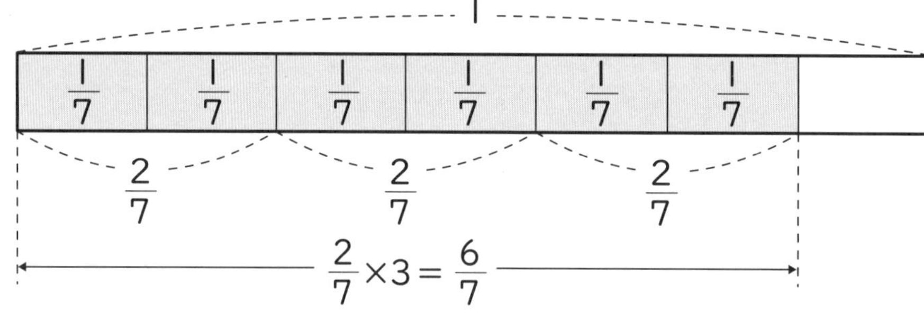

それじゃあ、$\frac{2}{7}\times 3$ は、$\frac{6}{7}$ になるんだね。

そう、$\frac{2}{7}$ は $\frac{1}{7}$ が 2 つ集まってできた分数だから、$\frac{2}{7}\times 3$ は $\frac{1}{7}$ の 2 つ分を 3 倍したことになるので、次のような式で表せるよ。

$$\frac{2}{7}\times 3=\frac{2\times 3}{7}=\frac{6}{7}$$

そうか、$\frac{2}{7}$ **の分子の 2 に 3 をかければいい**んだ！

その通り。

**例題 1**

→答えは別冊(べっさつ)9ページ

$\frac{2}{7}\times 3$ を計算しましょう。

2 × 3 は 2 を 3 回たす（2 + 2 + 2）という意味です。

同じように、$\frac{2}{7}\times 3$ **は、**$\frac{2}{7}$ **を 3 回たす**$\left(\frac{2}{7}+\frac{2}{7}+\frac{2}{7}\right)$**という意味**です。

ですから、$\frac{2}{7}\times 3$ は、次のようにテープ図で表せます。

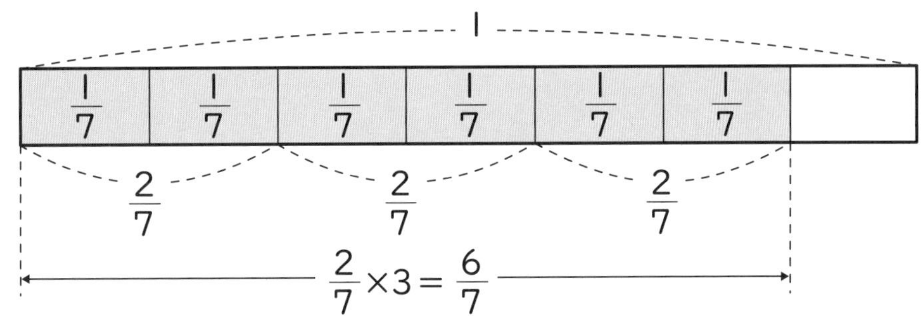


$\frac{2}{7}$は 1 を 7 等分したうちの 2 つ分、つまり$\frac{1}{7}$が 2 つ集まってできた分数ですから、$\frac{2}{7}\times 3$ の答えは$\frac{1}{7}$が 2 つ集まってできた分数の 3 つ分、つまり$\frac{1}{7}$が 6 つ集まってできる分数$\left(\frac{6}{7}\right)$です。

このことを計算式に表すと、次のようになります。

$$\frac{2}{7}\times 3=\frac{2\times 3}{7}=\frac{6}{7}$$

**ポイント**

**分数×整数の計算…分子に整数をかける。**

→答え は別冊(べっさつ) 9、10 ページ

**1** $\frac{1}{4}\times 3$ の計算をします。次の □ の中にあてはまる数を書きましょう。

$$\frac{1}{4}\times 3=\frac{1\times \square}{4}=\frac{\square}{4}$$

**2** $\frac{2}{5}\times 4$ の計算をします。次の □ の中にあてはまる数を書きましょう。

$$\frac{2}{5}\times 4=\frac{2\times \square}{5}=\frac{\square}{5}=1\frac{\square}{5}$$

答えが 1 より大きいときは帯分数に直しましょう。
※学校で仮分数(かぶんすう)のままで書くように習っていれば、帯分数に直さなくてもかまいません。

**3** $\frac{3}{8}\times 2$ の計算をします。次の □ の中にあてはまる数を書きましょう。

$$\frac{3}{8}\times 2=\frac{3\times \overset{1}{\cancel{2}}}{\underset{\square}{\cancel{8}}}=\frac{3}{4}$$

約分ができるときは、分子×整数の計算をする前に約分しておきましょう。

**4** $\frac{7}{50}\times 6$ の計算をします。次の □ の中にあてはまる数を書きましょう。

$$\frac{7}{50}\times 6=\frac{7\times \overset{3}{\cancel{6}}}{\underset{\square}{\cancel{50}}}=\frac{21}{\square}$$

**5** $\frac{3}{5}\times 30$ の計算をします。次の□の中にあてはまる数を書きましょう。

$$\frac{3}{5}\times 30=\frac{3\times \overset{\square}{\cancel{30}}}{\underset{1}{\cancel{5}}}=\frac{\square}{1}=\square$$

約分をすると分母が１になるときは、かけ算の答えを整数で表しましょう。

**6** $1\frac{2}{5}\times 3$ の計算をします。次の□の中にあてはまる数を書きましょう。

$$1\frac{2}{5}\times 3=\frac{7}{5}\times 3=\frac{7\times \square}{5}=\frac{\square}{5}=4\frac{\square}{5}$$

帯分数×整数の計算では、先に帯分数を仮分数（かぶんすう）に直しておきましょう。

**7** $1\frac{3}{8}\times 6$ の計算をします。次の□の中にあてはまる数を書きましょう。

$$1\frac{3}{8}\times 6=\frac{\square}{8}\times 6=\frac{\square\times \overset{3}{\cancel{6}}}{\underset{\square}{\cancel{8}}}=\frac{\square}{4}=8\frac{\square}{4}$$

①帯分数を仮分数（かぶんすう）に直す
②約分をする
の順に計算しましょう。

※次のような約分のしかたもあります。

$$1\frac{3}{8}\times 6=\frac{11}{\underset{4}{\cancel{8}}}\times \overset{3}{\cancel{6}}=\frac{11\times 3}{4}=\frac{33}{4}=8\frac{1}{4}$$

## つまずきをなくす説明

$\frac{1}{3}$ ÷ 2 はどうやって計算するの？

10 ÷ 2 は 10 を 2 等分するという意味だね。

じゃあ、$\frac{1}{3}$ ÷ 2 も $\frac{1}{3}$ **を 2 等分する**といいの？

そういうことになるね。そこで $\frac{1}{3}$ を 2 等分するということをテープ図で考えてみよう。はじめに、$\frac{1}{3}$ は 1 を 3 等分したうちの 1 つ分だね。

| 1 |
| --- |

3 等分 ⇒

| $\frac{1}{3}$ | $\frac{1}{3}$ | $\frac{1}{3}$ |
| --- | --- | --- |

次に全体を横に 2 等分してみよう。

| 1 |
| --- |

3 等分 ⇒

| $\frac{1}{3}$ | $\frac{1}{3}$ | $\frac{1}{3}$ |
| --- | --- | --- |

2 等分 ⇒

| ? | | |
| --- | --- | --- |
| | | |

あっ、1 を 6 等分したうちの 1 つ分になったので、$\frac{1}{3}$ ÷ 2 の答えは $\frac{1}{6}$ だ。

**例題2**

→答えは別冊(べっさつ)10ページ

$\frac{1}{3} \div 2$ を計算しましょう。

$\frac{1}{3}$ は1を3等分したうちの1つ分ですから、**$\frac{1}{3} \div 2$ は1を3等分してできる分数を、さらに2等分**することです。このことを、少しはばの広いテープ図で表すと次のようになります。

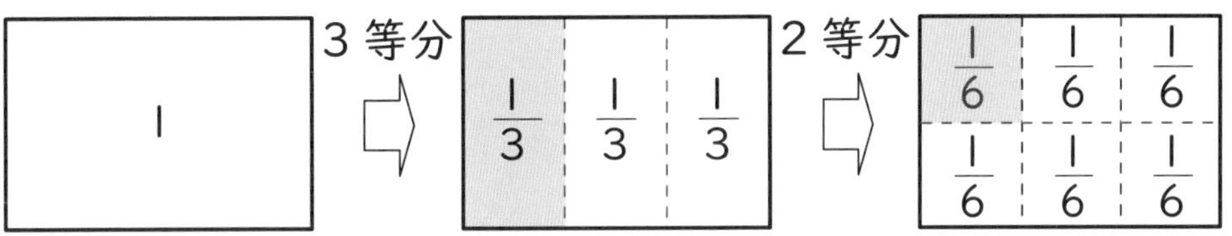


上のテープ図のように、**1を3等分したうちの1つ分の $\frac{1}{3}$ をさらに2等分するということは、1を3×2＝6等分することと同じ**ですから、$\frac{1}{3} \div 2$ の答えは次のように計算して求めることができます。

$$\frac{1}{3} \div 2 = \frac{1}{3 \times 2} = \frac{1}{6}$$

**ポイント**

分数÷整数の計算…分母に整数をかける。

→答え は別冊(べっさつ) 10 ページ

**8** $\frac{1}{4}\div 3$ の計算をします。次の $\square$ の中にあてはまる数を書きましょう。

$$\frac{1}{4}\div 3=\frac{1}{4\times\square}=\frac{1}{\square}$$

**9** $\frac{3}{5}\div 4$ の計算をします。次の $\square$ の中にあてはまる数を書きましょう。

$$\frac{3}{5}\div 4=\frac{3}{5\times\square}=\frac{3}{\square}$$

**10** $\frac{3}{8}\div 3$ の計算をします。次の $\square$ の中にあてはまる数を書きましょう。

$$\frac{3}{8}\div 3=\frac{\overset{\square}{\cancel{3}}}{8\times\underset{1}{\cancel{3}}}=\frac{\square}{8}$$

約分ができるときは、分母×整数の計算をする前に約分しておきましょう。

**11** $\frac{4}{5}\div 8$ の計算をします。次の $\square$ の中にあてはまる数を書きましょう。

$$\frac{4}{5}\div 8=\frac{\overset{1}{\cancel{4}}}{5\times\underset{\square}{\cancel{8}}}=\frac{1}{\square}$$

**12** $\frac{6}{7}$ ÷ 16の計算をします。次の□の中にあてはまる数を書きましょう。

$$\frac{6}{7} \div 16 = \frac{\overset{3}{\cancel{6}}}{7 \times \underset{\square}{\cancel{16}}} = \frac{3}{\square}$$

**13** $1\frac{2}{5}$ ÷ 3の計算をします。次の□の中にあてはまる数を書きましょう。

$$1\frac{2}{5} \div 3 = \frac{7}{5} \div 3 = \frac{7}{5 \times \square} = \frac{7}{\square}$$

帯分数÷整数の計算では、先に帯分数を仮分数(かぶんすう)に直しておきましょう。


**14** $1\frac{5}{9}$ ÷ 6の計算をします。次の□の中にあてはまる数を書きましょう。

$$1\frac{5}{9} \div 6 = \frac{\square}{9} \div 6 = \frac{\overset{7}{\cancel{14}}}{9 \times \underset{\square}{\cancel{6}}} = \frac{7}{\square}$$

①帯分数を仮分数(かぶんすう)に直す
②約分をする
の順に計算しましょう。

## やってみよう

→答えは別冊(べっさつ) 10、11 ページ

**1** 次の計算をしましょう。

(1) $\frac{1}{5} \times 4$

答え：

(2) $\frac{4}{11} \times 3$

答え：

(3) $\frac{2}{9} \times 3$

答え：

(4) $\frac{5}{6} \times 12$

答え：

(5) $\frac{4}{27} \times 6$

答え：

(6) $1\frac{1}{3} \times 2$

答え：

(7) $1\frac{1}{8} \times 6$

答え：

**2** 次の計算をしましょう。

(1) $\frac{1}{5} \div 4$

答え：

(2) $\frac{3}{7} \div 3$

答え：

(3) $\frac{5}{8} \div 10$

答え：

(4) $\frac{6}{7} \div 14$

答え：

(5) $1\frac{3}{7} \div 10$

答え：

(6) $1\frac{1}{3} \div 8$

答え：

(7) $1\frac{1}{8} \div 6$

答え：

# 小5　8

# 分数と小数・整数、割合（わりあい）

関連ページ 「つまずきをなくす小5算数計算【改訂版】」100～107、110～117ページ

## つまずきをなくす説明

3 ÷ 4の答えを分数で表すにはどうすればいいの？

それじゃあ、3 ÷ 4で答えを求めるような問題を作ってごらん。

えーっと……、「3Lのジュースを4人で分ける」かな。

いいね。では、それをテープ図に表して考えてみよう。

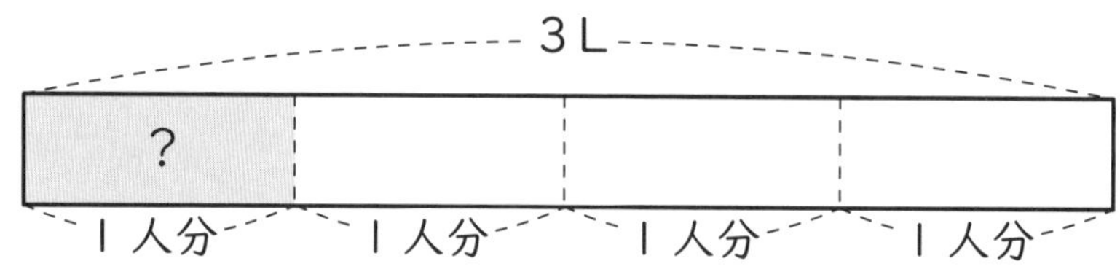

そうだね。ところで3Lは1Lが3つ集まったものと考えると次のようにも表せるね。

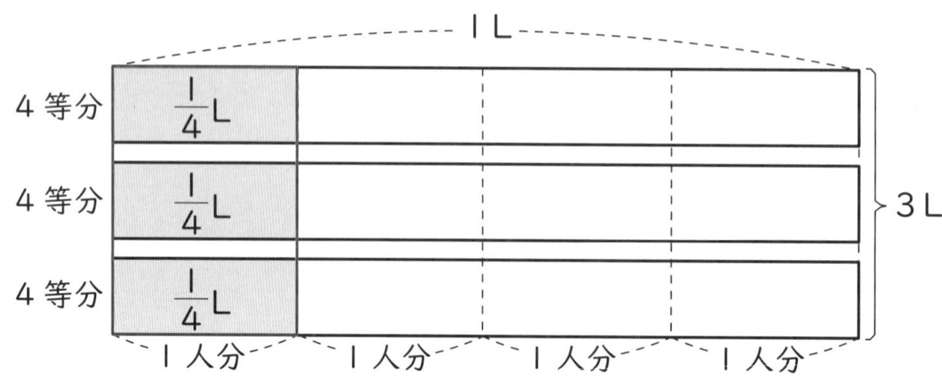

そうか、1Lを4等分した$\frac{1}{4}$Lを3つ集めればいいから、

**3 ÷ 4は$\frac{3}{4}$**なんだ！

## 例題 1

→答えは別冊 11 ページ

**3L のジュースを 4 人で公平に分けると、1 人分は何 L になりますか。答えは、分数で表しましょう。**

問題をテープ図に表すと次のようになります。

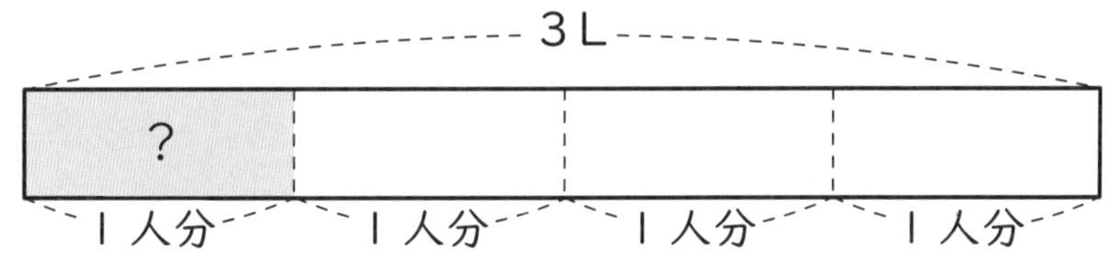


```
    0.7 5
4 ) 3.0 0
    2 8
      2 0
      2 0
        0
```

上のテープ図より、$3 \div 4 = 0.75$(L)が 1 人分とわかります。

ところで、「3L を 4 人で公平に分ける」ということは「3L を 4 等分する」ことと同じです。

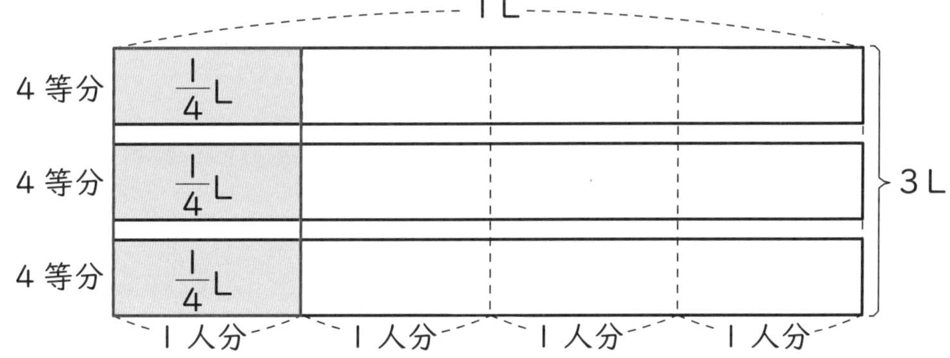


上のテープ図より、$\frac{1}{4} \times 3 = \frac{3}{4}$(L)が 1 人分とわかります。

このように、3L のジュースを 4 人で公平に分けるときの 1 人分は、小数で表すと 0.75L、分数で表すと $\frac{3}{4}$L ですから、**「$3 \div 4$」と「0.75」と「$\frac{3}{4}$」は同じ**であることがわかります。

$$3 \div 4 = \frac{3}{4}$$

### ポイント

**$\square \div \triangle = \frac{\square}{\triangle}$…「分子÷分母」と覚えよう。**

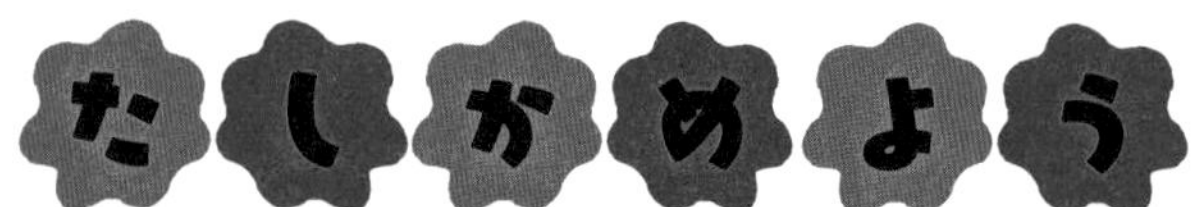


→答えは別冊(べっさつ) 11 ページ

**1** 4 ÷ 7 の計算をします。次の □ の中にあてはまる数を書きましょう。

$4 \div 7 = \dfrac{4}{\square}$

「分子÷分母＝$\dfrac{分子}{分母}$」です。

**2** 答えが$\dfrac{1}{3}$となるわり算を考えます。次の □ の中にあてはまる数を書きましょう。

$\dfrac{1}{3} = 1 \div \square$

**3** $\dfrac{1}{5}$を小数で表します。次の □ の中にあてはまる数を書きましょう。

$\dfrac{1}{5} = 1 \div \square = 0.2$

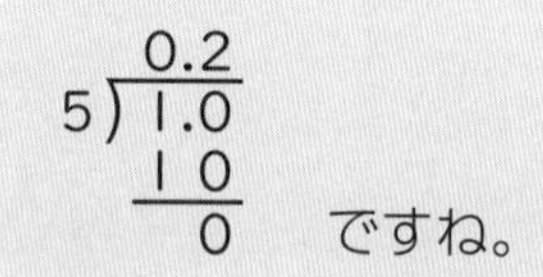

**4** $\dfrac{4}{25}$を小数で表します。次の □ の中にあてはまる数を書きましょう。

$\dfrac{4}{25} = \square \div \square = 0.16$

**5** 0.25 を分数で表します。次の □ の中にあてはまる数を書きましょう。

（考え方）

0.25 は、0.1 が 2 つと 0.01 が □ つ集まった数です。

0.1 は $\frac{1}{10}$ の位の数、0.01 は $\frac{\square}{\square}$ の位の数ですから、

$$0.25 = \frac{2}{10} + \frac{\square}{100} = \frac{20}{100} + \frac{\square}{100} = \frac{\square}{100} = \frac{1}{4}$$

0.1 は $\frac{1}{10}$ の位の数、0.01 は $\frac{1}{100}$ の位の数です。

（より簡単な考え方）

0.25 は、$\frac{1}{100}$ の位までの数ですから、$0.25 = \frac{25}{\square}$ です。

$$\frac{25}{\square} = \frac{1}{4}$$

**6** 9 を分母が 1 の分数で表します。次の □ の中にあてはまる数を書きましょう。

$$9 = 9 \div \square = \frac{9}{\square}$$

整数□ $= \frac{\square}{1}$ です。

## つまずきをなくす説明

30円は150円の何倍なのかな？

「150円の何倍」だから、150円が「もとにする量」だね。

ということは150円を1とみればいいんだ！

その通り。そこで150円を1としてテープ図で表してみよう。

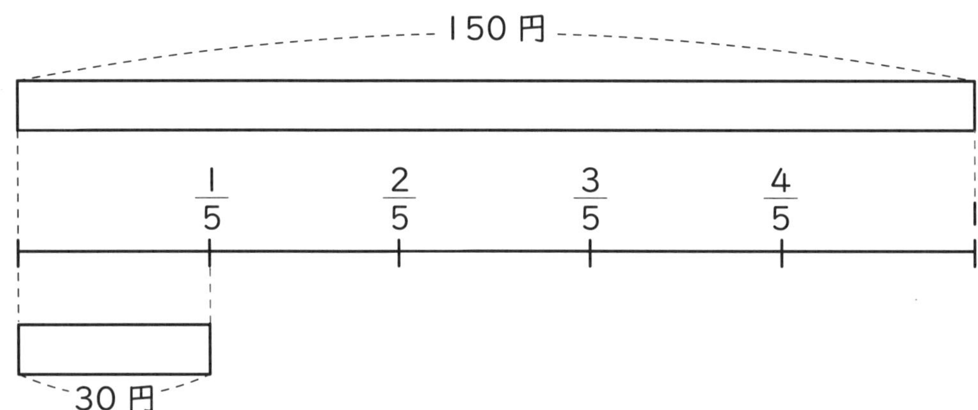

**150円を1とみると30円は$\frac{1}{5}$になっている**
から、30円は150円の$\frac{1}{5}$倍だ！

※分数の場合、「倍」をつけない答え方もあります。学校で習った答え方に合わせてください。

## 例題2

→答えは別冊(べっさつ) 11 ページ

30円は150円の何倍ですか。分数で答えましょう。

**30円を1**として、30円と150円をテープ図で表すと次のようになります。

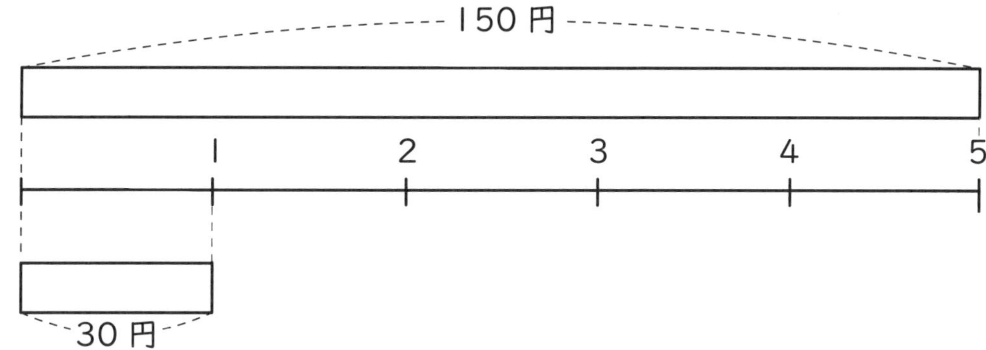


上のテープ図から30円を1とみると、150円は5です。このことを「150円は**30円の5倍**」といいます。

次に、**150円を1**として、30円と150円をテープ図で表すと次のようになります。

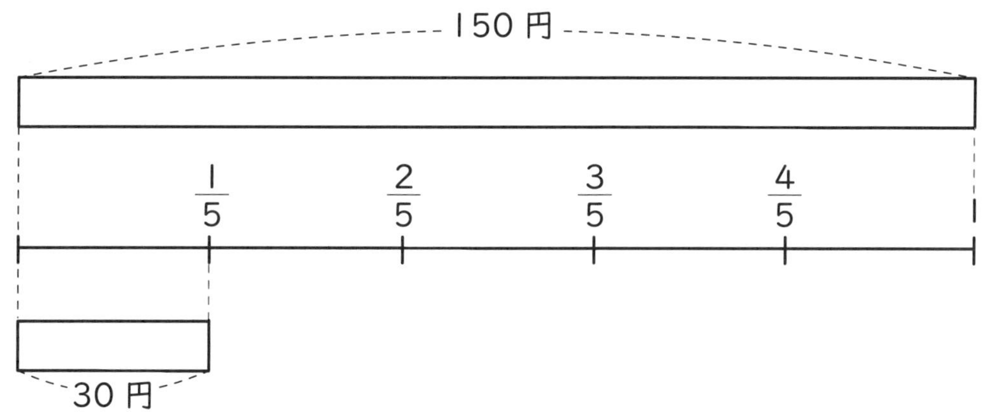


上のテープ図から150円を1とみると、30円は$\frac{1}{5}$です。このことを「30円は**150円の$\frac{1}{5}$倍**」といいます。

このように、**一方を1とみたときに他方が何倍になるかを表す数を「割合(わりあい)」**といいます。また、このときに**1とみる数を「もとにする量」、その□倍になっている数を「くらべる量」**といいます。

**ポイント**

もとにする量(1とみる数)×割合(わりあい)(□倍)＝くらべる量

## たしかめよう

→答えは別冊11ページ

**7** 次の「　」の文について、もとにする量、割合、くらべる量の中からあてはまる言葉を選び、□の中に書きましょう。

**(1)** 「100円は20円の5倍です。」

20円を1とみたときの5倍が100円なので、20円が

□、5倍が□、100円がくらべる量

です。

**(2)** 「20円は100円の$\frac{1}{5}$倍です。」

100円を1とみたときの$\frac{1}{5}$倍が20円なので、100円が

□、$\frac{1}{5}$倍が割合、20円が□です。

「1とみる量」が「もとにする量」です。

**8** 赤鉛筆1本の値段は100円です。青鉛筆の値段はこの赤鉛筆の0.8倍です。

このとき、次の□の中にあてはまる数を書きましょう。

青鉛筆の値段は、赤鉛筆の値段を1とみたときの0.8倍なので、

100 × □ = 80(円)

「もとにする量×割合＝くらべる量」です。

**9** リンゴが 20 個、ミカンが 4 個あります。□の中にあてはまる数を書きましょう。

**(1)** ミカンの個数を 1 とみるときのリンゴの個数の割合を求めます。

「割合」は「何倍」と同じことですから、リンゴの個数が「1 とみるミカンの個数」の何倍かを求めます。

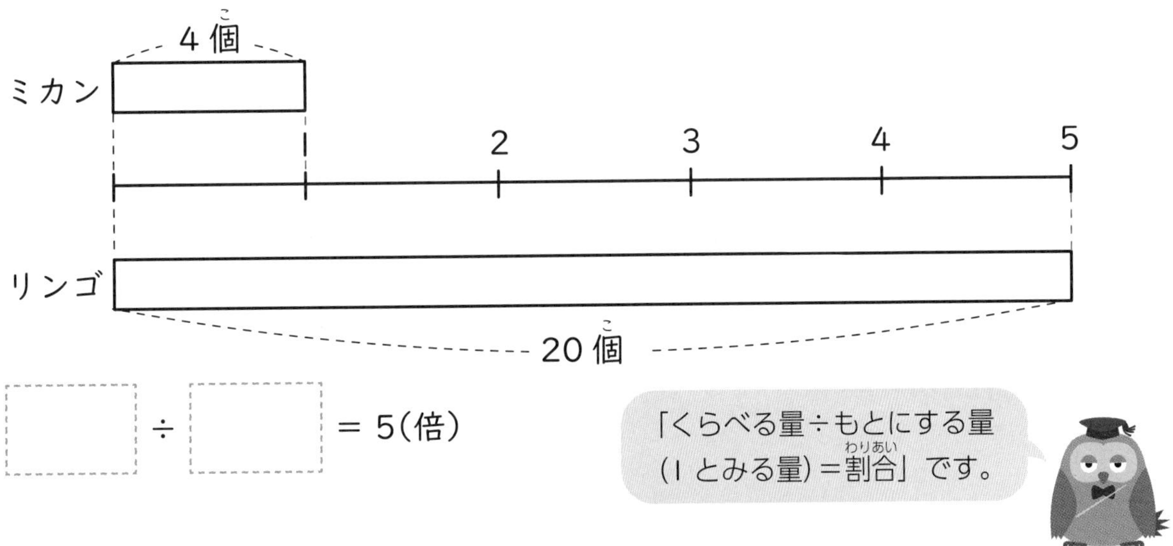


□ ÷ □ = 5(倍)

**(2)** リンゴの個数を 1 とみるときのミカンの個数の割合を求めます。

「割合」は「何倍」と同じことですから、ミカンの個数が「1 とみるリンゴの個数」の何倍かを求めます。

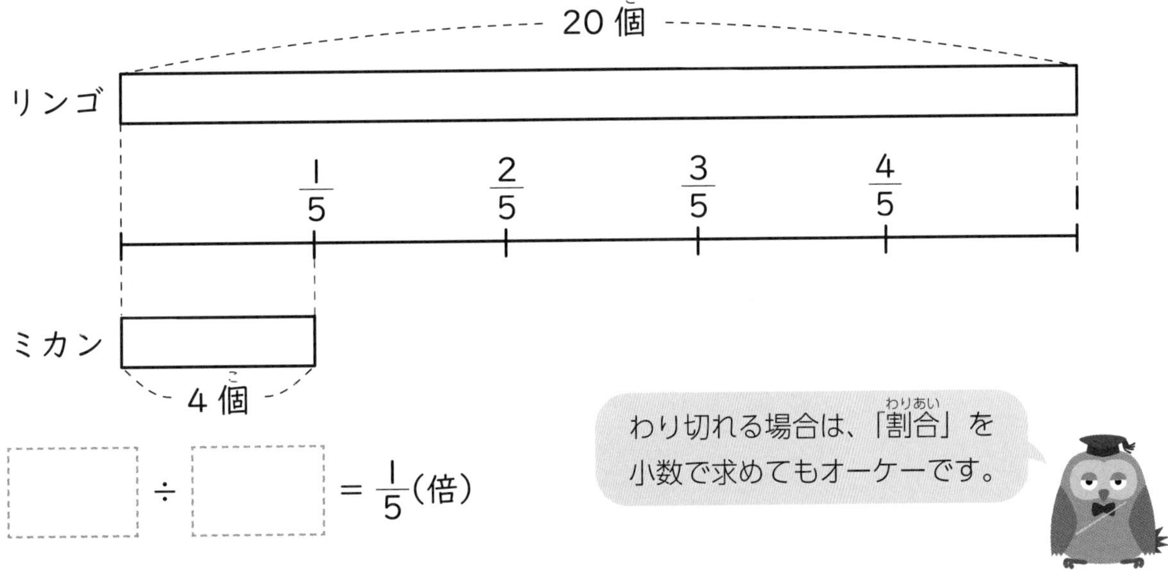


□ ÷ □ = $\frac{1}{5}$(倍)

## やってみよう

→答えは別冊(べっさつ) 12 ページ

**1** 次の □ にあてはまる数を書きましょう。

**(1)** $\frac{1}{6} = \square \div \square$

**(2)** $\frac{3}{7} = \square \div \square$

**2** 次の分数を小数で表します。□ にあてはまる数を書きましょう。

**(1)** $\frac{1}{2} = \square \div \square = \square$

**(2)** $\frac{1}{10} = \square \div \square = \square$

**(3)** $\frac{4}{5} = \square \div \square = \square$

**3** 次の小数を分数で表します。□ にあてはまる数を書きましょう。

**(1)** $0.7 = \frac{\square}{10}$

**(2)** $0.24 = \frac{\square}{100} = \frac{\square}{\square}$

約分ができるときは、約分
した分数が答えです。


**(3)** $0.02 = \frac{2}{\square} = \frac{\square}{\square}$

## 4 「もとにする量×割合（わりあい）＝くらべる量」を利用して、次の問いに答えましょう。

**(1)** 白い石が 10 個（こ）、黒い石が 20 個（こ）あります。白い石は**黒い石の**何倍ですか。

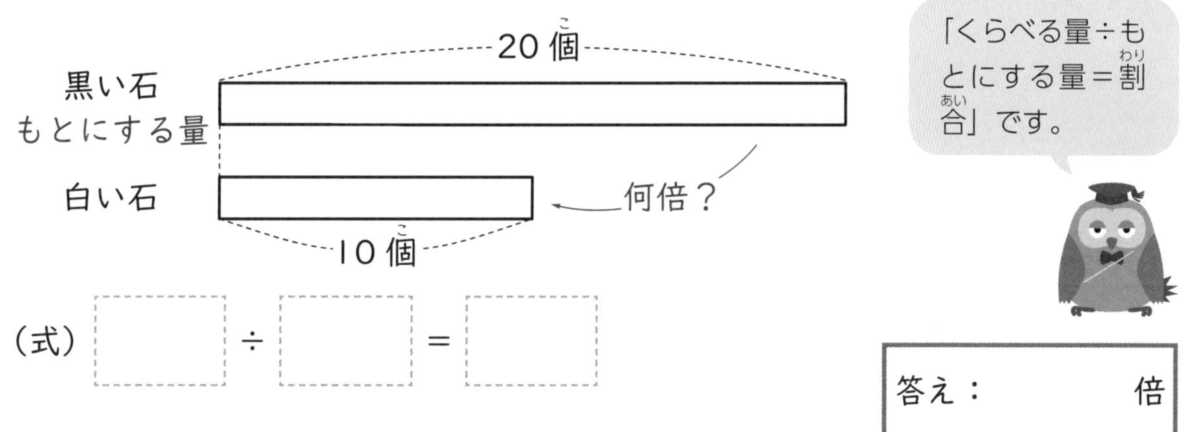


（式）□÷□＝□

**(2)** 赤い石が 10 個（こ）あります。青い石の個数（こすう）は**赤い石の** 0.5 倍です。青い石は何個（なんこ）ですか。

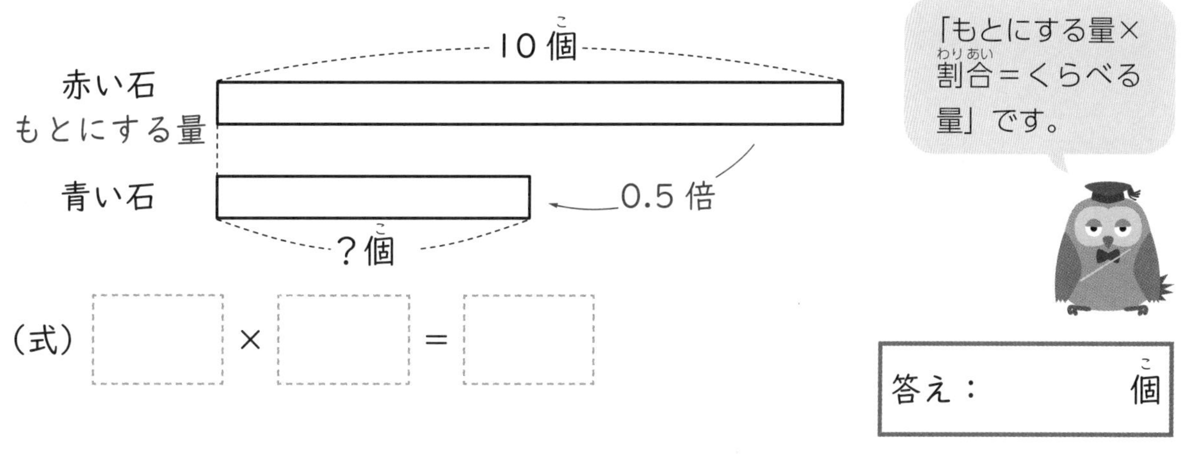


（式）□×□＝□

**(3)** 緑色の石が 10 個（こ）あります。緑色の石の個数（こすう）は**黄色の石の** 0.5 倍です。黄色の石は何個（なんこ）ですか。

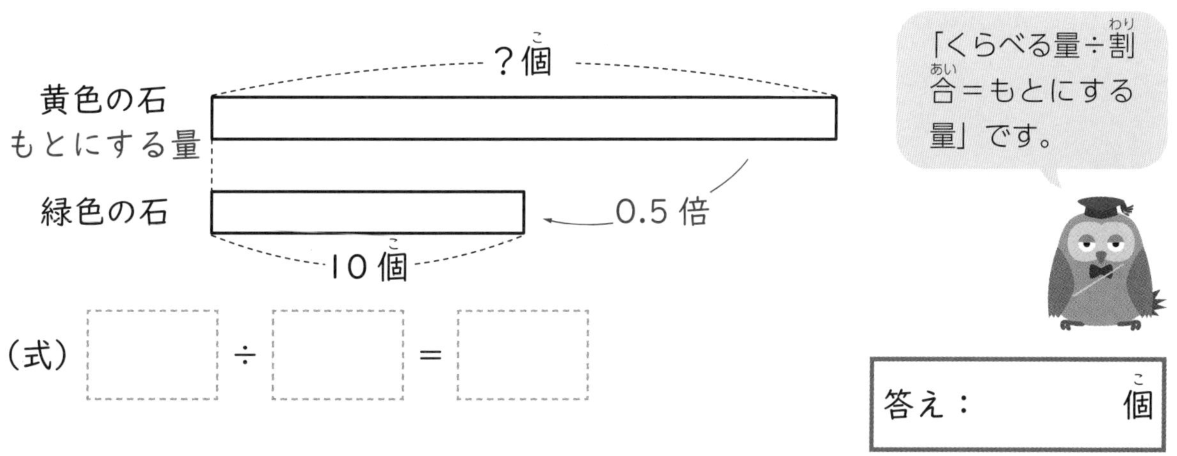


（式）□÷□＝□

Chapter

# 2

# 文章題

# 小５　9

# 小数の文章題

関連ページ 「つまずきをなくす小５算数文章題【改訂版】」10〜25 ページ

## つまずきをなくす説明

1mの値段が120円のリボンを0.2m買うと何円になるの？

前に「割合」の勉強をしたことを思い出して、「0.2mが1mの何倍か」を求めてごらん。

えーっと、**1mの何倍かっていうことは、1mを1とみること**だったから……。

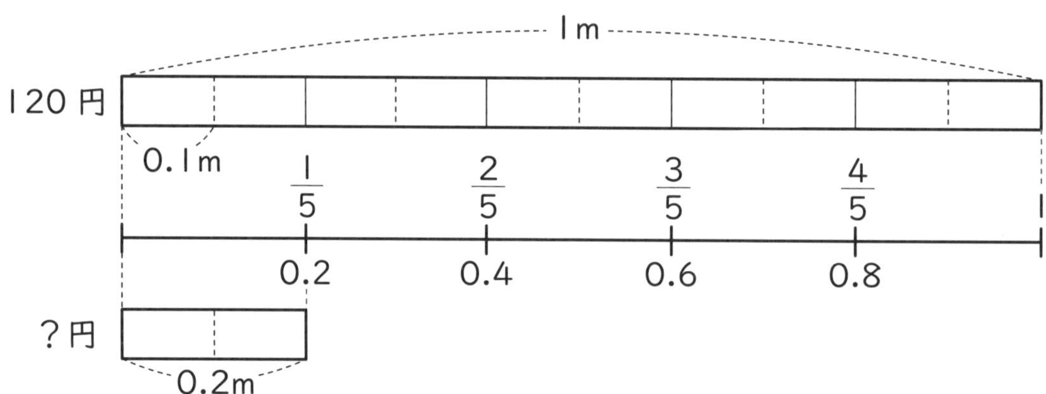


そうだったね。

ということは、0.2mは1mの0.2倍だから、120円の0.2倍を計算して……、24円だ。

## 例題 1

→答えは別冊 12 ページ

**1m の値段が 120 円のリボンがあります。このリボンの 0.2m の値段は何円ですか。**

問題の条件をテープ図に表すと、次のようになります。

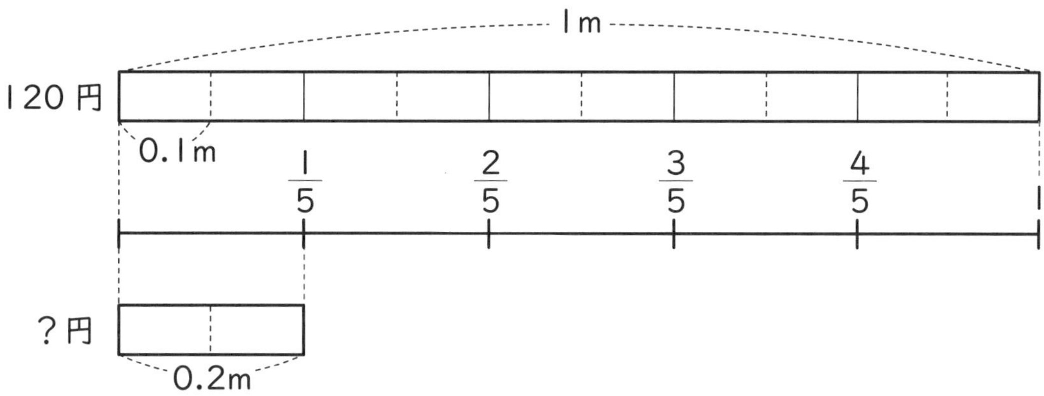


上のテープ図から、0.2m は 1m の $\frac{1}{5}$ 倍（＝ 0.2 倍）とわかります。

（式） 0.2 ÷ 1 ＝ 0.2(倍)

**長さが短くなれば値段も安くなります**から、このリボンの 0.2m の値段は 1m の値段の 0.2 倍です。

（式） 120 × 0.2 ＝ 24(円)

```
    1 2 0
  × 0.2
  -------
    2 4
```

**ポイント**

**長さが 0.2 倍になると、値段も 0.2 倍になる。**

このことは、次のように表すこともできます。

「はしご」ともいわれる書き方です。

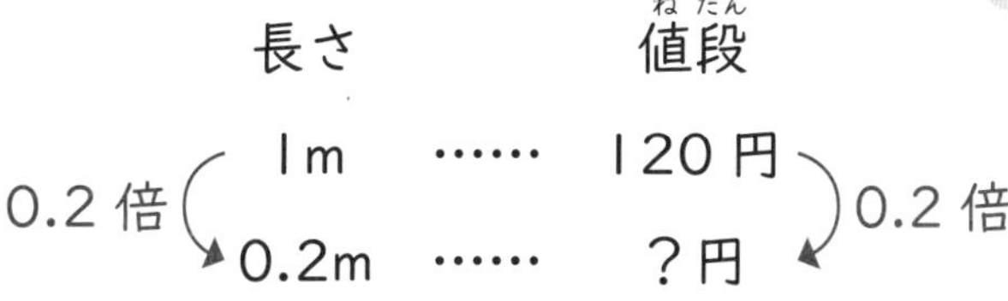

# たしかめよう

→答えは別冊 12 ページ

**1** 1kg の値段が 200 円のさとうがあります。次の文を読んで □ の中にあてはまる数を書き、答えを求めましょう。

**(1)** このさとうの 2kg の値段は何円ですか。

（考え方）

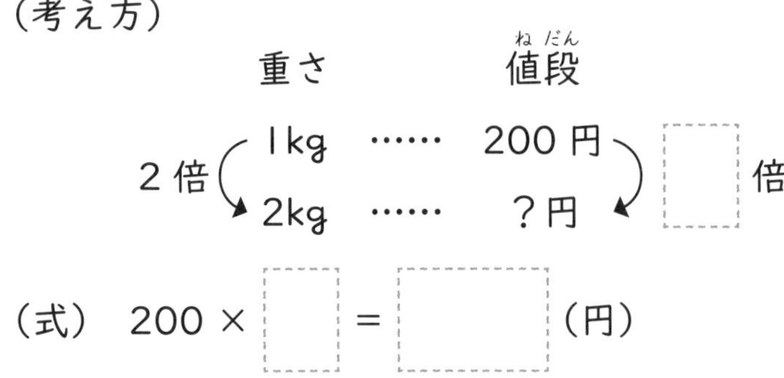


重さが 2 倍になれば、値段も 2 倍になります。

（式） 200 × □ ＝ □ （円）

答え：　　　円

**(2)** このさとうの 0.2kg の値段は何円ですか。

（考え方）

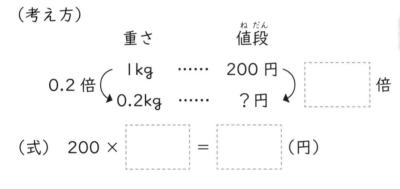

| | 重さ | | 値段 | |
|---|---|---|---|---|
| 0.2 倍 | 1kg | …… | 200 円 | □ 倍 |
| | 0.2kg | …… | ？円 | |

重さが 0.2 倍になれば、値段も 0.2 倍になります。

（式） 200 × □ ＝ □ （円）

答え：　　　円

**(3)** このさとうの 0.8kg の値段は何円ですか。

（考え方）

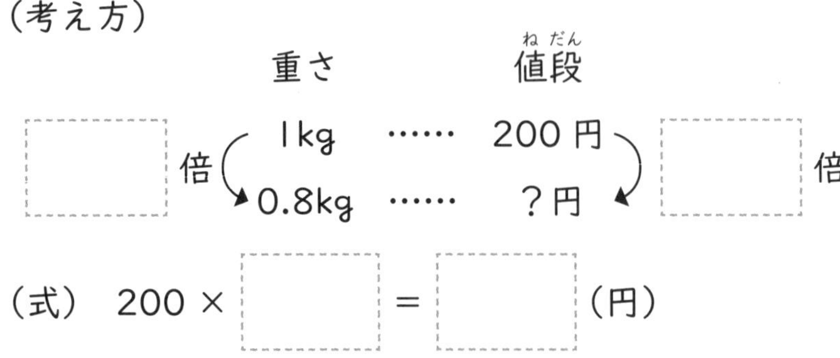


（式） 200 × □ ＝ □ （円）

答え：　　　円

**2** 1cmの重さが10gの針金(はりがね)があります。この針金(はりがね)の0.4cmの重さを求めます。次の問いに答えましょう。

**(1)** 0.4cmは1cmの何倍ですか。

（式） 0.4 ÷ □ = □（倍）

答え： 倍

**(2)** 0.4cmの針金(はりがね)の重さは、1cmの針金(はりがね)の重さの何倍ですか。

答え： 倍

**(3)** 0.4cmの重さは何gですか。

（式） 10 × □ = □（g）

答え： g

**3** 1mの値段(ねだん)が50円のロープがあります。このロープの0.7mの値段(ねだん)を求めます。次の問いに答えましょう。

**(1)** 0.7mは1mの何倍ですか。

（式） □ ÷ □ = □（倍）

答え： 倍

**(2)** 0.7mの値段(ねだん)は何円ですか。

（式） □ × □ = □（円）

答え： 円

## つまずきをなくす説明

0.1mの値段が20円のリボンを1m買うと何円になるの？

「はしご」を書いてみてごらん。

| | 長さ | | 値段 | |
|---|---|---|---|---|
| ×0.1 ↓ | 1m | …… | ？円 | ↓ ×0.1 |
| | 0.1m | …… | 20円 | |

そうだね。ところで「？円」を求めたいのだから、→を逆向きにすればどうなるかな？

そうか、**→を逆向きにするってことは元にもどすこと**だから……、わればいいんだ！

| | 長さ | | 値段 | |
|---|---|---|---|---|
| ×0.1 ↓ | 1m | …… | ？円 | ↑ ÷0.1 |
| | 0.1m | …… | 20円 | |

その通り。

**例題 2**

→答えは別冊 12 ページ

**0.1m の値段が 20 円のリボンがあります。このリボンの 1m の値段は何円ですか。**

問題の条件は次のように表せます。

| | 長さ | | 値段 | |
|---|---|---|---|---|
| 0.1 倍 ↓ | 1m | …… | ？円 | ↓ 0.1 倍 |
| | 0.1m | …… | 20 円 | |

このことから、？円に 0.1 をかけると 20 円になることがわかります。

？円 ―× 0.1→ 20 円

ですから、？円を求めるには、20 円を 0.1 でわればよいことになります。

？円 ―× 0.1→ 20 円

⇩

？円 ←÷ 0.1― 20 円

（式） 20 ÷ 0.1 ＝ 200（円）

**ポイント**

**「かけ算の答え（積）」÷「かける数」＝「かけられる数」**

このことは、次のように表すこともできます。

| | 長さ | | 値段 | |
|---|---|---|---|---|
| × 0.1 ↓ | 1m | …… | ？円 | ↑ ÷ 0.1 |
| | 0.1m | …… | 20 円 | |

矢印が下向きのときに 0.1 をかけているので、矢印が上向きになると 0.1 でわることになります。

## たしかめよう

→答えは別冊 12 ページ

**4** 0.1kg の値段が 5 円のさとうがあります。このさとうの 1kg の値段は何円ですか。次の □ の中にあてはまる数を書き、答えを求めましょう。

（考え方）

重さ　　　　値段

×0.1（ 1kg …… ？円 ）÷0.1

　　　0.1kg …… 5 円

矢印が下向きのときかけ算なので、矢印が上向きになるとわり算になります。

（式） 5 ÷ □ ＝ □（円）

答え：　　　円

**5** 0.1m の値段が 15 円の紙テープがあります。この紙テープの 1m の値段は何円ですか。次の □ の中に、（考え方）には×0.1、÷0.1 のうちあてはまる方を選んで、式と答えにはあてはまる数を書きましょう。

（考え方）

長さ　　　　値段

×0.1（ 1m …… ？円 ）□

　　　0.1m …… 15 円

（式） 15 ÷ □ ＝ □（円）

答え：　　　円

**6** 0.2m の値段（ねだん）が 10 円のリボンがあります。このリボンの 1m の値段（ねだん）は何円ですか。次の □ の中に、（考え方）には × 0.2、÷ 0.2 のうちあてはまる方を選んで、式と答えにはあてはまる数を書きましょう。

（考え方）

| | 長さ | | 値段（ねだん） | |
|---|---|---|---|---|
| × 0.2 ↓ | 1m | …… | ？円 | ↑ □ |
| | 0.2m | …… | 10 円 | |

（式） 10 ÷ □ ＝ □ （円）

答え：　　　円

**7** 0.1g の値段（ねだん）が 6 円の銀があります。この銀の 1g の値段（ねだん）を求めます。次の問いに答えましょう。

**(1)** 0.1g は 1g の何倍ですか。

（式） □ ÷ □ ＝ □ （倍）

答え：　　　倍

**(2)** 1g の値段（ねだん）は何円ですか。

（式） □ ÷ □ ＝ □ （円）

答え：　　　円

わかりにくいときは「はしご」を書いてみましょう。

→答えは別冊 13 ページ

次の問題の □ にはあてはまる数を、○ には×、÷のうちあてはまる方を選んで書き、答えを求めましょう。

**1** 1L の値段が 200 円のミルクがあります。このミルクの 0.3L の値段を求めます。次の問いに答えましょう。

**(1)** 0.3L は 1L の何倍ですか。

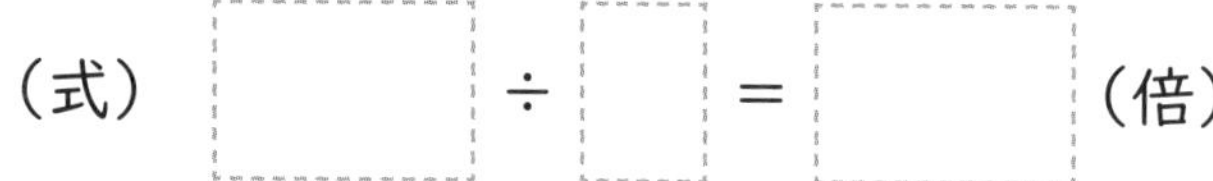

（式） □ ÷ □ = □（倍）

答え：　　倍

**(2)** 0.3L の値段は何円ですか。

（式） □ ○ □ = □（円）

答え：　　円

**2** 3m の重さが 100g の針金があります。この針金の 0.6m の重さを求めます。次の問いに答えましょう。

**(1)** 0.6m は 3m の何倍ですか。

（式） □ ÷ □ = □（倍）

答え：　　倍

**(2)** 0.6m の重さは何 g ですか。

（式） □ ○ □ = □（g）

答え：　　g

**3** 0.1kg の値段が 550 円の金があります。この金の 1kg の値段を求めます。次の問いに答えましょう。

**(1)** 0.1kg は 1kg の何倍ですか。

答え：　　　　倍

**(2)** 1kg の値段は何円ですか。

答え：　　　　円

**4** 0.7m の値段が 14 円のひもがあります。このひもの 1m の値段を求めます。次の問いに答えましょう。

**(1)** 0.7m は 1m の何倍ですか。

（式）　　　÷　　　＝　　　（倍）

答え：　　　　倍

**(2)** 1m の値段は何円ですか。

（式）　　　○　　　＝　　　（円）

答え：　　　　円

こまったときは「はしご」の出番です。

# 小5　10

# 倍数と約数の文章題

関連ページ「つまずきをなくす小5算数文章題【改訂版】」28〜35ページ

## つまずきをなくす説明

午前8時ちょうどから、駅前を病院行きのバスが10分ごとに、市役所行きのバスが15分ごとに出ているけど、次に病院行きと市役所行きのバスが同時に出発する時こくはどうやって求めることができるの？

病院行きのバスは、8時ちょうどの後はいつ出発しているか書き出してごらん。

| 8時 | 10分、20分、30分、40分、50分 |
|---|---|

そうだね。ところで、10、20、30、40、50という数は10のどんな数になっているか言えるかな？

10の倍数。

その通り。市役所行きのバスも同じように考えるとどうなるかな。

市役所行きは15分ごとだから、そっか、15の倍数を書けばいいんだ。

| 8時 | 15分、30分、45分 |
|---|---|

わかりました！　**10と15の最小公倍数は30**だから、次に同時に発車する時こくは午前8時30分だ。

## 例題 1

→答えは別冊(べっさつ) 13 ページ

**駅前から、病院行きのバスが 10 分ごとに、市役所行きのバスが 15 分ごとに出ています。午前 8 時ちょうどに病院行きと市役所行きのバスが同時に出発しました。次に病院行きと市役所行きのバスが同時に出発するのはいつですか。**

はじめに病院行きのバスが駅前を 8 時ちょうどの後に発車する時こくを書き出します。

| 8 時 | 10 分、20 分、30 分、40 分、50 分 |
|---|---|

次に市役所行きのバスが駅前を 8 時ちょうどの後に発車する時こくを書き出します。

| 8 時 | 15 分、30 分、45 分 |
|---|---|

ですから、次に病院行きと市役所行きのバスが同時に出発する時こくは、午前 8 時 30 分です。

ところで、病院行きのバスが駅前を発車する時こくを見てみると、10、20、30、…のように、**10 の倍数**が小さい順にならんでいます。

同じように、市役所行きのバスが駅前を発車する時こくを見てみると、15、30、45 のように、**15 の倍数**が小さい順にならんでいます。

ですから、病院行きと市役所行きのバスが同時に発車する時こくは、10 の倍数と 15 の倍数に共通する数（= **10 と 15 の公倍数**）ですから、8 時 0 分の次に 2 つのバスが同時に発車する時こくは **10 と 15 の最小公倍数**の 30 から 8 時 30 分とわかります。

**ポイント**

**同時に発車する時こく…2 つのバスが発車する時間の公倍数**

# たしかめよう

→答えは別冊13ページ

**1** 駅前から、動物園行きのバスが9分ごとに、水族館行きのバスが15分ごとに出ています。午前8時ちょうどに動物園行きと水族館行きのバスが同時に出発しました。次の問いに答えましょう。

**(1)** 動物園行きのバスが、午前8時0分の後で8時台に駅前を発車する時こくをすべて求めます。（考え方）の［　］の中にはあてはまる言葉を入れます。

（考え方）9の［　］数を小さい順に書き出していきます。

答え：　分、　分、　分、　分、　分、　分

**(2)** 水族館行きのバスが、午前8時0分の後で8時台に駅前を発車する時こくをすべて求めます。（考え方）の［　］の中にはあてはまる言葉を入れます。

（考え方）15の［　］数を小さい順に書き出していきます。

答え：　分、　分、　分

**(3)** 動物園行きと水族館行きのバスが、午前8時0分の次に同時に出発する時こくは8時何分ですか。

答え：午前8時　分

**(4)** (3)で求めた数は、どんな数ですか。［　］の中にあてはまる数や言葉を入れましょう。

9の［　］数と15の［　］数に共通する数の中で最も小さい数なので、求めた数は9と15の［最］［　］［公］［　］［数］です。

最大公約数かな？
それとも最小公倍
数かな？

**2** たて 4cm、横 6cm の長方形の紙があります。この紙を右の図のように、同じ向きにならべて正方形を作ります。次の問いに答えましょう。

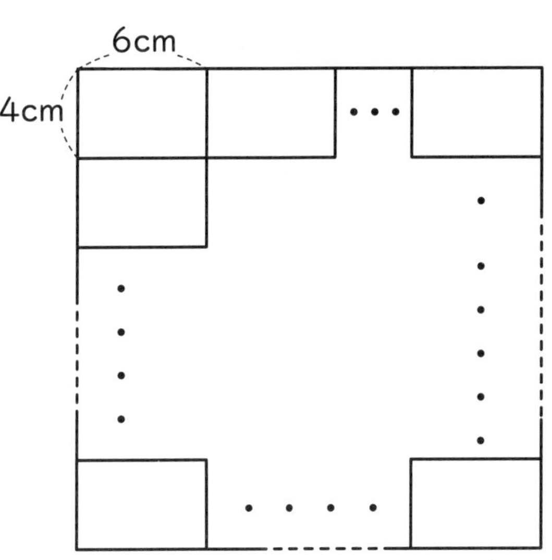

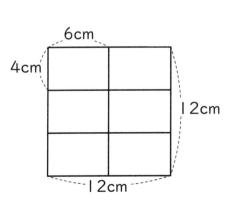


**(1)** この紙をたてに 2 まい、3 まいとならべていくと、たての長さは全部で何 cm になりますか。(考え方) の □ と表の空らんの中にあてはまる言葉や数を入れましょう。

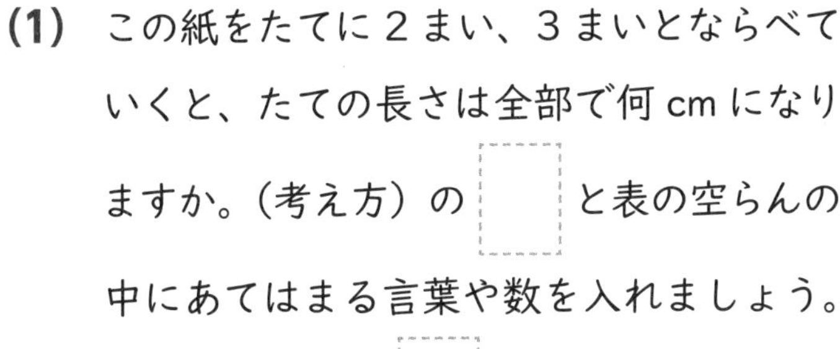

(考え方) 4 の □ 数を書き入れます。

| 長方形のまい数（まい） | 1 | 2 | 3 | 4 | 5 |
|---|---|---|---|---|---|
| たての長さの合計（cm） | 4 | 8 | | | |

**(2)** この紙を横に 2 まい、3 まいとならべていくと、横の長さは全部で何 cm になりますか。(考え方) の □ と表の空らんの中にあてはまる言葉や数を入れましょう。

(考え方) 6 の □ 数を書き入れます。

| 長方形のまい数（まい） | 1 | 2 | 3 | 4 | 5 |
|---|---|---|---|---|---|
| 横の長さの合計（cm） | 6 | | | | |

**(3)** 長方形の紙をならべてできるだけ小さな正方形を作るとき、正方形の 1 辺の長さは何 cm ですか。

答え：　　　　cm

(1) と (2) に共通する数の中で、最も小さい数ですね。

**(4)** (3)のとき、全部で何まいの長方形が必要かを求めます。□ の中にあてはまる数を入れましょう。

□ ÷ 4 = 3 …たてに 3 まいならべる

□ ÷ 6 = 2 …横に 2 まいならべる

3 × 2 = 6(まい)

6cm
4cm
12cm
12cm

## つまずきをなくす説明

12個のミカンと8個のリンゴをあまらないように公平に分けると、何人に分けることができるの？

12個のミカンを6人に分けるとしたら、どんな計算をすればいいかな。

12÷6で2個。

そうだね。つまり12をわり切ることができないといけないんだけれど、そんな数のことを12のなんて言ったっけ？

12の約数。

その通り。リンゴも同じことだから8の約数を求めればいいね。

じゃあ、**12の約数でしかも8の約数**だったらいいんだ。

| 12の約数 | 1、2、3、4、6、12 |
|---|---|
| 8の約数 | 1、2、4、8 |

ただし、「1人」では分けたことにならないから「1」はのぞかないといけないよ。

ということは、2人と4人のときに公平に分けることができるんだ。

**例題 2**

→答えは別冊 13 ページ

**ミカンが 12 個、リンゴが 8 個あります。これらをあまらないようにそれぞれ同じ数ずつ、できるだけ多くの子どもに分けます。何人に分けることができますか。**

はじめにミカンの分け方を考えます。

12 個のミカンを分けますから、「12 個÷人数＝ 1 人分のミカンの個数」という式です。

あまってはいけませんから、人数は 12 をわり切ることができる数（＝ **12 の約数**）です。

| 12 の約数 | 1、2、3、4、6、12 |
|---|---|

次にリンゴの分け方を考えます。

8 個のリンゴを分けますから、「8 個÷人数＝ 1 人分のリンゴの個数」という式です。

あまってはいけませんから、人数は 8 をわり切ることができる数（＝ **8 の約数**）です。

| 8 の約数 | 1、2、4、8 |
|---|---|

ですから、ミカンの分け方、リンゴの分け方の両方に共通する人数は、1 人、2 人、4 人です。

「できるだけ多くの子ども」に分けますので、答えは 4 人です。

**ポイント**

**あまらずに分けることができる子どもの人数は、12 と 8 の公約数です。**

## たしかめよう

→答えは別冊（べっさつ）13、14ページ

**3** ミカンが20個（こ）、リンゴが12個（こ）あります。これらをあまらないようにそれぞれ同じ数ずつ分けます。次の問いに答えましょう。

**(1)** ミカンは何人に分けることができますか。（考え方）の［　］の中にあてはまる言葉を入れ、考えられる人数をすべて求めましょう。

（考え方） 20の［　］数のうち、1以外を求めます。

答え：　　人、　　人、　　人、　　人、　　人

**(2)** リンゴは何人に分けることができますか。（考え方）の［　］の中にあてはまる言葉を入れ、考えられる人数をすべて求めましょう。

（考え方） 12の［　］数のうち、1以外を求めます。

答え：　　人、　　人、　　人、　　人、　　人

**(3)** ミカンとリンゴをあまらないようにそれぞれ同じ数ずつ、できるだけ多くの子どもに分けると、何人に分けることができますか。

答え：　　人

(1)と(2)に共通する数の中で、最も大きい数ですね。

**(4)** (3)で求めた数は、どんな数ですか。［　］の中にあてはまる数や言葉を入れましょう。

最大公約数かな？それとも最小公倍数かな？

20と12の両方をわり切ることができる数のうち最も大きい数なので、求めた数は［　　と　　］の

［最］［　］［公］［　］［数］です。

**4** たて18cm、横24cmの長方形の紙があります。この紙をあまりが出ないように、できるだけ大きな同じ大きさの正方形に分けます。ただし、正方形の1辺の長さは整数です。次の問いに答えましょう。

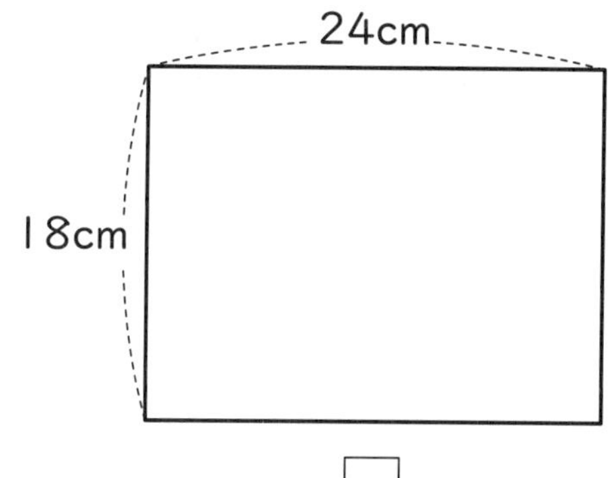


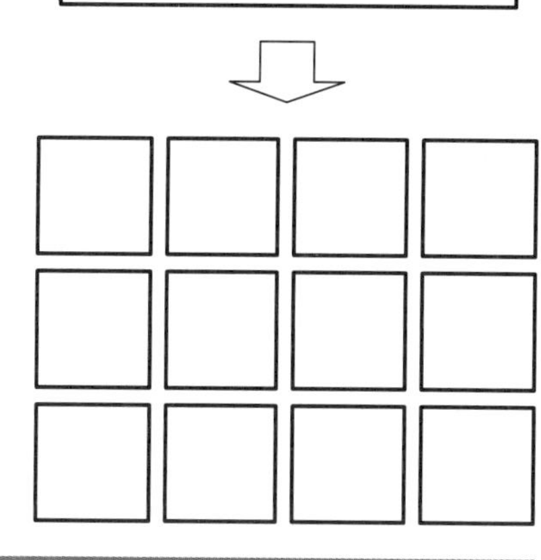

**(1)** たては何cmに分けることができますか。（考え方）の □ の中にあてはまる言葉を入れ、考えられる長さをすべて求めましょう。

（考え方） 18の □ 数を求めます。

答え：　cm、　cm、　cm、　cm、　cm、　cm

**(2)** 横は何cmに分けることができますか。（考え方）の □ の中にあてはまる言葉を入れ、考えられる長さをすべて求めましょう。

（考え方） 24の □ 数を求めます。

24をわり切ることができる数をすべて求めます。

答え：　cm、　cm、　cm、　cm、　cm、　cm、　cm、　cm

**(3)** 長方形の紙をあまりが出ないように、できるだけ大きな同じ大きさの正方形に分けるとき、正方形の1辺の長さは何cmですか。

答え：　cm

**(4)** 全部で何まいの正方形に分けることができたかを求めます。□ の中にあてはまる数を入れましょう。

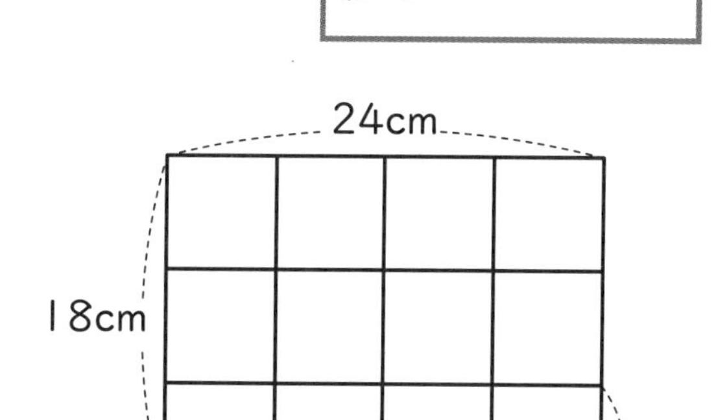


18 ÷ □ = 3 …たては3つに分けることができる

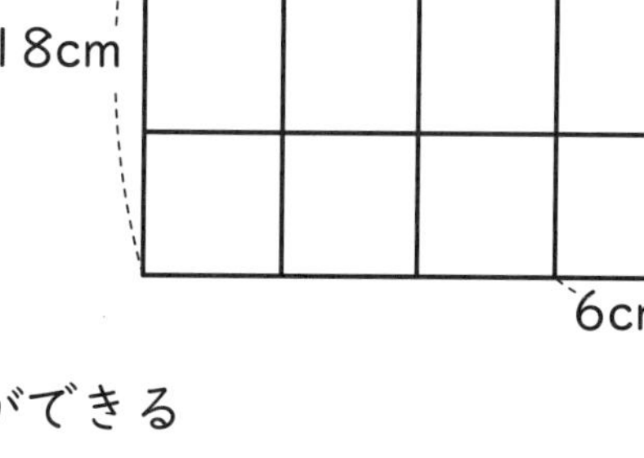

24 ÷ □ = 4 …横は4つに分けることができる

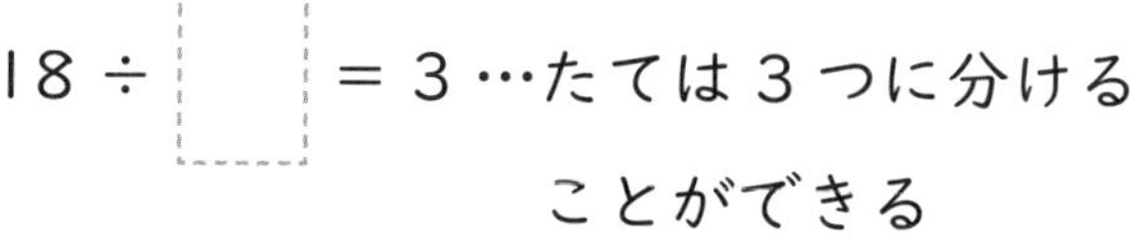

3 × 4 = 12(まい)

→答えは別冊(べっさつ) 14 ページ

**1** 駅前から、運動公園行きのバスが 10 分ごとに、市民センター行きのバスが 25 分ごとに出ています。午前 8 時ちょうどに運動公園行きと市民センター行きのバスが同時に出発しました。次の問いに答えましょう。

**(1)** 運動公園行きのバスが、午前 8 時台と午前 9 時台に駅前を発車する時こくをすべて求めます。次の表の空らんにあてはまる数を書きましょう。

| 8 時台 | 0 分 | 10 分 | | | | |
|---|---|---|---|---|---|---|
| 9 時台 | | | | | | |

**(2)** 市民センター行きのバスが、午前 8 時台と午前 9 時台に駅前を発車する時こくをすべて求めます。次の表の空らんにあてはまる数を書きましょう。

| 8 時台 | 0 分 | 25 分 | |
|---|---|---|---|
| 9 時台 | | | |

**(3)** 運動公園行きと市民センター行きのバスが午前 8 時 0 分の次に同時に出発する時こくは、午前何時何分ですか。

答え：午前　　　時　　　分

**(4)** (3)の次に運動公園行きと市民センター行きのバスが同時に出発する時こくは、午前何時何分ですか。

答え：午前　　　時　　　分

**(5)** 午後 0 時をすぎて、初めて運動公園行きと市民センター行きのバスが同時に出発する時こくは午後何時何分ですか。

答え：午後　　　時　　　分

2 つのバスが何分ごとに駅前を同時に発車しているかを利用してみましょう。

**2** 赤玉が 40 個、白玉が 24 個あります。これらをあまらないようにそれぞれ同じ数ずつ分けます。次の問いに答えましょう。

**(1)** 赤玉は何人に分けることができますか。考えられる人数をすべて求めましょう。ただし、1 人はのぞきます。

答え：　人、　人、　人、　人、　人、　人、　人

**(2)** 白玉は何人に分けることができますか。考えられる人数をすべて求めましょう。ただし、1 人はのぞきます。

答え：　人、　人、　人、　人、　人、　人、　人

**(3)** 赤玉と白玉をあまらないようにそれぞれ同じ数ずつ分けると、何人に分けることができますか。考えられる人数をすべて求めましょう。ただし、1 人はのぞきます。

答え：　人、　人、　人

**(4)** (3)で求めた数は 1 もふくめると、40 と 24 のどんな数ですか。

答え：40 と 24 の

(1)と(2)に共通する数のことです。

小5　11

# 分数の文章題

関連ページ 「つまずきをなくす小5算数文章題【改訂版】」36〜43 ページ

## つまずきをなくす説明

20 分は何時間なの？

1 分は 1 時間を何等分したうちの 1 つ分になるかを考えてごらん。

えーっと、1 時間は 60 分だから、1 分は 1 時間を 60 等分したうちの 1 つ分だ。

いいね。そこで 1 時間と 20 分をテープ図で表すと次のようになるね。

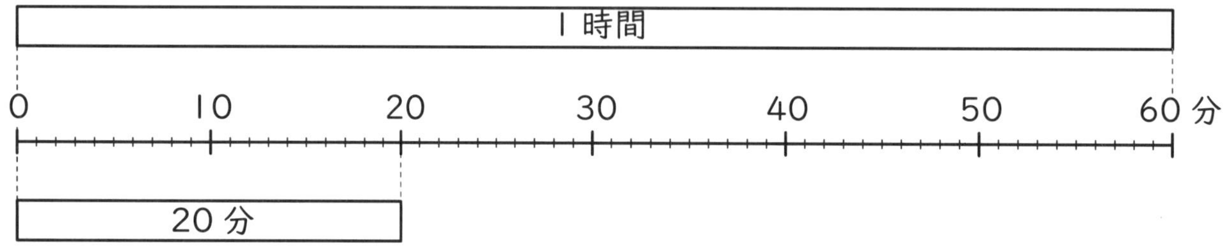

20 分は 1 時間を 60 等分したうちの 20 個分！

正解！　つまり、$\frac{1}{60}$時間を 20 個集めたことになるね。

そうか、**20 分は $\frac{20}{60}$ 時間**なんだ！

**例題 1**

→答え は別冊（べっさつ） 14 ページ

**家から駅までは、歩くと 20 分、走ると $\frac{1}{5}$ 時間かかります。走ると歩いたときより何時間早く着きますか。**

「20 分」と「$\frac{1}{5}$ 時間」は単位が「分」と「時間」で同じではありませんから、たしたりひいたりすることができません。

そこで、「20 分」を、求める答えの単位「時間」で表すことにします。

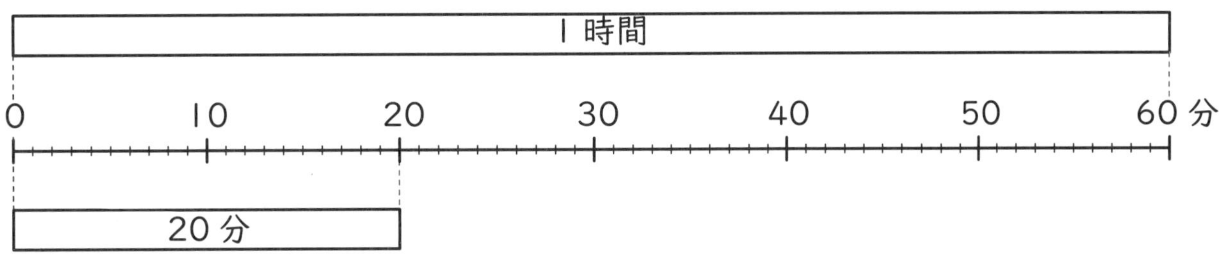


上のテープ図のように、**20 分は 1 時間（＝ 60 分）を 60 等分したうちの 1 つ分「$\frac{1}{60}$ 時間（＝ 1 分）」が 20 個（こ）集まったものです**から、

20 分 ＝ $\frac{20}{60}$ 時間 ＝ $\frac{1}{3}$ 時間です。

「歩くと $\frac{1}{3}$ 時間、走ると $\frac{1}{5}$ 時間」ということがわかりましたから、通分をしてひき算をします。

（式）　20 分 ＝ $\frac{\cancel{20}^{1}}{\cancel{60}_{3}}$ 時間 ＝ $\frac{1}{3}$ 時間

$\frac{1}{3}$ 時間 ＝ $\frac{5}{15}$ 時間　…　歩く時間

$\frac{1}{5}$ 時間 ＝ $\frac{3}{15}$ 時間　…　走る時間

← なれればこの式を省りゃくしてオーケーです。

$\frac{1}{3}$ 時間 － $\frac{1}{5}$ 時間 ＝ $\frac{5}{15}$ 時間 － $\frac{3}{15}$ 時間 ＝ $\frac{2}{15}$ 時間

**ポイント**

**「分」を「時間」で表す…□分 ＝ $\frac{□}{60}$ 時間**

→答えは別冊 14、15 ページ

**1** 太郎くんは、昨日は$\frac{1}{2}$時間、今日は 15 分、計算練習をしました。□の中にあてはまる数を書いて、答えを求めましょう。

**(1)** 15 分は何時間ですか。

約分して答えましょう。

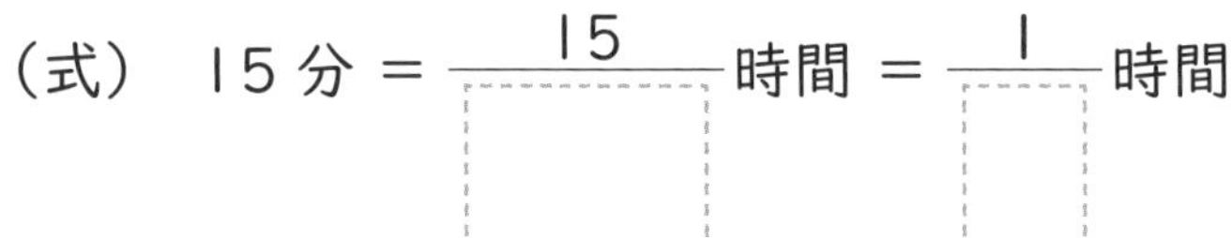

（式） 15 分 ＝ $\frac{15}{\square}$時間 ＝ $\frac{1}{\square}$時間

答え：　　　時間

**(2)** 太郎くんは計算練習を 2 日間で合わせて何時間しましたか。

分母の 2 と 4 の最小公倍数の 4 で通分します。

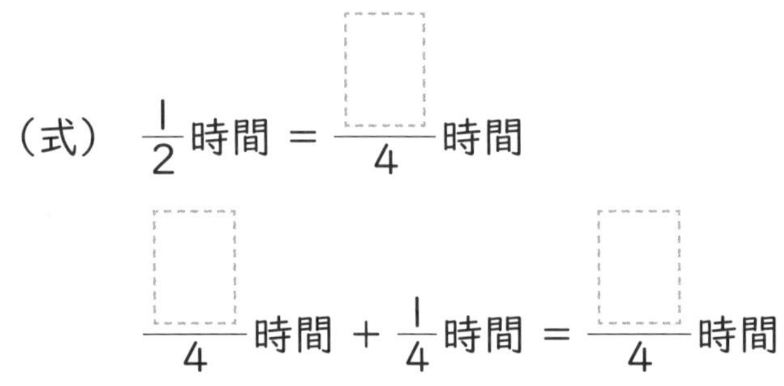

（式） $\frac{1}{2}$時間 ＝ $\frac{\square}{4}$時間

$\frac{\square}{4}$時間 ＋ $\frac{1}{4}$時間 ＝ $\frac{\square}{4}$時間

答え：　　　時間

**(3)** 太郎くんは計算練習を、昨日は今日より何時間多くしましたか。

（式） $\frac{\square}{4}$時間 － $\frac{\square}{4}$時間 ＝ $\frac{\square}{4}$時間

答え：　　　時間

## 例題 1

→答えは別冊 14 ページ

**家から駅までは、歩くと 20 分、走ると $\frac{1}{5}$ 時間かかります。走ると歩いたときより何時間早く着きますか。**

「20 分」と「$\frac{1}{5}$ 時間」は単位が「分」と「時間」で同じではありませんから、たしたりひいたりすることができません。

そこで、「20 分」を、求める答えの単位「時間」で表すことにします。

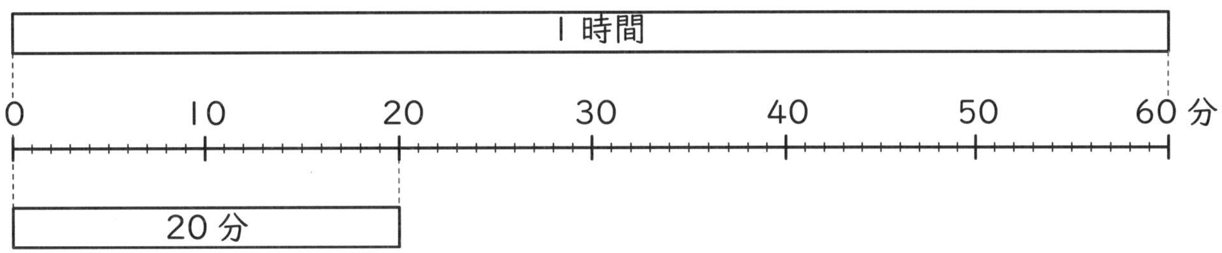


上のテープ図のように、**20 分は 1 時間（＝ 60 分）を 60 等分したうちの 1 つ分「$\frac{1}{60}$ 時間（＝ 1 分）」が 20 個集まったものです**から、

20 分 ＝ $\frac{20}{60}$ 時間 ＝ $\frac{1}{3}$ 時間です。

「歩くと $\frac{1}{3}$ 時間、走ると $\frac{1}{5}$ 時間」ということがわかりましたから、通分をしてひき算をします。

（式）　20 分 ＝ $\frac{\overset{1}{\cancel{20}}}{\underset{3}{\cancel{60}}}$ 時間 ＝ $\frac{1}{3}$ 時間

$\frac{1}{3}$ 時間 ＝ $\frac{5}{15}$ 時間　…　歩く時間

$\frac{1}{5}$ 時間 ＝ $\frac{3}{15}$ 時間　…　走る時間

← なれればこの式を省りゃくしてオーケーです。

$\frac{1}{3}$ 時間 － $\frac{1}{5}$ 時間 ＝ $\frac{5}{15}$ 時間 － $\frac{3}{15}$ 時間 ＝ $\frac{2}{15}$ 時間

### ポイント

**「分」を「時間」で表す…□分 ＝ $\frac{□}{60}$ 時間**

→答えは別冊（べっさつ）14、15 ページ

**1** 太郎（たろう）くんは、昨日は $\frac{1}{2}$ 時間、今日は 15 分、計算練習をしました。$\square$ の中にあてはまる数を書いて、答えを求めましょう。

**(1)** 15 分は何時間ですか。

約分して答えましょう。

（式） 15 分 $= \frac{15}{\square}$ 時間 $= \frac{1}{\square}$ 時間

答え：　　　時間

**(2)** 太郎（たろう）くんは計算練習を 2 日間で合わせて何時間しましたか。

分母の 2 と 4 の最小公倍数の 4 で通分します。

（式） $\frac{1}{2}$ 時間 $= \frac{\square}{4}$ 時間

$\frac{\square}{4}$ 時間 $+ \frac{1}{4}$ 時間 $= \frac{\square}{4}$ 時間

答え：　　　時間

**(3)** 太郎（たろう）くんは計算練習を、昨日は今日より何時間多くしましたか。

（式） $\frac{\square}{4}$ 時間 $- \frac{\square}{4}$ 時間 $= \frac{\square}{4}$ 時間

答え：　　　時間

**2** ミルクが白い容器(ようき)に$\frac{1}{3}$L、赤い容器(ようき)に$\frac{1}{2}$L入っています。2つの容器(ようき)のミルクを合わせると何Lありますか。次の□の中にあてはまる数を書いて、答えを求めましょう。

（式）　$\frac{1}{3}$L ＝ $\frac{2}{\square}$L　$\frac{1}{2}$L ＝ $\frac{3}{\square}$L

$\frac{2}{\square} + \frac{3}{\square} = \frac{5}{\square}$（L）

答え：　　　L

**3** 赤色のリボンが0.2m、青色のリボンが$\frac{1}{6}$mあります。□の中にあてはまる数を書いて、答えを求めましょう。

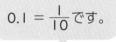

0.1 ＝ $\frac{1}{10}$です。

**(1)** 0.2mを分数で表しましょう。

（式）　0.2m ＝ $\frac{2}{\square}$m ＝ $\frac{1}{\square}$m

答え：　　　m

**(2)** 何色のリボンの方が何m長いでしょう。

（式）　$\frac{1}{\square}$m ＝ $\frac{6}{\square}$m　$\frac{1}{6}$m ＝ $\frac{5}{\square}$m

$\frac{6}{\square} - \frac{5}{\square} = \frac{1}{\square}$（m）

答え：　　　色のリボンの方が　　　m長い

## つまずきをなくす説明

3m の重さが$\frac{2}{5}$kg の木のぼうの 2m の重さは何 kg になるの？

「はしご」は書けるかな？

| 長さ | | 重さ |
|---|---|---|
| 3m | …… | $\frac{2}{5}$kg |
| 2m | …… | ？kg |

でも何倍かわかんないや……。

そういうときは**間に「1m」のはしごを入れてごらん。**

| 長さ | | 重さ |
|---|---|---|
| 3m | …… | $\frac{2}{5}$kg |
| 1m | …… | ？kg |
| 2m | …… | ？kg |

これならわかるね！

| | 長さ | | 重さ | |
|---|---|---|---|---|
| | 3m | …… | $\frac{2}{5}$kg | |
| ÷ 3 | 1m | …… | ？kg | ÷ 3 |
| × 2 | 2m | …… | ？kg | × 2 |

**例題 2**

→答えは別冊(べっさつ) 15 ページ

**3m の重さが $\frac{2}{5}$ kg の木のぼうがあります。このぼうの 2m の重さは何 kg ですか。**

はじめに、この木のぼうの 1m の重さを求めるための「はしご」を書きます。

| | 長さ | | 重さ | |
|---|---|---|---|---|
| ÷ 3 ↓ | 3m | …… | $\frac{2}{5}$ kg | ↓ ÷ 3 |
| | 1m | …… | ? kg | |

このことから、この木のぼうの 1m の重さは、$\frac{2}{5}$ kg を 3 でわればよいことがわかります。

$$\frac{2}{5} \div 3 = \frac{2}{5 \times 3} = \frac{2}{15} (\mathrm{kg})$$

**ポイント**

**長さを 3 等分すれば、重さも 3 等分される。**

次に、この木のぼうの 2m の重さを求めるための「はしご」を書きます。

| | 長さ | | 重さ | |
|---|---|---|---|---|
| × 2 ↓ | 1m | …… | $\frac{2}{15}$ kg | ↓ × 2 |
| | 2m | …… | ? kg | |

このことから、この木のぼうの 2m の重さは、$\frac{2}{15}$ kg に 2 をかければよいことがわかります。

$$\frac{2}{15} \times 2 = \frac{2 \times 2}{15} = \frac{4}{15} (\mathrm{kg})$$

**ポイント**

**長さが 2 倍になれば重さも 2 倍になる。**

## たしかめよう

→答え は別冊(べっさつ) 15 ページ

**4** 1Lの重さが$\frac{1}{3}$kgの液体(えきたい)があります。この液体(えきたい)の2Lの重さは何kgですか。

次の □ の中にあてはまる数を書き、答えを求めましょう。

(考え方)

| | 長さ | | 重さ | |
|---|---|---|---|---|
| ×2 | 1L | …… | $\frac{1}{3}$kg | × □ |
| | 2L | …… | ?kg | |

(式) $\frac{1}{3}$ × □ = □ (kg)

分数×整数の計算では、
整数を分子にかけます。

答え：　　　kg

**5** 2mの重さが$\frac{5}{7}$kgの針金(はりがね)があります。この針金(はりがね)の1mの重さは何kgですか。

次の □ の中にあてはまる数を書き、答えを求めましょう。

(考え方)

| | 長さ | | 重さ | |
|---|---|---|---|---|
| ÷2 | 2m | …… | $\frac{5}{7}$kg | ÷ □ |
| | 1m | …… | ?kg | |

(式) $\frac{5}{7}$ ÷ □ = □ (kg)

分数÷整数の計算では、
整数を分母にかけます。

答え：　　　kg

**6** 2g の広さが $\frac{1}{9}$ m$^2$ の紙があります。

**(1)** この紙の 1g の広さは何 m$^2$ ですか。次の □ の中に、(考え方) には× 2、÷ 2 のうちあてはまる方を選んで、(式) と答えにはあてはまる数を書きましょう。

(考え方)

| | 重さ | | 広さ | |
|---|---|---|---|---|
| ÷ 2 ↓ | 2g | …… | $\frac{1}{9}$ m$^2$ | ↓ □ |
| | 1g | …… | ? m$^2$ | |

(式) $\frac{1}{9}$ ÷ □ = □ (m$^2$)

答え：　　　m$^2$

**(2)** この紙の 5g の広さは何 m$^2$ ですか。次の □ の中に、(考え方) には× 5、÷ 5 のうちあてはまる方を選んで、(式) と答えにはあてはまる数を書きましょう。

(考え方)

| | 重さ | | 広さ | |
|---|---|---|---|---|
| □ ↓ | 1g | …… | $\frac{1}{18}$ m$^2$ | ↓ □ |
| | 5g | …… | ? m$^2$ | |

(式) $\frac{1}{18}$ × □ = □ (m$^2$)

答え：　　　m$^2$

# やってみよう

→答えは別冊(べっさつ) 15 ページ

次の問題の □ にはあてはまる数を、○ には＋、－、×、÷のうちあてはまるものを選んで書き、答えを求めましょう。

**1** 坂の下から坂の上まで、ウサギは 10 分、カメは $\frac{4}{5}$ 時間かかります。次の問いに答えましょう。

**(1)** 10 分は何時間ですか。

10 分 ＝ $\frac{10}{□}$ 時間 ＝ $\frac{1}{□}$ 時間

答え：　　時間

**(2)** どちらが何時間速いですか。

（式） $\frac{1}{6}$ 時間 ＝ $\frac{□}{30}$ 時間　$\frac{4}{5}$ 時間 ＝ $\frac{□}{30}$ 時間

$\frac{□}{30}$ ○ $\frac{□}{30}$ ＝ $\frac{□}{30}$ (時間)

答え：　　の方が　　時間速い

**2** 重さが $\frac{2}{5}$ kg の赤玉と、重さが $\frac{1}{3}$ kg の白玉があります。合わせて何 kg ですか。

通分して計算しましょう。

（式） $\frac{2}{5}$ ＝ $\frac{□}{□}$　$\frac{1}{3}$ ＝ $\frac{□}{□}$

$\frac{□}{□}$ ○ $\frac{□}{□}$ ＝ $\frac{□}{□}$ (kg)

答え：　　kg

**3** 2kg のかさが $\frac{5}{8}$L の液体(えきたい)があります。次の問いに答えましょう。

**(1)** この液体(えきたい)の 1kg のかさは何 L ですか。

(式)

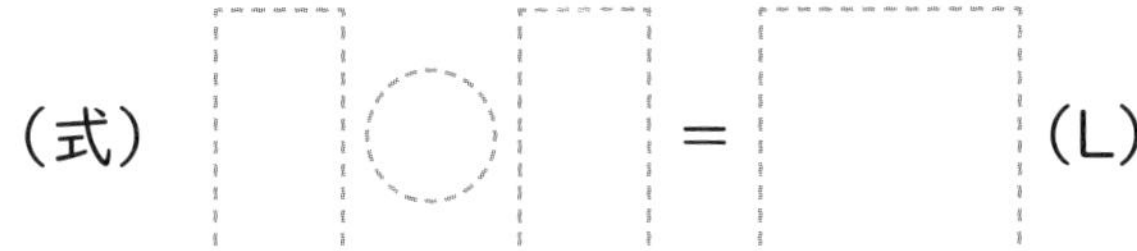

答え：　　　L

**(2)** この液体(えきたい)の 3kg のかさは何 L ですか。

(式)

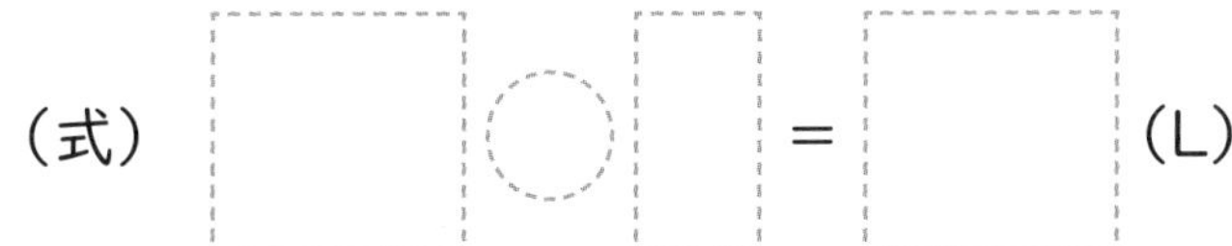

答え：　　　L

**4** 3m の重さが $\frac{1}{6}$kg の木のぼうがあります。この木のぼうの 5m の重さは何 kg ですか。

(式) ☐ ÷ ☐ ＝ ☐ (kg)

☐ × ☐ ＝ ☐ (kg)

こまったときは「はしご」を書いてみましょう。

答え：　　　kg

# 小5　12
# 単位量あたりの文章題

関連ページ「つまずきをなくす小5算数文章題【改訂版】」46〜61ページ

## つまずきをなくす説明

4、5、6、7、8の平均はどうやって求めるの？

じゃあ、その前に問題を1問出すよ。

【問題】　5人の子どもがミカンをそれぞれ4個、5個、6個、7個、8個持っています。1人分のミカンの個数を同じにすると何個になりますか。

えーっと、5人のミカンが全部で30個あるんだから、1人分は30÷5で6個だね。

そうだね。この6個というのが5人の子どもが持っているミカンの平均の個数になるんだよ。

**「平均」は1人分を同じにすること**なんだね。

その通り。

そうか、4、5、6、7、8の平均も、合計を求めて5でわればいいんだ！

いいね。実際にはどんな計算をすればいいのかな？

4＋5＋6＋7＋8＝30で、これが5つの数の合計だから、平均は30÷5で6だ。

大正解。

**例題 1** →答えは別冊 16 ページ

**玉入れゲームを 5 回したときに入った玉の個数は、5 個、4 個、7 個、8 個、6 個でした。1 回のゲームで入った玉の平均の個数は何個ですか。**

## 「平均」は「ならす」という意味です。

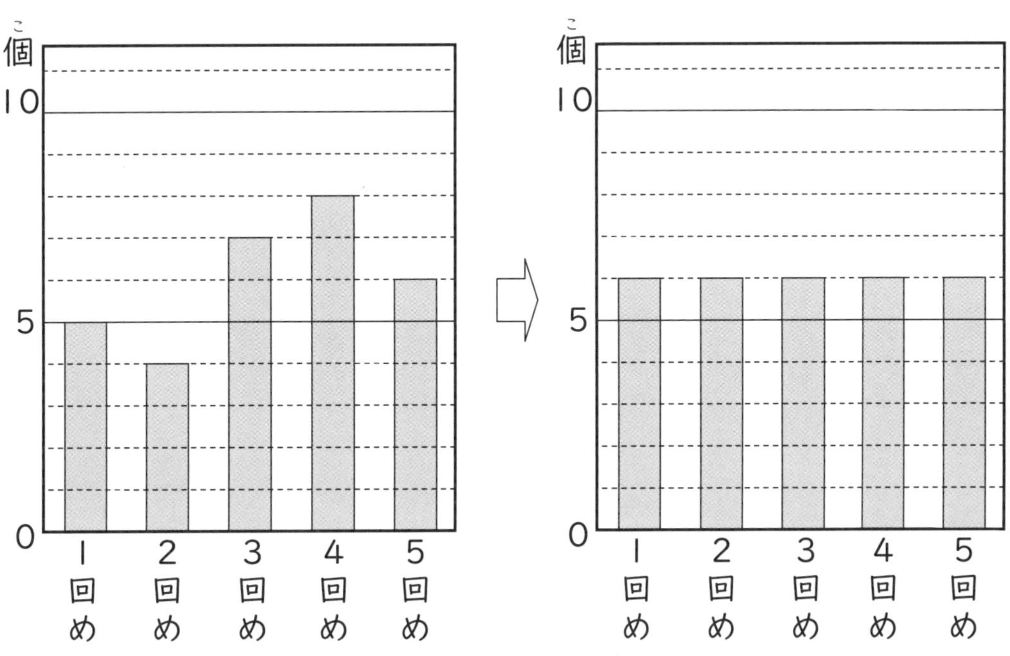


**「ならす」とは、右上のグラフのように「同じ高さにする」ことです**から、「5 個、4 個、7 個、8 個、6 個の玉を 5 人に公平に配り直す」ときと同じような計算ができます。

（式） 5 ＋ 4 ＋ 7 ＋ 8 ＋ 6 ＝ 30(個) … 玉の個数の合計

30 ÷ 5 ＝ 6(個) … 平均の個数

**ポイント**

**平均の求め方…合計÷回数＝平均**

回数の他に、人数や個数でわる問題もあります。

## たしかめよう

→答えは別冊16ページ

**1** 次の表は、太郎くんがある週にといた計算問題のページ数を表しています。

□の中にあてはまる数を書いて、答えを求めましょう。

| 曜日 | 月 | 火 | 水 | 木 | 金 | 土 | 日 |
|---|---|---|---|---|---|---|---|
| ページ数（ページ） | 3 | 4 | 2 | 5 | 4 | 6 | 4 |

**(1)** 太郎くんはこの週に計算問題を全部で何ページときましたか。

（式） 3 + 4 + □ + □ + □ + □ + □ = □

答え：　　ページ

**(2)** 1日にといた計算問題の平均は何ページですか。

（式） □ ÷ 7 = □

1週は7日間です。

答え：　　ページ

**(3)** この週と同じように計算問題をとくと、30日間では全部で何ページの計算問題をとくことになりますか。

（式） □ × 30 = □

「この週と同じ」なので、毎日、(2)で求めたページ数の計算問題をときます。

答え：　　ページ

**2** 次の表は、太郎(たろう)くんのクラスの学級文庫である週に読まれた本のさっ数を表しています。□の中にあてはまる数を、○には＋、－、×、÷のうちあてはまるものを選んで書いて、答えを求めましょう。

| 日付 | 6/10 | 6/11 | 6/12 | 6/13 | 6/14 | 6/15 | 6/16 |
|---|---|---|---|---|---|---|---|
| 読まれた本（さつ） | 8 | 12 | 5 | 10 | 8 | 6 | 0 |

**(1)** この7日間で読まれた本は全部で何さつですか。

（式）□＋□＋□＋□＋□＋□＋0＝□

答え：　　さつ

**(2)** この週の1日に読まれた本の平均(へいきん)は何さつですか。

（式）□○□＝□

本が読まれなかった6月16日もふくめます。

答え：　　さつ

**(3)** この週と同じように本が読まれると、10日間では全部で何さつの本が読まれることになりますか。

（式）□○□＝□

答え：　　さつ

## つまずきをなくす説明

面積が 25km² で、人口が 30000 人の A 市の人口密度は、どのように計算するの？

人口密度は「こみぐあい」を表す数のことだよ。教室で考えると、どんなときにこんでいると感じるかな？

人がいっぱいいるとき。

そうだね。つまり、教室がこんでいるかどうかは、1つの教室の中にいる人数で決まるんだ。同じように、**人口密度も 1km² に住んでいる人の数**でこみぐあいを表しているよ。

ということは、こんな感じでいいのかな……。

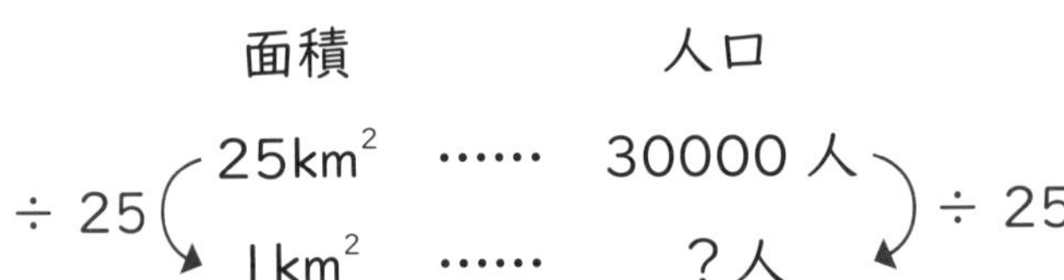


そうだね。

## 例題 2

→答えは別冊 16 ページ

**A 市の面積は 25km²、人口は 30000 人です。A 市の人口密度を求めましょう。**

人口密度は「こみぐあい」を表し、1km² に住んでいる平均の人数として求められます。（このことを「**1km² あたりの人口**」といいます。）

| | 面積 | | 人口 | |
|---|---|---|---|---|
| ÷ 25 ↓ | 25km² | …… | 30000 人 | ↓ ÷ 25 |
| | 1km² | …… | ？人 | |

30000 ÷ 25 ＝ 1200（人）

### ポイント

**人口密度（人）の求め方…人口（人）÷面積（km²）**

人口密度は、がい数（およその数）で求めることもあります。

## 例題 3

**B 市の面積は 29km²、人口は 152000 人です。B 市の人口密度を、四捨五入して、上から 2 けたのがい数で求めましょう。**

人口密度　152000 ÷ 29 ＝ 5241.3…　→　5200 人

「上から 2 けた」のがい数にするときは、「上から 3 けためを四捨五入」しましょう。

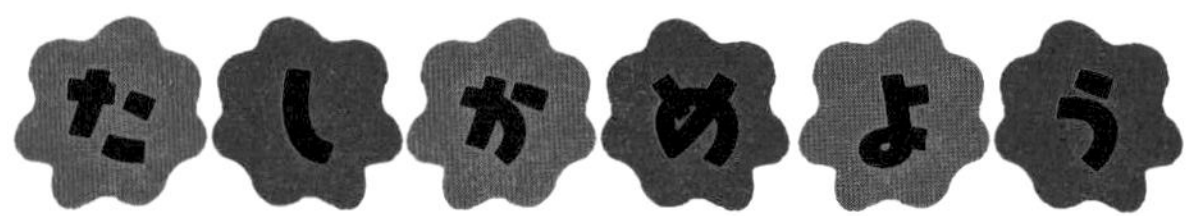


→答えは別冊 16 ページ

次の問題の □ の中にあてはまる数を書いて、答えを求めましょう。

**3** A 町は、面積が 5km² で、人口は 1200 人です。A 町の人口密度は何人ですか。

（考え方）

| | 面積 | | 人口 | |
|---|---|---|---|---|
| ÷ 5 ↓ | 5km² | …… | 1200 人 | ↓ ÷ □ |
| | 1km² | …… | ？人 | |

（式） □ ÷ □ ＝ □ （人）

答え：　　　人

**4** B 町は、面積が 45.3km² で、人口は 12850 人です。

**(1)** B 町の面積を、四捨五入して、上から 2 けたのがい数で表しましょう。

45.3km² の上から □ けためを四捨五入するので、 □ km² です。

**(2)** B 町の人口を、四捨五入して、上から 2 けたのがい数で表しましょう。

12850 人の上から □ けためを四捨五入するので、 □ 人です。

**(3)** (1)(2)から、B 町の人口密度を、四捨五入して、上から 2 けたのがい数で求めましょう。

（式） □ ÷ □ ＝ 288.8… → □ 人

人口密度＝人口÷面積です。

答え：　　　人

**5** 水そうＡと水そうＢにキンギョが入っています。

| 水そう | A | B |
|---|---|---|
| 容積（L） | 20 | 30 |
| キンギョ（ひき） | 5 | 6 |

**(1)** キンギョ１ぴきあたりの容積は、それぞれ何Ｌですか。

（考え方）

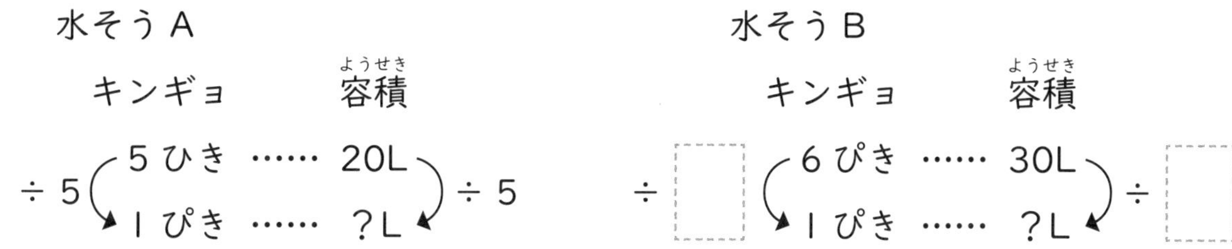


（式） 水そうＡ　20÷5＝□（L）　水そうＢ　□÷□＝□（L）

答え：水そうＡ　　L、水そうＢ　　L

**(2)** 水そうの容積１Ｌあたりのキンギョは、それぞれ何びきですか。

（式） 水そうＡ　5÷□＝0.25(ひき)

水そうＢ　□÷□＝□（ひき）

答え：水そうＡ　　ひき、水そうＢ　　ひき

わからないときは「はしご」を書いてみましょう。

**(3)** (1)(2)から、ＡとＢのどちらの水そうがこんでいるといえますか。

答え：水そう

→答えは別冊(べっさつ)16ページ

次の問題の［　］にはあてはまる数を、◯には＋、−、×、÷のうちあてはまるものを選んで書きましょう。

**1** 次の表は、太郎(たろう)くんがある週に愛犬と散歩をした時間を表しています。

| 曜日 | 月 | 火 | 水 | 木 | 金 | 土 | 日 |
|---|---|---|---|---|---|---|---|
| 散歩をした時間（分間） | 30 | 20 | 0 | 30 | 40 | 10 | 80 |

**(1)** 太郎(たろう)くんがこの週に散歩をした時間は合計何分間ですか。式を書いて求めましょう。

（式）

答え：　　　分間

**(2)** この週の1日に散歩をした時間の平均(へいきん)は何分間ですか。

（式）［　］◯［　］＝［　］（分間）

答え：　　　分間

**(3)** この週と同じように散歩をすると、10日間では全部で何分間の散歩をすることになりますか。

（式）［　］◯［　］＝［　］（分間）

答え：　　　分間

**2** 右の表は、花子さんの漢字テスト（10点満点）の結果です。

| 回数 | 第１回 | 第２回 | 第３回 |
|---|---|---|---|
| 点数（点） | 8 | 9 | |

**(1)** 第１回と第２回の２回分の漢字テストの平均（へいきん）は何点ですか。

平均（へいきん）は、小数になることもあります。

（式）（□○□）÷２＝□（点）

答え：　　点

**(2)** 第３回の漢字テストで７点をとると、第１回から第３回までの３回分の漢字テストの平均（へいきん）は何点になりますか。

（式）（□○□＋７）○□＝□（点）

答え：　　点

**3** Ｃ町は、面積が29.89km² で、人口は28025人です。

**(1)** Ｃ町の面積を、四捨五入（ししゃごにゅう）して、上から２けたのがい数で表しましょう。

答え：　　km²

**(2)** Ｃ町の人口を、四捨五入（ししゃごにゅう）して、上から２けたのがい数で表しましょう。

答え：　　人

**(3)** (1)(2)より、Ｃ町の人口密度（じんこうみつど）を小数第一位まで求め、四捨五入（ししゃごにゅう）して整数で答えましょう。

（式）□○□＝□ → □（人）

答え：　　人

# 小5　13

# 百分率(ひゃくぶんりつ)とグラフの文章題

関連ページ「つまずきをなくす小5算数文章題【改訂版】」72〜79ページ

## つまずきをなくす説明

「90%にあたる27個(こ)」という問題があったんだけど、これはどういう意味なの？

【問題】　あるケーキ店では、作ったシュークリームの90%にあたる27個(こ)が売れました。作ったシュークリームは何個(なんこ)ですか。

「90%」の前に何が書かれているかな。

「作ったシュークリームの」と書かれているね。

そうだね。**「作ったシュークリームの90%」がひとくくり**なんだよ。

ということは、「作ったシュークリーム」がもとにする量だ！

その通り。

そうか、1%は0.01だから90%は0.9で、作ったシュークリームの0.9倍の個数(こすう)が27個(こ)だ。

そう。だからどんな計算をすれば作ったシュークリームの個数(こすう)がわかるかな？

27 ÷ 0.9！

## 例題 1

→答え は別冊 17 ページ

あるケーキ店では、作ったシュークリームの 90%にあたる 27 個が売れました。
作ったシュークリームは何個ですか。

**「%」という単位は「パーセント」と読み、1%＝0.01 ＝$\frac{1}{100}$** です。

「作ったシュークリームの 90%にあたる 27 個が売れました」は、**「作ったシュークリーム」が「もとにする量（＝1）」**ですから、次のようなテープ図で表せます。

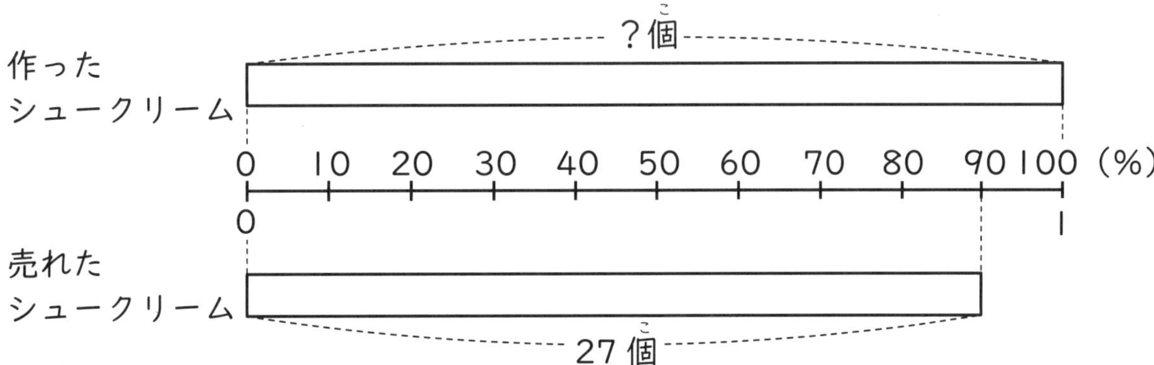

ですから、次のような「はしご」と同じ意味です。

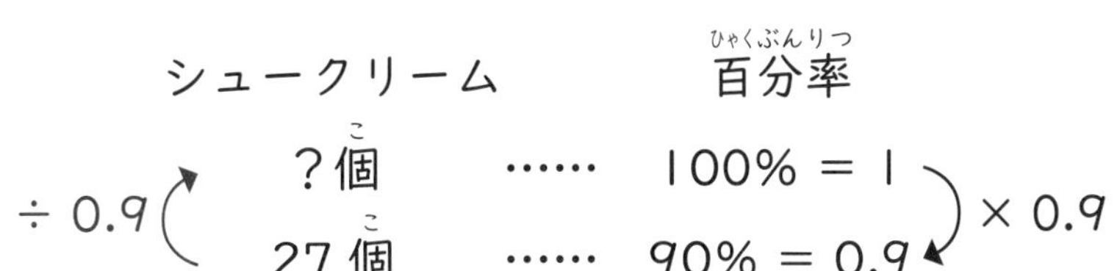


（式） 27 ÷ 0.9 = 30（個）

**ポイント**

**百分率…1%は、1 を 100 等分したうちの 1 つ分（＝0.01 ＝$\frac{1}{100}$）**

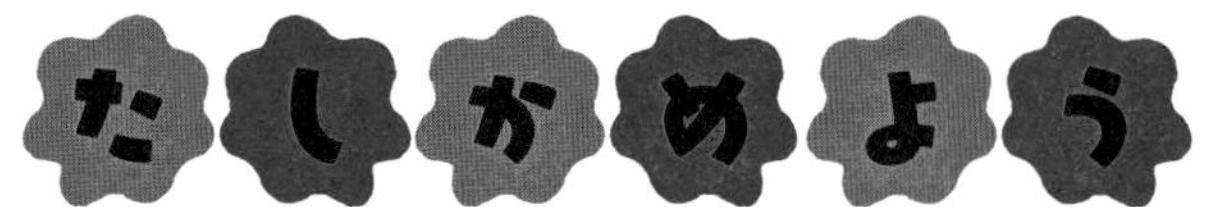


→答えは別冊17ページ

次の問題の[　]にはあてはまる数を、(　)には＋、－、×、÷のうちあてはまるものを選んで書いて、答えを求めましょう。

**1** ある果物店では、リンゴを100個仕入れました。売れたリンゴの個数は、仕入れたリンゴの80%でした。

**(1)** もとにする量はどちらですか。正しい方を○で囲みましょう。

答え：　仕入れたリンゴ　・　売れたリンゴ

**(2)** 売れたリンゴは何個ですか。

「～の☆%」の「～」が、もとにする量です。

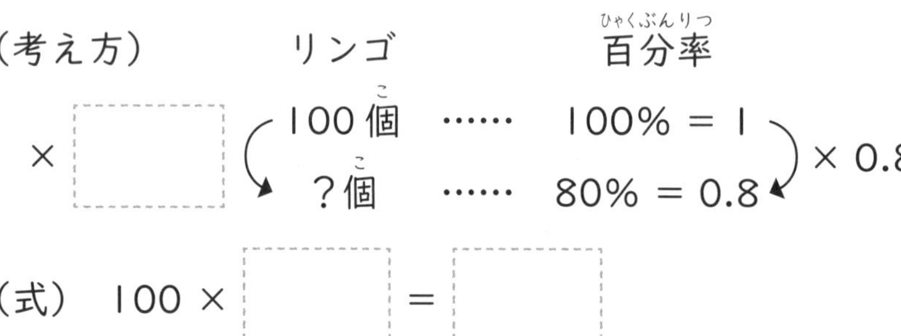

（式）100 ×[　]＝[　]

答え：　　個

**2** ある果物店では、リンゴを何個か仕入れました。売れたリンゴの個数は、仕入れたリンゴの60%にあたる24個でした。

**(1)** もとにする量はどちらですか。正しい方を○で囲みましょう。

答え：　仕入れたリンゴ　・　売れたリンゴ

**(2)** 仕入れたリンゴは何個ですか。

1% = 0.01
10% = 0.1
100% = 1　です。

（式）24 ÷[　]＝[　]

答え：　　個

**3** 太郎くんは、1000円のTシャツを20%安く買うことができました。

**(1)** 太郎くんは、1000円の何%でTシャツを買うことができましたか。

（考え方）

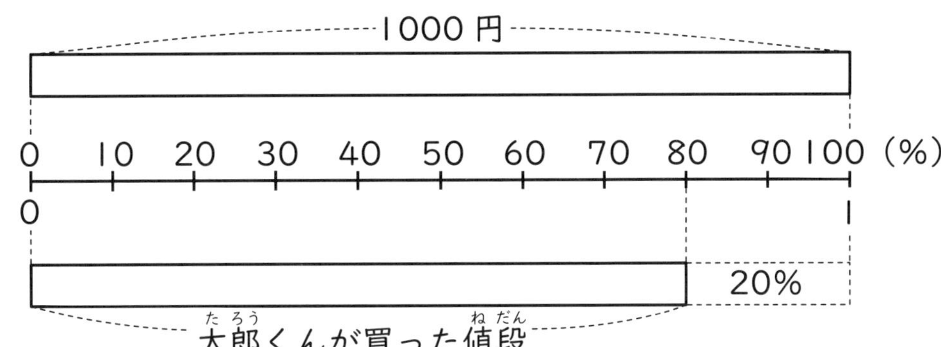


（式）　□ − 20 = □　(%)

1000円から20%をひくことは、単位がちがうのでできません。

答え：　　　%

**(2)** 太郎くんは、Tシャツを何円で買うことができましたか。

（考え方）

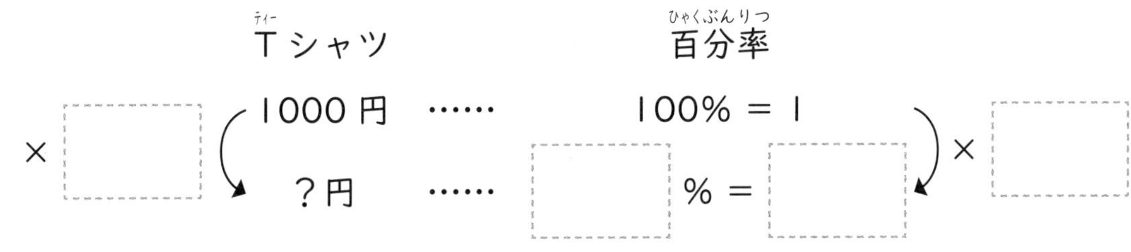


（式）　□ ○ □ = □

答え：　　　円

## つまずきをなくす説明

帯グラフの白玉の割合のよみ方がわかりません……。

| 赤玉 | 白玉　60個 | その他 |
|---|---|---|

0　10　20　30　40　50　60　70　80　90　100（%）

帯グラフの目もりは定規と同じだよ。

ということは、**白玉は、70 − 40 で 30%**だね。

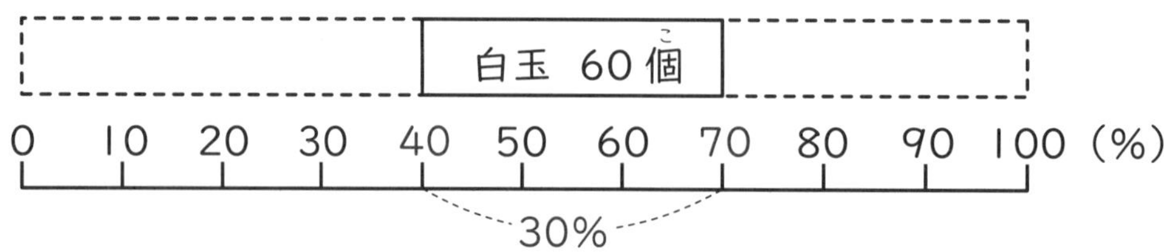

その通り。

**例題2**

→答えは別冊 17 ページ

**次の帯グラフについて、赤玉の個数を求めましょう。**

| 赤玉 | 白玉　60 個 | その他 |
|---|---|---|

0　10　20　30　40　50　60　70　80　90　100（%）

帯グラフや円グラフは、割合の大きさをグラフに表したものです。

**帯グラフは、定規でものの長さをはかるときと同じようによみ取ります。**

白玉は「40%」の目もりから「70%」の目もりまでですから、

70 − 40 = 30(%)　…　白玉の割合は全体の 30%

はじめに、このことを「はしご」に表すと次のようになります。

| | 玉 | | 百分率 | |
|---|---|---|---|---|
| ÷ 0.3 ↑ | 全体？個 | …… | 100% = 1 | × 0.3 ↓ |
| | 白玉 60 個 | …… | 30% = 0.3 | |

60 ÷ 0.3 = 200(個)　…　全体の個数

次に、全体の個数と赤玉の個数も「はしご」に表してみます。

| | 玉 | | 百分率 | |
|---|---|---|---|---|
| × 0.4 ↓ | 全体 200 個 | …… | 100% = 1 | × 0.4 ↓ |
| | 赤玉？個 | …… | 40% = 0.4 | |

200 × 0.4 = 80(個)

「30%が 60 個を表しているので、1%が 2 個を表している」ことを利用してもオーケーです。

**ポイント**

帯グラフのよみ方…定規で長さをはかるときと同じようによみ取る。

→答えは別冊 17 ページ

次の問題の □ の中にあてはまる数を書いて、答えを求めましょう。

**4** 次の帯グラフは、太郎くんのクラスの学級文庫にある本のさっ数についてまとめたものです。

| 物語 | 科学の本 | 辞典 | その他 |
|---|---|---|---|

0　10　20　30　40　50　60　70　80　90　100（%）

**(1)** 科学の本は全体の何%ですか。

（式）□ − □ ＝ □（%）

答え：　　%

**(2)** 学級文庫の本は全部で 50 さつあります。物語は何さつありますか。

（考え方）

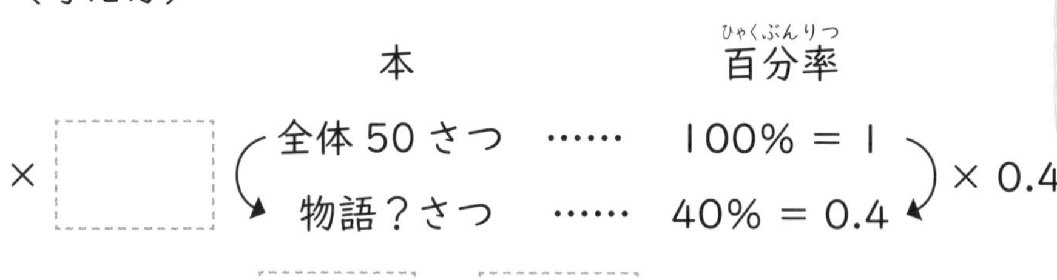


50 さつが全体ですから、百分率で表すと 100%です。

（式）50 × □ ＝ □（さつ）

答え：　　さつ

**(3)** 物語は辞典の何倍ありますか。

（考え方）

さっ数を求めてもオーケーですが、百分率だけでも計算できます。

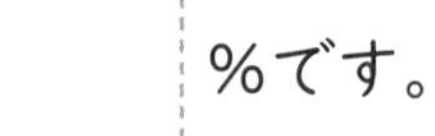

物語は全体の 40%、辞典は全体の □ %です。

（式）40 ÷ □ ＝ □（倍）

答え：　　倍

## 5 右の円グラフは、花子さんのクラスで好きな果物を調べてまとめたものです

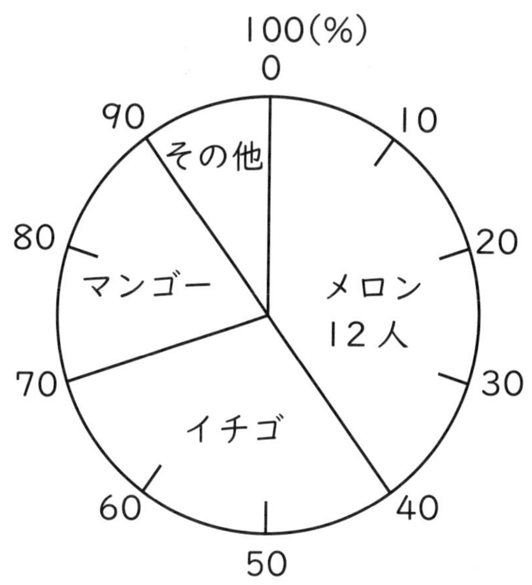


**(1)** マンゴーが好きな人は全体の%ですか。

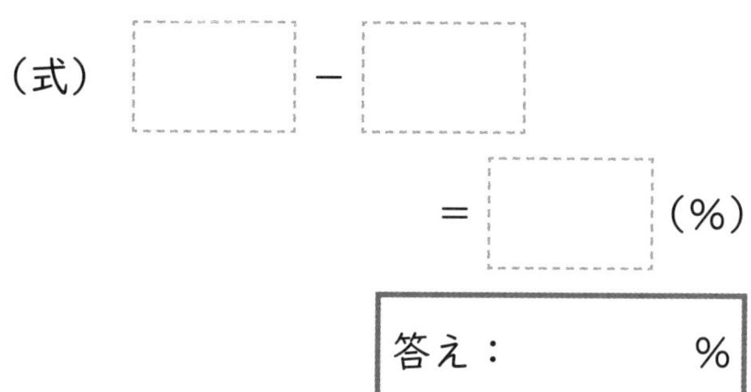

（式） □ − □

= □ (%)

答え：　　　%

円グラフは、時計と同じようによみ取ることができます。

**(2)** メロンが好きな人は 12 人です。花子さんのクラスは全部で何人ですか。

（考え方）

| | 人数 | | 百分率（ひゃくぶんりつ） | |
|---|---|---|---|---|
| ÷ □ | ？人 | …… | 100% = 1 | × 0.4 |
| | 12 人 | …… | 40% = 0.4 | |

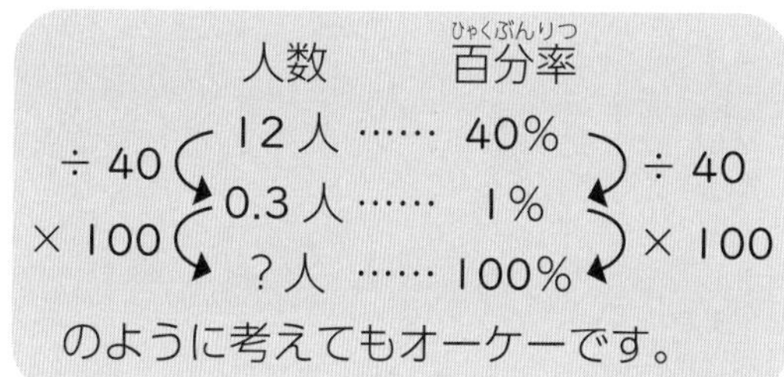

人数　百分率
÷ 40　12 人 …… 40%　÷ 40
× 100　0.3 人 …… 1%　× 100
？人 …… 100%
のように考えてもオーケーです。

（式） 12 ÷ □ = □ （人）

答え：　　　人

**(3)** イチゴが好きな人は何人ですか。

（考え方）

| | 人数 | | 百分率（ひゃくぶんりつ） | |
|---|---|---|---|---|
| × □ | 30 人 | …… | 100% = 1 | × 0.3 |
| | ？人 | …… | 30% = 0.3 | |

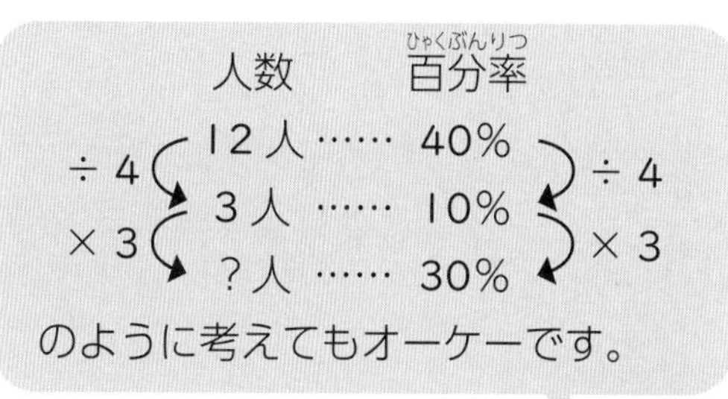

人数　百分率
÷ 4　12 人 …… 40%　÷ 4
× 3　3 人 …… 10%　× 3
？人 …… 30%
のように考えてもオーケーです。

（式） 30 × □ = □ （人）

答え：　　　人

# やってみよう

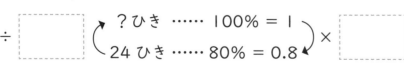

→答えは別冊 17、18 ページ

次の問題の □ にはあてはまる数を、○ には＋、−、×、÷のうちあてはまるものを選んで書き、答えを求めましょう。

**1** ある八百屋さんでジャガイモを 80kg 仕入れ、その日のうちに仕入れたジャガイモの 20%が売れました。

**(1)** もとにする量はどちらですか。正しい方を○で囲みましょう。

答え：　仕入れたジャガイモ　・　売れたジャガイモ

**(2)** 売れたジャガイモは何 kg ですか。

「(もとにする量) の (割合)」という部分を文中からさがしましょう。

(考え方)　ジャガイモ　百分率

(式) □ ○ □ = □ (kg)

答え：　kg

**2** ある魚屋さんでサンマを仕入れ、その日のうちに仕入れたサンマの 80%にあたる 24 ひきが売れました。

**(1)** もとにする量はどちらですか。正しい方を○で囲みましょう。

答え：　仕入れたサンマ　・　売れたサンマ

**(2)** 仕入れたサンマは何びきですか。

何の 80%でしょう？

(考え方)　サンマ　百分率

÷ □　?ひき …… 100% = 1
24 ひき …… 80% = 0.8　× □

(式) □ ○ □ = □ (ぴき)

答え：　ぴき

**3** 花子さんは、3000 円の洋服を 40%安く買うことができました。

**(1)** 花子さんは、3000 円の何%で洋服を買うことができましたか。

（式）　□ ○ □ ＝ □（%）

答え：　　　%

**(2)** 花子さんは、洋服を何円で買うことができましたか。

（考え方）

花子さんが買った洋服の値段（ねだん）は、3000 円の □ 倍です。

（1）の答えを小数で表して考えてみましょう。

（式）　□ ○ □ ＝ □（円）

答え：　　　円

**4** 次の帯グラフは、太郎（たろう）くんのクラスでなりたい仕事を調べてまとめたものです。医者になりたい人は 10 人でした。太郎（たろう）くんのクラスは全部で何人ですか。

| スポーツ選手 | 医者 | ケーキしょく人 | その他 |
|---|---|---|---|

0　10　20　30　40　50　60　70　80　90　100（%）

（考え方）

医者になりたい人は、全体の □ %です。

1%が何人にあたるかを求めてもオーケーです。

| | 人数 | | 百分率（ひゃくぶんりつ） | |
|---|---|---|---|---|
| ÷ □ | ?人 | …… | 100% ＝ 1 | × □ |
| | 10 人 | …… | □ % ＝ □ | |

（式）　□ ○ □ ＝ □（人）

答え：　　　人

# 小5　14

# きまりを見つけてとく文章題

関連ページ 「つまずきをなくす小5算数文章題【改訂版】」90〜97ページ

## つまずきをなくす説明

正方形5個をぼうで作ったんだけど、本数が20本にならないよ……。

（正方形を5個作った様子）

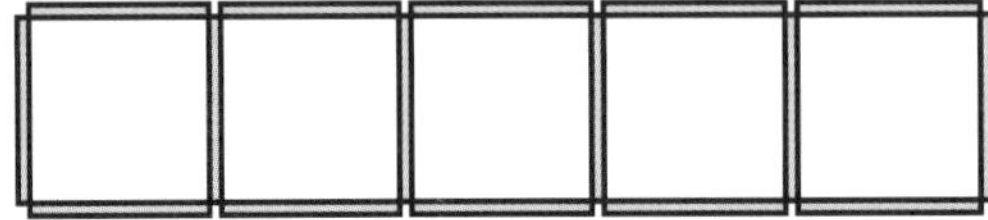

どうして20本になると思ったのかな？

正方形は辺が4つあるから、5個作るのに4×5で20本かなと思ったんだ。

なるほど。それじゃあ、実際に作りながら数えてみよう。

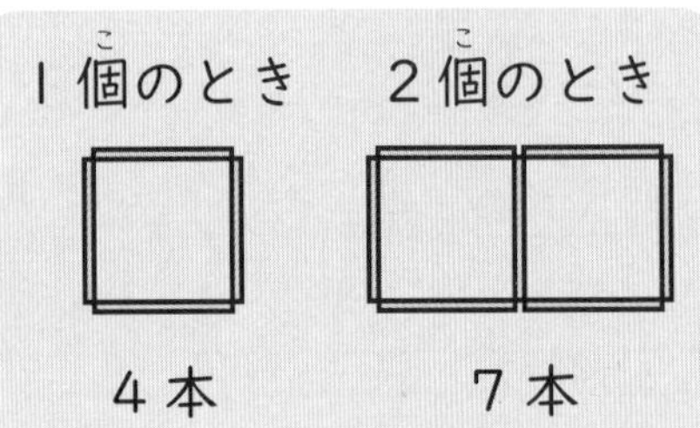


いいね。じゃあ、2個めの正方形を赤いぼうで作ってごらん。

そうか、**2個めの正方形はあと3本でできる**から全部で7本なんだ。ということは、3個にすると 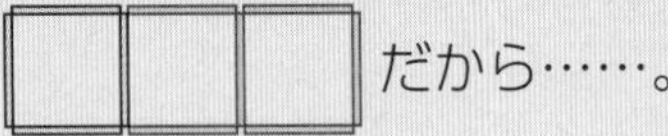 だから……。

わかった！　正方形を5個作るときは、はじめの正方形に4個の正方形をつけたすから、4＋3×4で16本だ。

## 例題 1

→答えは別冊 18 ページ

**下のようにぼうをならべて正方形を 5 個作りました。ぼうは全部で何本ですか。**

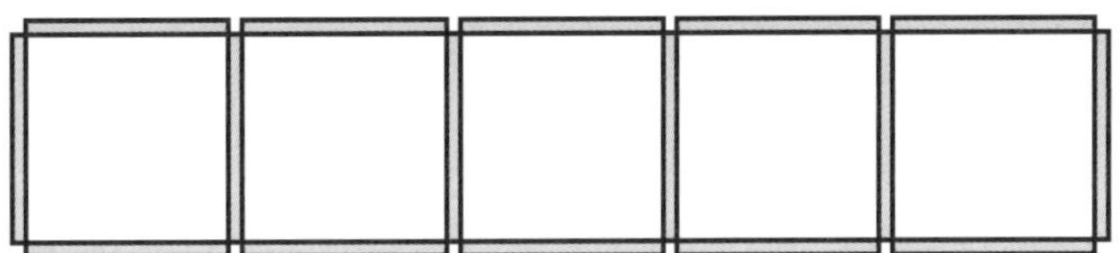

はじめに正方形を 1 個作り、さらに正方形を 1 個ずつつけたしていくと、ぼうの本数がどのようになっていくかを調べます。

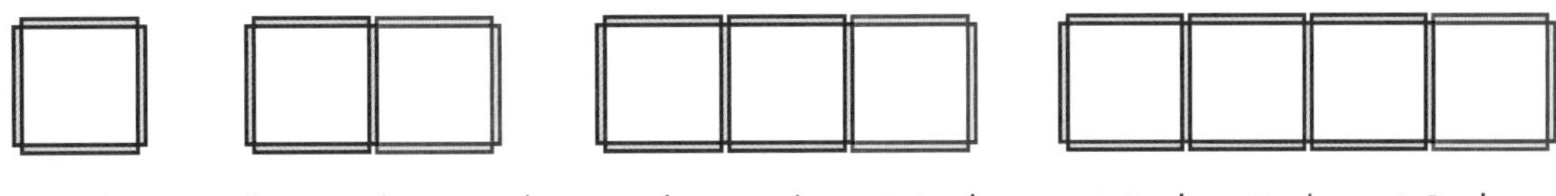

4 本　4 本+3 本＝7 本　7 本+3 本＝10 本　10 本+3 本＝13 本

上の図から、**正方形が 1 個ふえるたびに、ぼうの本数が 3 本ふえている**ことがわかります。

ですから、ぼうの本数は、

4 本　＋　3 本 × つけたした正方形の個数　＝　マッチぼうの全部の本数

のようになっていることがわかります。

（式）

5 − 1 ＝ 4(個)　…　つけたす正方形の個数

4 ＋ 3 × 4 ＝ 16(本)

**ポイント**

**きまりの見つけ方…1 個のとき、2 個のとき、3 個のとき…のように順に調べてみる。**

→答えは別冊(べっさつ) 18 ページ

次の問題の □ の中にあてはまる数を書いて、答えを求めましょう。

**1** 下のようにぼうをならべて正三角形を作ります。

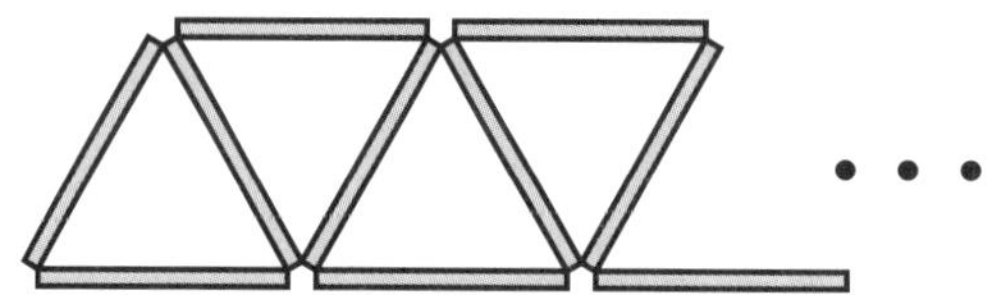

**(1)** 正三角形を 1 個(こ)作ったとき、ぼうは全部で何本ですか。

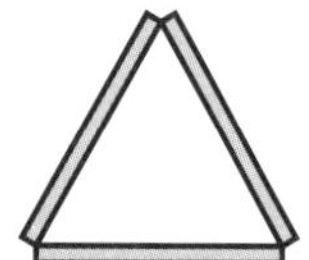

答え：　　本

**(2)** 正三角形を 2 個(こ)作ったとき、ぼうは全部で何本ですか。

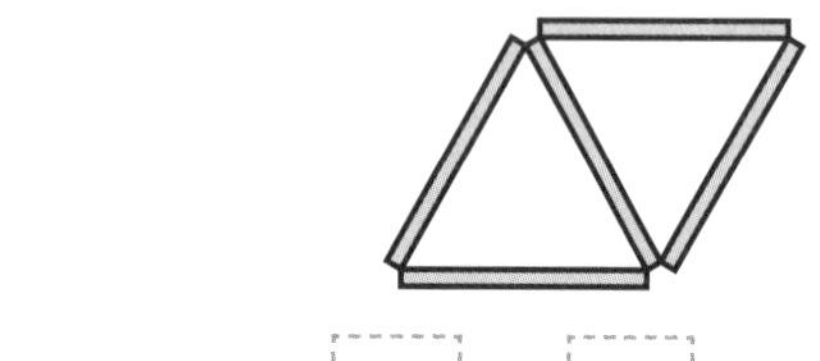

正三角形が 1 個(こ)ふえると、ぼうは何本ふえていますか？

（式） 3 + □ = □（本）

答え：　　本

**(3)** 正三角形を 3 個(こ)作ったとき、ぼうは全部で何本ですか。

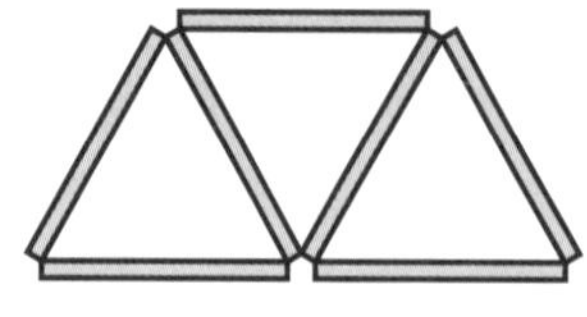

（式） 3 + □ × 2 = □（本）

答え：　　本

**(4)** 正三角形を 5 個(こ)作ったとき、ぼうは全部で何本ですか。

（式） 3 + □ × □ = □（本）

答え：　　本

**2** 下のように、ご石をならべていきます。

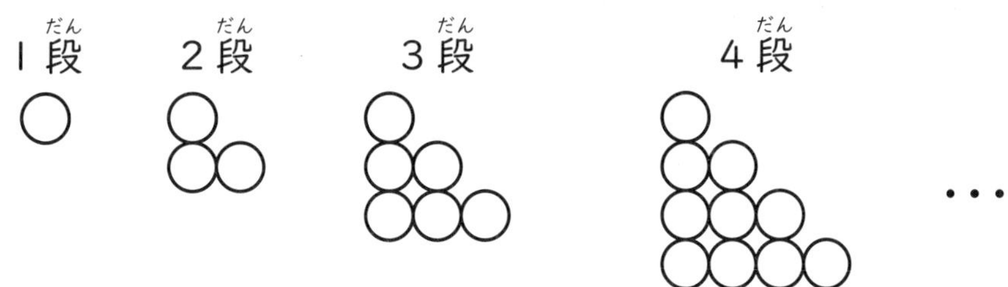


**(1)** 4段にならべると、ご石は全部で10個です。5段にならべたとき、ご石は全部で何個ですか。

（式） 10 + ☐ = ☐（個）

答え：　　個

**(2)** 段の数とご石の個数を表にまとめました。表の中の空らんにあてはまる数を書きましょう。

| 段の数（段） | 1 | 2 | 3 | 4 | 5 |
|---|---|---|---|---|---|
| ご石の個数（個） | 1 | 3 | 6 | 10 | |
| ふえたご石の個数（個） | | 2 | 3 | | |

**(3)** 6段にならべると、ご石は全部で何個ですか。(2)の表から考えましょう。

（式） 15 + ☐ = ☐（個）

答え：　　個

**(4)** 8段にならべると、ご石は全部で何個ですか。

（考え方）

段の数が1段のとき … 1個

段の数が2段のとき … 1 + 2 = 3(個)

段の数が3段のとき … 1 + 2 + 3 = 6(個)

段の数が4段のとき … 1 + 2 + 3 + 4 = 10(個)

（式） 1 + ☐ + ☐ + ☐ + ☐ + ☐ + ☐ + ☐ = ☐（個）

答え：　　個

## やってみよう

→答えは別冊(べっさつ)18、19ページ

次の問題の [ ] にはあてはまる数を、◯ には＋、－、×、÷のうちあてはまるものを選んで書き、答えを求めましょう。

**1** 右のようにぼうをならべて正六角形を作ります。

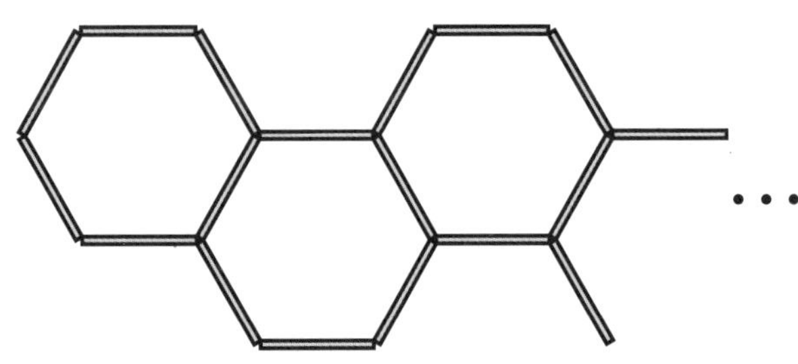

**(1)** 正六角形を１個(こ)作ったとき、ぼうは全部で何本ですか。

答え：　　本

**(2)** 正六角形を２個(こ)作ったとき、ぼうは全部で何本ですか。

（式）[ ] ＋ [ ] ＝ [ ]（本）

答え：　　本

**(3)** 正六角形を４個(こ)作ったとき、ぼうは全部で何本ですか。

（式）[ ] ＋ [ ] × [ ] ＝ [ ]（本）

答え：　　本

**(4)** ぼうが全部で36本あるとき、正六角形を全部で何個(なんこ)作れますか。

（式）36 － 6 ＝ 30（本）…１個(こ)めの正六角形を作った後に残るぼうの本数

30 ÷ [ ] ＝ [ ]（個(こ)）…残りのぼうでつけたすことができる正六角形の個数(こすう)

1 ＋ [ ] ＝ [ ]（個(こ)）

正六角形を１個(こ)つけたすのに、ぼうは何本必要ですか？

答え：　　個(こ)

**2** Ｉ辺が 4cm の正三角形の紙を、下のようにならべます。

Ｉまいのとき　　2 まいのとき　　3 まいのとき

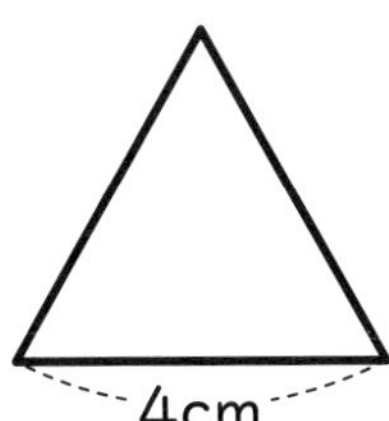


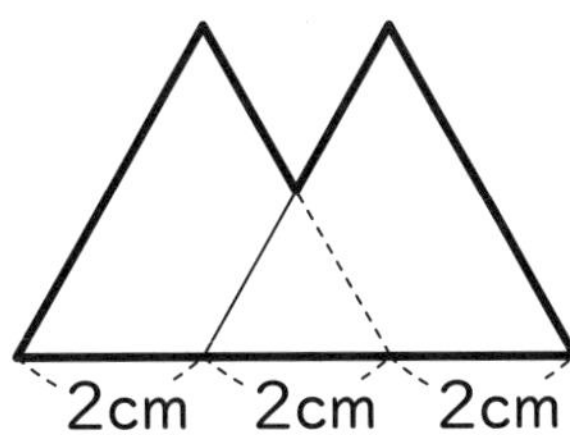


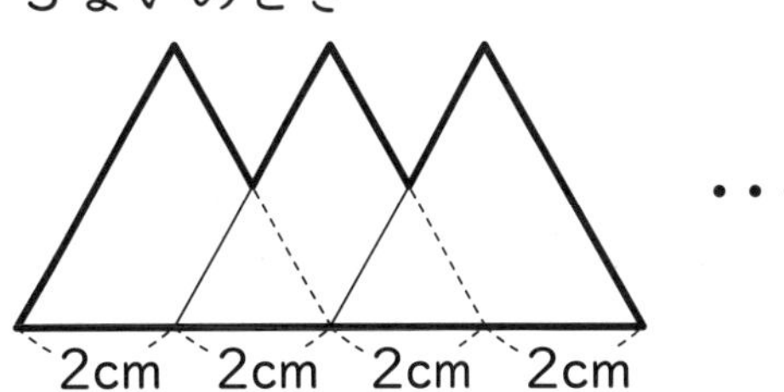


…

**(1)** Ｉ辺が 4cm の正三角形の周りの長さは何 cm ですか。

（式）□○□＝□（cm）

答え：　　　cm

**(2)** 上の図で、正三角形の紙を 2 まい重ねてならべたときの太線部分の長さは何 cm ですか。

答え：　　　cm

**(3)** 上の図で、正三角形の紙を 3 まい重ねてならべたときの太線部分の長さは何 cm ですか。

答え：　　　cm

**(4)** 正三角形の紙のまい数と太線部分の長さを表にまとめました。表の中の空らんにあてはまる数を書きましょう。

| 正三角形の紙（まい） | Ｉ | 2 | 3 | 4 | 5 |
|---|---|---|---|---|---|
| 太線部分の長さ（cm） | | | | 30 | 36 |
| ふえた長さ（cm） | | | | | 6 |

**(5)** 正三角形の紙を 6 まいならべると、太線部分の長さは何 cm ですか。(4)の表から考えましょう。

答え：　　　cm

# 小5　15
# 和と差に目をつけてとく文章題

関連ページ「つまずきをなくす小5算数文章題【改訂版】」98〜105ページ

## つまずきをなくす説明

この問題は表を書いて調べていくしか方法はないの？

【問題】

現在（げんざい）の貯金は、兄が400円、弟が1200円です。来月から毎月兄は500円、弟は300円貯金をします。何か月後に2人の貯金の合計が同じになりますか。

どんな表を書いたのか見せてごらん。

| | 現在（げんざい） | 1か月後 | 2か月後 | 3か月後 | 4か月後 |
|---|---|---|---|---|---|
| 兄の貯金の合計（円） | 400 | 900 | 1400 | 1900 | 2400 |
| 弟の貯金の合計（円） | 1200 | 1500 | 1800 | 2100 | 2400 |

なるほど。それじゃあ、その表の下に差を書き加えてみようか。

| | 現在（げんざい） | 1か月後 | 2か月後 | 3か月後 | 4か月後 |
|---|---|---|---|---|---|
| 兄の貯金の合計（円） | 400 | 900 | 1400 | 1900 | 2400 |
| 弟の貯金の合計（円） | 1200 | 1500 | 1800 | 2100 | 2400 |
| 差（円） | 800 | 600 | 400 | 200 | 0 |

あっ、**差が200ずつへるんだ。**

そうだね。はじめの差が800だから、これが0になれば2人の合計が同じになったことになるね。

わかった！　800 ÷ 200で4か月後を求めることができるんだ。

大正解（だいせいかい）。

## 例題 1

→答えは別冊 19 ページ

**現在の貯金は、兄が 400 円、弟が 1200 円です。来月から毎月兄は 500 円、弟は 300 円貯金をします。何か月後に 2 人の貯金の合計が同じになりますか。**

貯金の合計がどのようになっていくかを表に表しましょう。

| | 現在 | 1 か月後 | 2 か月後 | 3 か月後 | 4 か月後 |
|---|---|---|---|---|---|
| 兄の貯金の合計（円） | 400 | 900 | 1400 | 1900 | 2400 |
| 弟の貯金の合計（円） | 1200 | 1500 | 1800 | 2100 | 2400 |

上の表から、2 人の貯金の合計は 4 か月後に同じになることがわかります。

では、どのように考えると計算で求めることができるでしょうか。

**2 人の貯金の合計の差に着目してみましょう。**

| | 現在 | 1 か月後 | 2 か月後 | 3 か月後 | 4 か月後 |
|---|---|---|---|---|---|
| 兄の貯金の合計（円） | 400 | 900 | 1400 | 1900 | 2400 |
| 弟の貯金の合計（円） | 1200 | 1500 | 1800 | 2100 | 2400 |
| 差（円） | 800 | 600 | 400 | 200 | 0 |

200 円へる　200 円へる　200 円へる　200 円へる

**兄の方が毎月 200 円多く貯金をするので、2 人の貯金の合計の差も毎月 200 円ずつへっています。** この差が 0 になったとき、2 人の貯金の合計が同じになります。

（式）

500 − 300 = 200(円)　…　毎月する貯金の差

1200 − 400 = 800(円)　…　はじめの貯金の合計の差

800 ÷ 200 = 4(か月後)

**ポイント**

**「はじめの貯金の合計の差」と「毎月する貯金の差」に着目する。**

「差が 0」になればオーケーですね。

→答えは別冊 19 ページ

次の問題の □ の中にあてはまる数や言葉を書いて、答えを求めましょう。

**1** 現在、貯金の合計は、姉が 600 円、妹が 2400 円です。来月から毎月、姉は 400 円、妹は 100 円貯金をします。

**(1)** 次の表の空らんにあてはまる数を書きましょう。

| | 現在 | 1か月後 | 2か月後 | 3か月後 | 4か月後 | 5か月後 | 6か月後 |
|---|---|---|---|---|---|---|---|
| 姉の貯金の合計(円) | 600 | 1000 | | | | | |
| 妹の貯金の合計(円) | 2400 | 2500 | | | | | |
| 差(円) | 1800 | 1500 | | | | | |

**(2)** 2 人の貯金の合計の差は、毎月何円ずつへりますか。

答え：　　　円

「差」に着目します。

**(3)** どうして貯金の合計の差が毎月へるのですか。

答え：毎月の貯金が、□ の方が □ よりも □ 円多いから

**(4)** 何か月後に 2 人の貯金の合計が同じになるかを、計算で求めましょう。

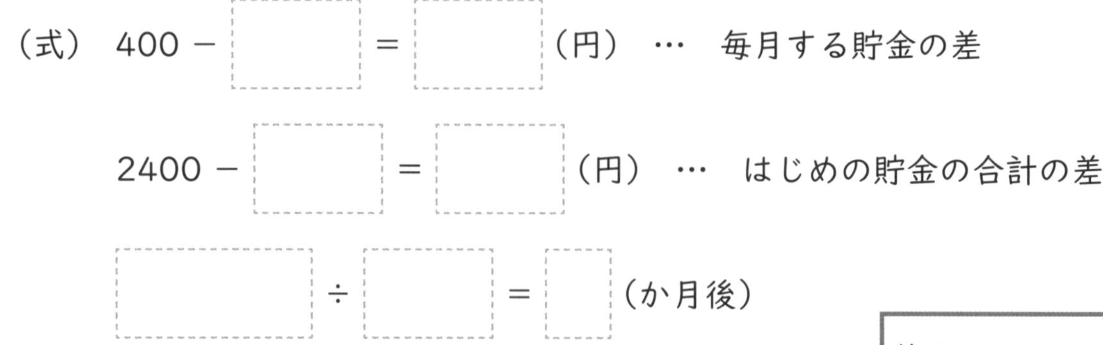

（式） 400 − □ ＝ □ （円） … 毎月する貯金の差

2400 − □ ＝ □ （円） … はじめの貯金の合計の差

□ ÷ □ ＝ □ （か月後）

答え：　　　か月後

## 2 プレゼントを買うため、来月から毎月、太郎(たろう)くんは 200 円、花子さんは 300 円貯金をしていくことにしました。

**(1)** 次の表の空らんにあてはまる数を書きましょう。

| | 1 か月後 | 2 か月後 | 3 か月後 | 4 か月後 | 5 か月後 |
|---|---|---|---|---|---|
| 太郎(たろう)くんの貯金の合計（円） | 200 | 400 | 600 | | |
| 花子さんの貯金の合計（円） | 300 | 600 | | | |
| 和（円） | 500 | 1000 | | | |

**(2)** 2 人の貯金の合計の和は、毎月何円ずつふえますか。

今度は「和」に着目してみましょう。

答え：　　　円

**(3)** 何か月後に 2 人の貯金の合計が 5000 円になりますか。計算で求めましょう。

（式）　200 ＋ [　　] ＝ [　　]（円）　…　毎月する貯金の和

5000 ÷ [　　] ＝ [　　]（か月後）

答え：　　　か月後

## 3 トレーニングのため、明日から毎日、兄は 800m、弟は 500m 走ることにしました。兄の走ったきょりの合計が、弟の走ったきょりの合計よりも 1500m 多くなるのは何日後ですか。

（式）　800 − [　　] ＝ [　　]（m）　…　毎日走るきょりの差

1500 ÷ [　　] ＝ [　]（日後）

答え：　　　日後

→答えは別冊(べっさつ) 20 ページ

**1** 今日まで、太郎(たろう)くんは 22 まい、花子さんは 10 まいの計算プリントをしました。明日から毎日、太郎(たろう)くんは 2 まい、花子さんは 5 まいの計算プリントをします。

**(1)** 次の表の空らんにあてはまる数を書きましょう。

| | 今日まで | 1 日後 | 2 日後 | 3 日後 | 4 日後 |
|---|---|---|---|---|---|
| 太郎(たろう)くんがした計算プリントの合計（まい） | 22 | 24 | | | |
| 花子さんがした計算プリントの合計（まい） | 10 | 15 | | | |
| 差（まい） | 12 | 9 | | | |

**(2)** 2 人がした計算プリントのまい数の合計の差は、毎日何まいずつへりますか。

（式）

答え：　　　まい

**(3)** どうして計算プリントのまい数の合計の差が毎日へるのですか。

答え：［　　　］の方が［　　　］よりも毎日［　］まい多く計算プリントをするから

**(4)** 何日後に 2 人がした計算プリントのまい数の合計が同じになるかを計算で求めましょう。

（式）

答え：　　　日後

**2** 今日までの貯金額(ちょきんがく)は、太郎(たろう)くんが 200 円、次郎(じろう)くんが 100 円です。2 人の貯金額(ちょきんがく)の合計が 1000 円になるまで、明日から毎日、太郎(たろう)くんは 20 円、次郎(じろう)くんは 30 円を貯金します。

**(1)** 次の表の空らんにあてはまる数を書きましょう。

| | 今日まで | 1 日後 | 2 日後 | 3 日後 | 4 日後 | 5 日後 |
|---|---|---|---|---|---|---|
| 太郎(たろう)くんの貯金額(ちょきんがく)（円） | 200 | 220 | 240 | | | |
| 次郎(じろう)くんの貯金額(ちょきんがく)（円） | 100 | 130 | 160 | | | |
| 和（円） | 300 | 350 | 400 | | | |

**(2)** 2 人の貯金額(ちょきんがく)の和は、毎日何円ずつふえますか。

（式）

答え：　　　　円

**(3)** 何日後に 2 人の貯金額(ちょきんがく)の和が 1000 円になりますか。

（式）

答え：　　　　日後

**3** 明日から毎日、漢字ドリルを 20 問、計算ドリルを 25 問ときます。といた問題の合計が、計算ドリルの方が漢字ドリルよりも 100 問多くなるのは何日後ですか。

（式）

合計の「差」が 100 問になるのですから、1 日分の「和」、「差」のどちらに着目すればよいでしょう？

答え：　　　　日後

# 小5　16

# 速さの文章題

関連ページ 「つまずきをなくす小６算数文章題【改訂版】」54〜61 ページ　※新学習指導要領による移行措置

## つまずきをなくす説明

このあいだ弟とかけっこをしたんだけど、走った道のりがちがうのでどっちが速いかわからなかったんだ。

どんな結果だったの？

ぼくは 30m を６秒、弟は 48m を 12 秒で走ったんだ。

それじゃあ、**1 秒で何 m 走ったか**を計算してごらん。

えーっと、ぼくは６秒で 30m だから 1 秒だと 5m、弟は 12 秒で 48m だから 1 秒で 4m。

正しく計算できたね。

ということは 1 秒で進む道のりが長いぼくの方が弟より速いんだ。

そうだね。同じ時間でくらべればどちらが速いかわかるね。でも、50m 競走みたいに、同じ道のりにかかる時間でくらべることもできるよ。

1m にかかった時間は、ぼくが 6 ÷ 30 で 0.2 秒、弟が 12 ÷ 48 で 0.25 秒だから……、やっぱりぼくの方が速いんだ！

その通り。

**例題 1**

→答えは別冊（べっさつ）20 ページ

兄は 30m を 6 秒で、弟は 48m を 12 秒で走ります。どちらが速いですか。

「**1 秒間に進む道のり**」が長い方が速いことを利用します。

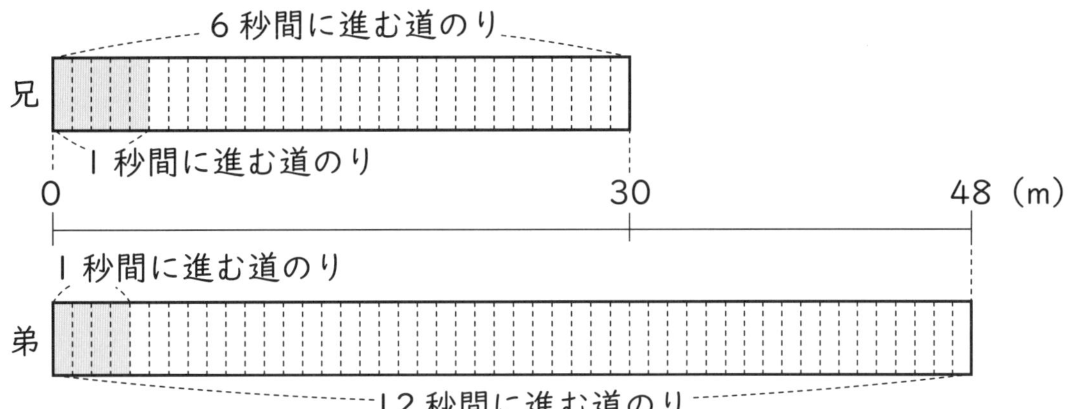


上のテープ図から、

（式）

30 ÷ 6 ＝ 5(m)　…　兄が 1 秒間に進む道のり

48 ÷ 12 ＝ 4(m)　…　弟が 1 秒間に進む道のり

このようなとき、「兄の速さは秒速 5m」、「弟の速さは秒速 4m」といいます。

**ポイント**

## 速さの計算方法…道のり ÷ 時間＝速さ

「速さ」には、主に次の 3 つの表し方があります。

- 1 秒間に進む道のり　…　秒速
- 1 分間に進む道のり　…　分速
- 1 時間に進む道のり　…　時速

「秒速 5m」は、「毎秒 5m」、「5m/秒」、「5m/s」のように表すこともあります。

速さをくらべる方法には「速さ」を求める他に、「**1m を進むのにかかる時間**」が短い方が速いことを利用してくらべる方法もあります。

（式）

6 ÷ 30 ＝ 0.2(秒)　…　兄が 1m を進むのにかかる時間

12 ÷ 48 ＝ 0.25(秒)　…　弟が 1m を進むのにかかる時間

→答え は別冊（べっさつ）21 ページ

次の問題の □ の中にあてはまる数を書いて、答えを求めましょう。

**1** ロボットAは7cmを14秒で、ロボットBは6cmを18秒で進みます。2台のうち、1cmを進むのにかかる時間はどちらが短いですか。

（式） 14 ÷ □ ＝ □（秒） … ロボットAが1cmを進むのにかかる時間

18 ÷ □ ＝ □（秒） … ロボットBが1cmを進むのにかかる時間

答え：ロボット

**2** 太郎（たろう）くんは50mを10秒で、次郎（じろう）くんは32mを8秒で走ります。2人のうち、1秒間に進む道のりはどちらが長いですか。

（式） 50 ÷ □ ＝ □（m） … 太郎（たろう）くんが1秒間に進む道のり

32 ÷ □ ＝ □（m） … 次郎（じろう）くんが1秒間に進む道のり

答え：　　くん

**3** 20cmの道のりを5秒で進むアリがいます。このアリの速さは秒速何cmですか。

（式） 20 ÷ □ ＝ □（cm/秒）

「秒速」は、1秒間に進む道のりのことですから、道のり÷時間（秒）で求めます。

答え：秒速　　cm

**4** 太郎（たろう）くんの家から駅までの道のりは 900m あります。家から駅まで自転車で行くと 15 分かかります。自転車の速さは分速何 m ですか。

（式） 900 ÷ [　　] ＝ [　　]（m/分）

「分速」は、1 分間に進む道のりのことですから、道のり÷時間（分）で求めます。

答え：分速　　　m

**5** ある特急列車は、A 駅から B 駅までの 240km を 2 時間で走ります。この特急列車の速さは時速何 km ですか。

（式） 240 ÷ [　　] ＝ [　　]（km/時）

「時速」は、1 時間に進む道のりのことですから、道のり÷時間（時間）で求めます。

答え：時速　　　km

**6** 時速 72km で走る普通（ふつう）列車があります。この普通（ふつう）列車は 1 分間に何 km 進みますか。

（考え方）

| | 時間 | | 道のり | |
|---|---|---|---|---|
| ÷ 60 ↓ | 1 時間（60 分間） | …… | 72km | ↓ ÷ 60 |
| | 1 分間 | …… | ？km | |

「時速 72km」は、1 時間に 72km 進む速さのことです。

（式） 72 ÷ [　　] ＝ [　　]（km）

答え：　　　km

## つまずきをなくす説明

時速 300km で走る列車が、900km を進むのにかかる時間はどうやって求めるの。

では、「時速 300km」はどんな意味だったか覚えているかな？

えーっと、「時速」だから……、1 時間に 300km 進むことだ。

その通り。その速さで進む道のりが 900km だから、次のようなテープ図で表すことができるよ。

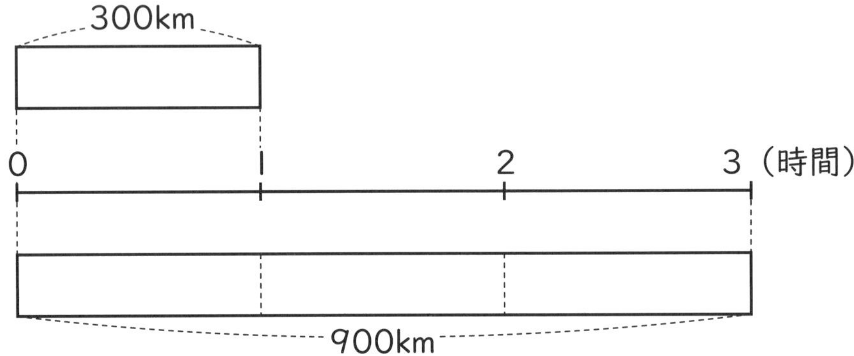

そうか、**900km は 300km の 3 倍だから、時間も 3 倍かかるんだ！**

よく気がついたね。では、式にするとどうなるかな？

900 ÷ 300 で 3 時間だ。

## 例題2

→答えは別冊(べっさつ)21ページ

**時速300kmで走る列車は、900kmを進むのに何時間かかりますか。**

「時速300km」は、1時間に300km進む速さのことです。

ですから、900kmの中に300kmがいくつ分入っているかを求めれば、かかる時間がわかります。

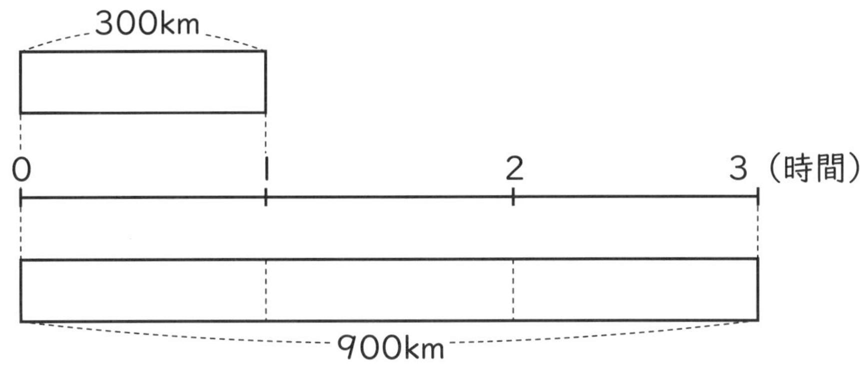


（式）

$900 \div 300 = 3$(時間)

### ポイント

**時間の計算方法…道のり÷速さ＝時間**

上のテープ図は、下のようにかきかえることもできます。

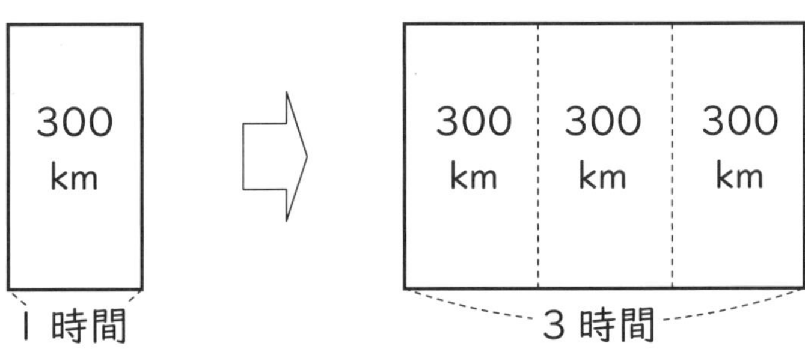


「300km」の紙を3つ分ならべた感じですね。

このように、「速さ」、「時間」、「道のり」の関係は、右のような長方形（「面積図」といいます）を利用しても表せます。

### ポイント

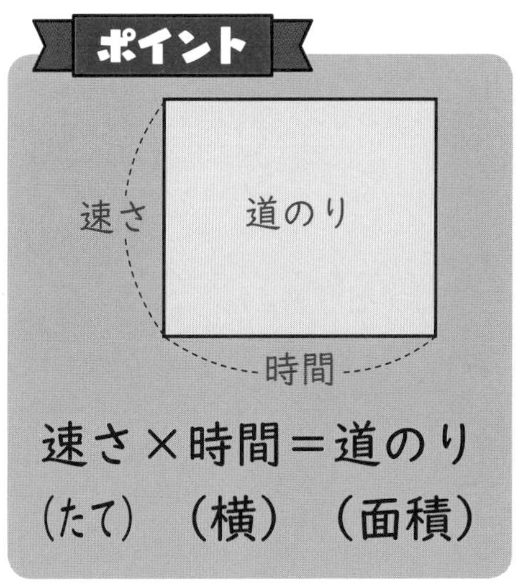


**速さ×時間＝道のり**
**（たて）（横）（面積）**

→答えは別冊 21 ページ

次の問題の［　］にはあてはまる数を、〇には＋、－、×、÷のうちあてはまるものを選んで書き、答えを求めましょう。

**7** 時速 72km で走る列車は、360km を進むのに何時間かかりますか。面積図を利用して求めましょう。

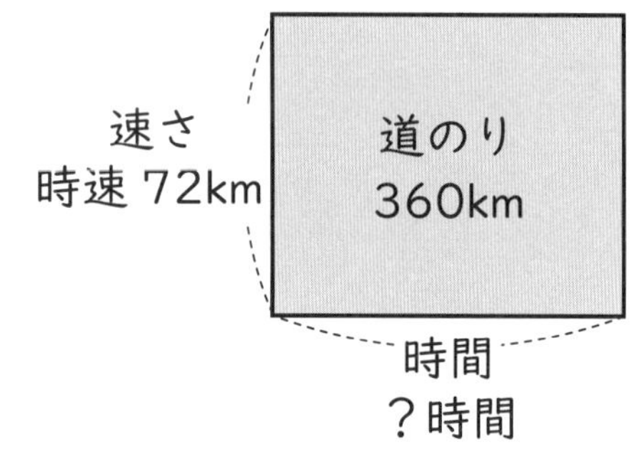


（式）　360 ÷ ［　　］ ＝ ［　］（時間）

答え：　　　時間

**8** 分速 80m で歩く人は、400m を進むのに何分かかりますか。面積図を完成させて求めましょう。

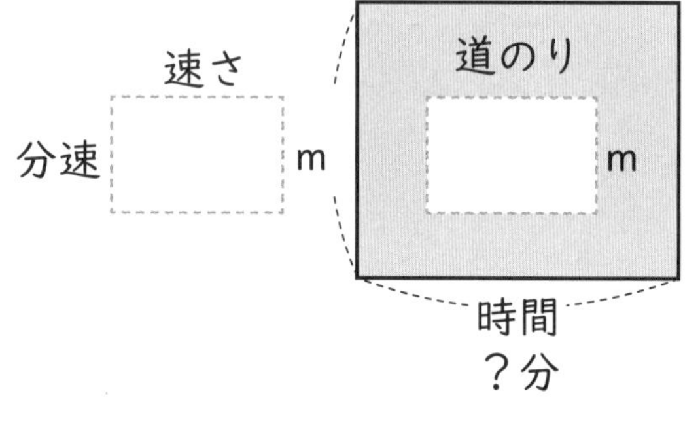


（式）　［　　］ ÷ ［　　］ ＝ ［　］（分）

答え：　　　分

**9** 秒速 10cm で進むロボットは、50cm を進むのに何秒かかりますか。面積図を完成させて求めましょう。

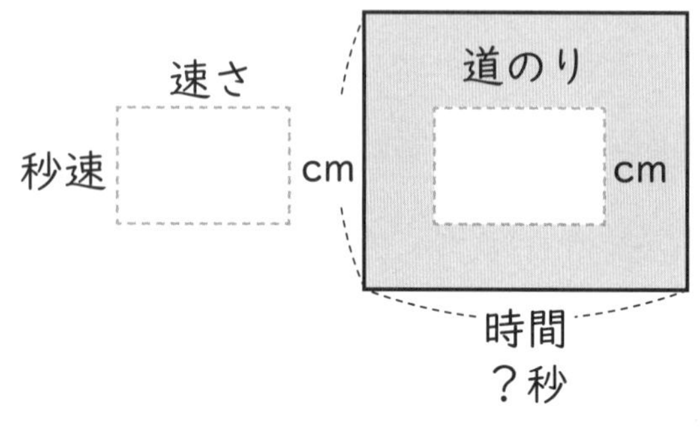


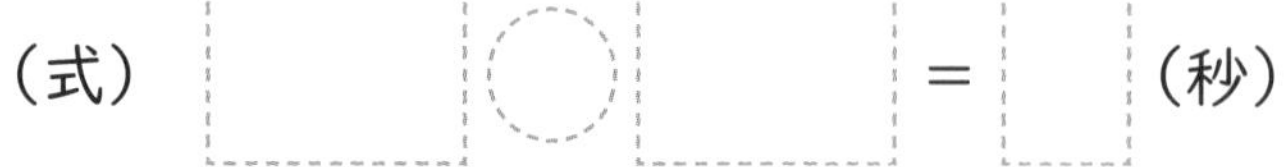
（式）　［　　］ 〇 ［　　］ ＝ ［　］（秒）

答え：　　　秒

「長方形の面積÷たて＝横」です。

**10** 時速 40km で走る自動車が 3 時間で進む道のりは何 km ですか。面積図を利用して求めましょう。

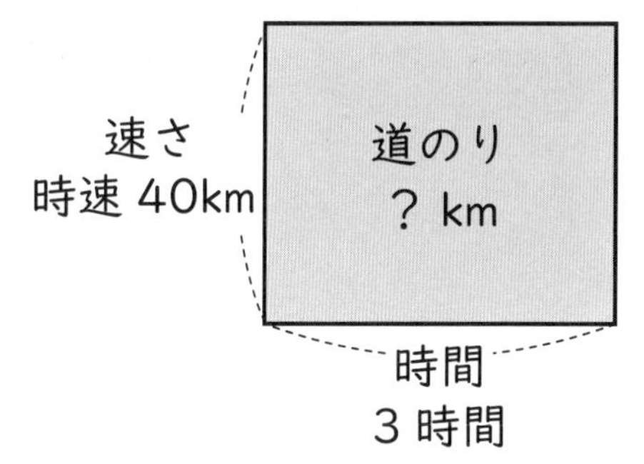


答え： km

**11** 分速 60m で歩く人が 10 分で進む道のりは何 m ですか。面積図を完成させて求めましょう。

(式) × = (m)

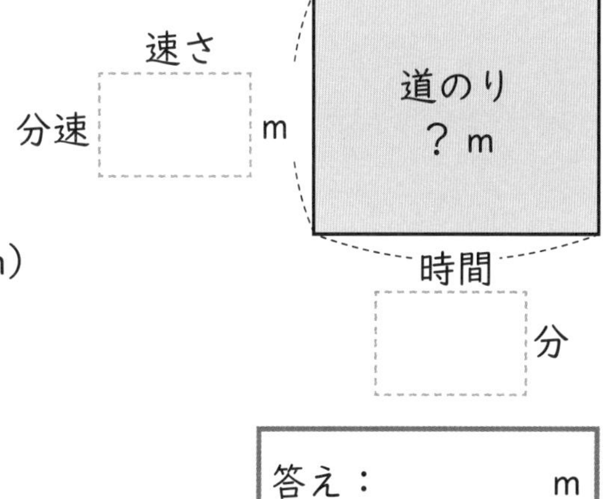


答え： m

**12** 秒速 5cm で進むロボットが 3 秒で進む道のりは何 cm ですか。面積図を完成させて求めましょう。

(式) = (cm)

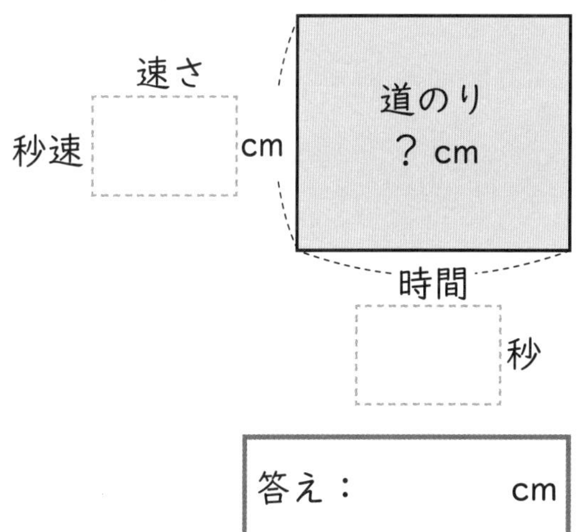


答え： cm

「たて×横＝長方形の面積」です。

## つまずきをなくす説明

2 人が出会うまでにかかる時間って、どうやって求めるの。

どんな問題かな？

【問題】

600m はなれた太郎くんと次郎くんが向かい合って進みます。太郎くんが分速 80m、次郎くんが分速 70m で同時に進み始めると、何分後に出会いますか。

なるほど。このような問題は表をかいてみるといいよ。

| 進んだ時間（分後） | はじめ | 1 | 2 | 3 | 4 |
|---|---|---|---|---|---|
| 太郎くんが進む道のり（m） | - | 80 | 160 | 240 | 320 |
| 次郎くんが進む道のり（m） | - | 70 | 140 | 210 | 280 |
| 2 人が進んだ道のりの和（m） | - | 150 | 300 | 450 | 600 |
| 2 人の間の道のり（m） | 600 | 450 | 300 | 150 | 0 |

そうか、**1 分ごとに 150m 近づく**から、600 ÷ 150 で 4 分なんだ。

## 例題 3

→答えは別冊 21 ページ

600m はなれた太郎くんと次郎くんが向かい合って進みます。太郎くんが分速 80m、次郎くんが分速 70m で同時に進み始めると、何分後に出会いますか。

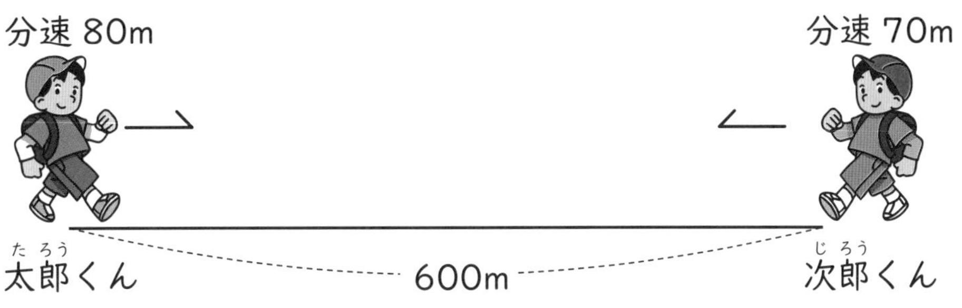


2 人が近づく様子を表に表します。

| 進んだ時間（分後） | はじめ | 1 | 2 | 3 | 4 |
|---|---|---|---|---|---|
| 太郎くんが進む道のり（m） | - | 80 | 160 | 240 | 320 |
| 次郎くんが進む道のり（m） | - | 70 | 140 | 210 | 280 |
| 2 人が進んだ道のりの和（m） | - | 150 | 300 | 450 | 600 |
| 2 人の間の道のり（m） | 600 | 450 | 300 | 150 | 0 |

**1 分間で、太郎くんは 80m、次郎くんは 70m 進みますから、合わせて 150m 近づくことがわかります。**

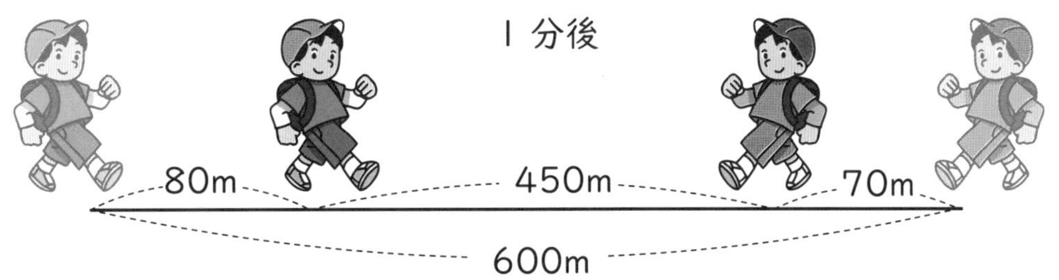


（式）

80 + 70 = 150(m) … 1 分間で近づく道のり（2 人が 1 分間に進む道のりの和）

600 ÷ 150 = 4(分) … 600m はなれた 2 人が出会うまでにかかる時間

**ポイント**

**出会うまでの時間の計算方法…道のり ÷ 2 人が 1 分間に進む道のりの和＝時間**

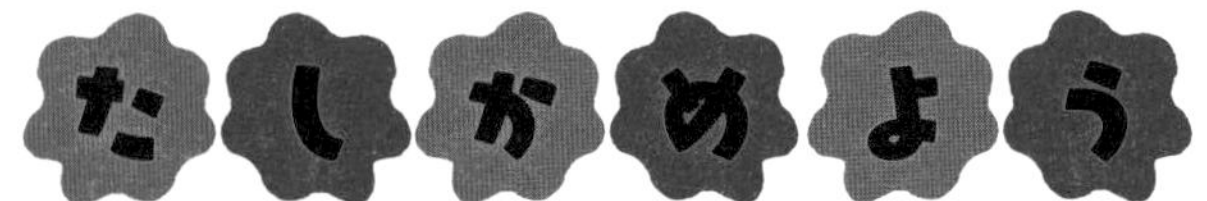


→答えは別冊(べっさつ) 22 ページ

次の問題の[ ]にあてはまる数を書き、答えを求めましょう。

**13** 太郎(たろう)くんの家から駅までは 800m あります。太郎(たろう)くんが家から駅に向けて分速 70m で、お父さんが駅から家に向けて分速 90m で同時に進み始めました。

**(1)** 2人の様子を表した次の表の空らんにあてはまる数を書きましょう。

| 進んだ時間（分後） | はじめ | 1 | 2 | 3 | 4 |
|---|---|---|---|---|---|
| 太郎(たろう)くんが進む道のり（m） | - | 70 | 140 | | |
| お父さんが進む道のり（m） | - | 90 | 180 | | |
| 2人が進んだ道のりの和（m） | - | 160 | 320 | | |
| 2人の間の道のり（m） | 800 | 640 | 480 | | |

**(2)** 1分間に2人が進む道のりの和は何 m ですか。

（式） 70 + [ ] = [ ] （m）

答え：　　　m

**(3)** 2人の間の道のりは1分間に何 m へりますか。

答え：　　　m

**(4)** 2人は何分後に出会いますか。

（式） 800 ÷ [ ] = [ ] （分後）

答え：　　　分後

**14** 太郎(たろう)くんの家と花子さんの家と学校は、この順番に同じ道にそってならんでいます。太郎(たろう)くんの家と花子さんの家は100mはなれています。ある朝、太郎(たろう)くんが分速80mで、花子さんが分速60mで学校に向けて同時に進み始めました。

**(1)** 2人の様子を表した次の表の空らんにあてはまる数を書きましょう。

| 進んだ時間（分後） | はじめ | 1 | 2 | 3 | 4 |
|---|---|---|---|---|---|
| 太郎(たろう)くんが進む道のり（m） | - | 80 | 160 | | |
| 花子さんが進む道のり（m） | - | 60 | 120 | | |
| 2人が進んだ道のりの差（m） | - | 20 | 40 | | |
| 2人の間の道のり（m） | 100 | 80 | 60 | | |

**(2)** 1分間に2人が進む道のりの差は何mですか。

（式）　80 − ☐ = ☐（m）

追いかけるときは、2人が1分間に進む道のりの差を利用します。

答え：　　m

**(3)** 2人の間の道のりは1分間に何mへりますか。

答え：　　m

**(4)** 太郎(たろう)くんは何分後に花子さんに追いつきますか。

（式）　100 ÷ ☐ = ☐（分後）

答え：　　分後

# やってみよう

→答えは別冊(べっさつ) 22、23 ページ

次の問題の □ にはあてはまる数を、○ には＋、－、×、÷のうちあてはまるものを選んで書き、答えも求めましょう。

**1** ある列車が時速 72km で進んでいます。次の問いに答えましょう。

**(1)** この列車は 1 時間に何 km 進みますか。

答え：　　　km

**(2)** この列車は 1 分間に何 km 進みますか。

（式）□ ÷ □ ＝ □（km）

答え：　　　km

**(3)** この列車は 1 分間に何 m 進みますか。

答え：　　　m

**(4)** この列車の分速を答えましょう。

答え：分速　　　m

**(5)** この列車は 1 秒間に何 m 進みますか。

（式）□ ÷ □ ＝ □（m）

答え：　　　m

**(6)** この列車の秒速を答えましょう。

答え：秒速　　　m

まちがえたときは、147 ページにもどりましょう。

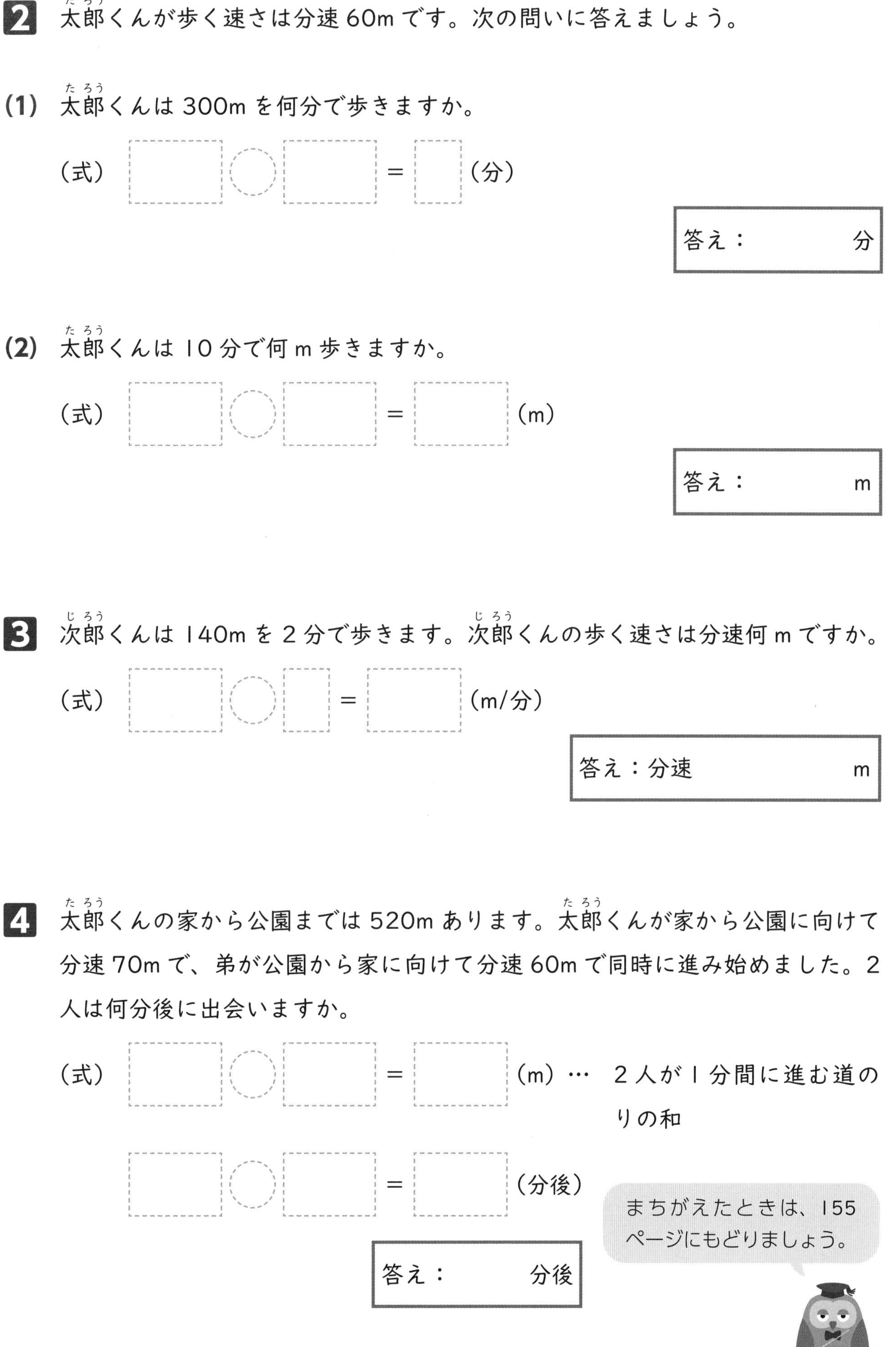

**2** 太郎(たろう)くんが歩く速さは分速 60m です。次の問いに答えましょう。

**(1)** 太郎(たろう)くんは 300m を何分で歩きますか。

(式) □ ○ □ ＝ □ (分)

答え： 分

**(2)** 太郎(たろう)くんは 10 分で何 m 歩きますか。

(式) □ ○ □ ＝ □ (m)

答え： m

**3** 次郎(じろう)くんは 140m を 2 分で歩きます。次郎(じろう)くんの歩く速さは分速何 m ですか。

(式) □ ○ □ ＝ □ (m/分)

答え：分速 m

**4** 太郎(たろう)くんの家から公園までは 520m あります。太郎(たろう)くんが家から公園に向けて分速 70m で、弟が公園から家に向けて分速 60m で同時に進み始めました。2 人は何分後に出会いますか。

(式) □ ○ □ ＝ □ (m)… 2 人が 1 分間に進む道のりの和

□ ○ □ ＝ □ (分後)

答え： 分後

まちがえたときは、155
ページにもどりましょう。

Chapter

# 3

# 図形問題

# 小５　17

# 三角形・四角形の角の大きさ

関連ページ 「つまずきをなくす小４・５・６算数平面図形」22～25ページ

## つまずきをなくす説明

正三角形の１つの角の大きさはどうやって計算するの？

正三角形の辺に平行な直線を１つかきたしてみるとわかるよ。

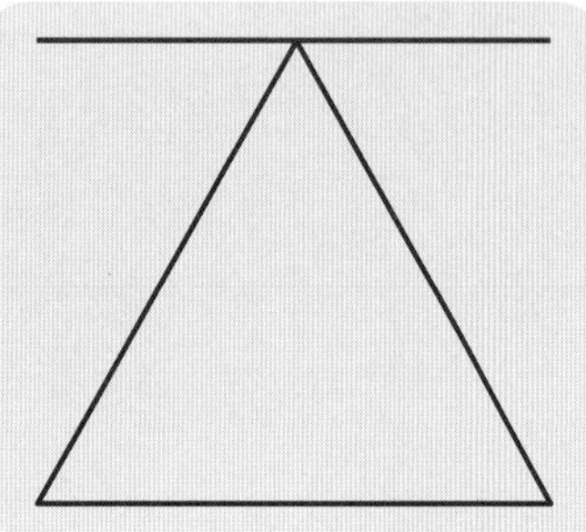

いいね。さて、４年生で平行な直線と角の勉強をしたことを思い出して、大きさの等しい角に印をつけてみよう。

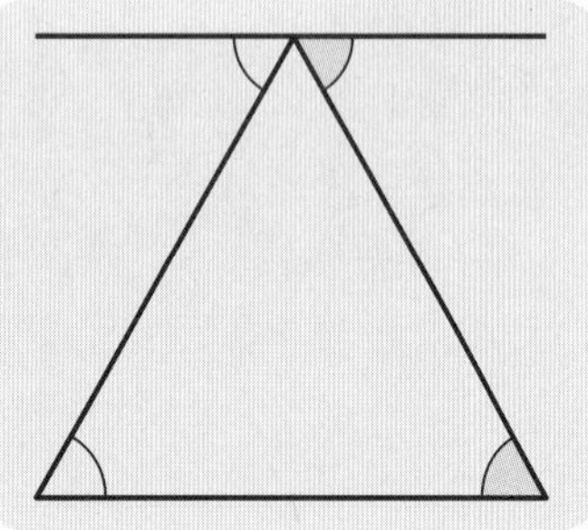

すばらしい！　正しくかけたね。そこでもう１つ角をかき加えてみると何がわかるかな。

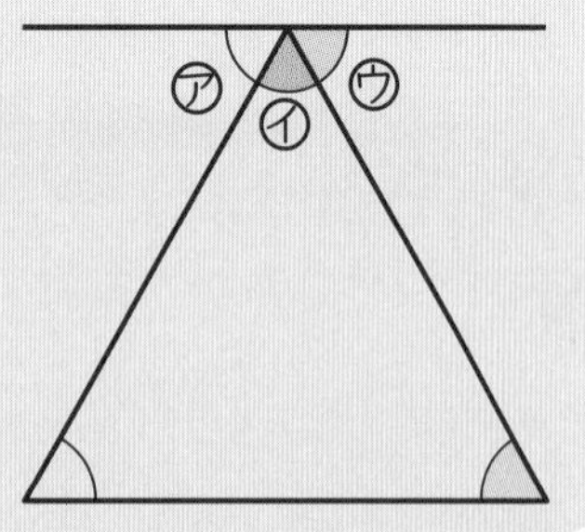

そうか、**㋐と㋑と㋒の３つの角の大きさの合計が180度だ。**

その通り。しかも、正三角形は３つの角の大きさがどれも同じ三角形だったね。

そうか、わかった！　180 ÷ 3で60度だ。

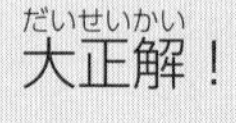
大正解（だいせいかい）！

## 例題 1

→答えは別冊 23 ページ

**正三角形の 1 つの角の大きさは何度ですか。**

下の図のように、**三角形の 1 つの底辺と平行な直線を、三角形の 1 つの頂点を通るようにかく**と、角㋑と角㋓、角㋒と角㋔の角の大きさはそれぞれ同じです。

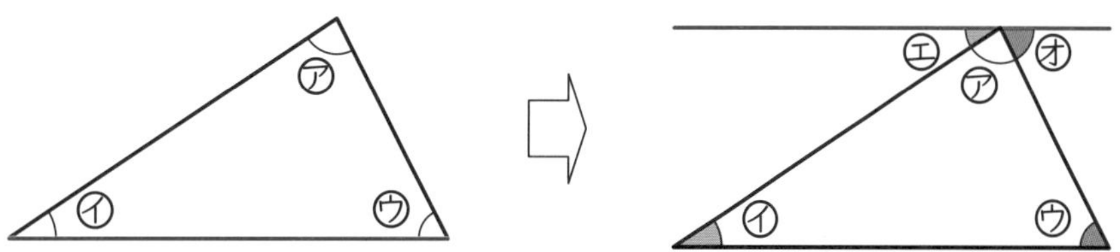


一直線の角（2 直角）の大きさは 180 度ですから、角㋓と角㋐と角㋔の角の大きさの和は 180 度です。ですから、三角形の 3 つの角、角㋐と角㋑と角㋒の和も 180 度です。

**ポイント**

**三角形の 3 つの角の大きさの和は 180 度**

平行な直線と角の大きさの関係をわすれていたときは、「つまずきをなくす小 4・5・6 算数平面図形」の「5」（30〜33 ページ）を見直してみましょう。

ところで、正三角形は 3 つの角の大きさがどれも同じ大きさの三角形です。

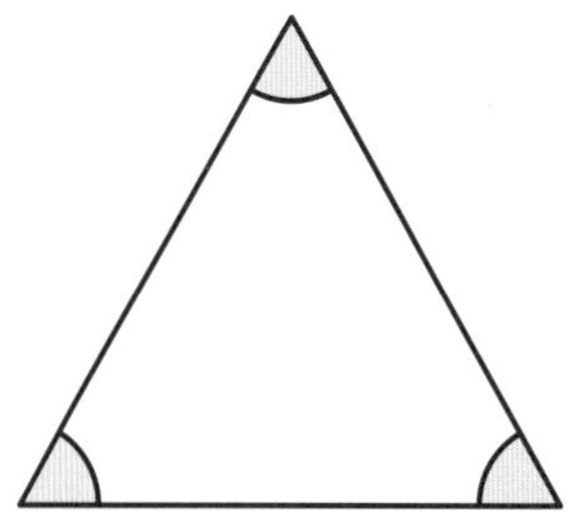

（式） 180 ÷ 3 = 60(度)

**ポイント**

**正三角形の 1 つの角の大きさは 60 度**

→答えは別冊(べっさつ) 23 ページ

次の問題の □ の中にあてはまる数を書いて、答えも求めましょう。

**1** 三角形の 3 つの角の大きさの和は何度ですか。

答え：　　　度

**2** 次の角㋐の大きさを求めましょう。

**(1)**

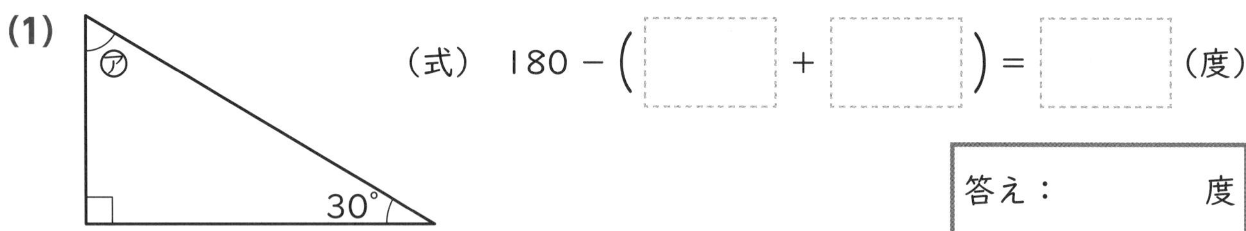


（式） 180 −（ □ ＋ □ ）＝ □ （度）

答え：　　　度

**(2)**

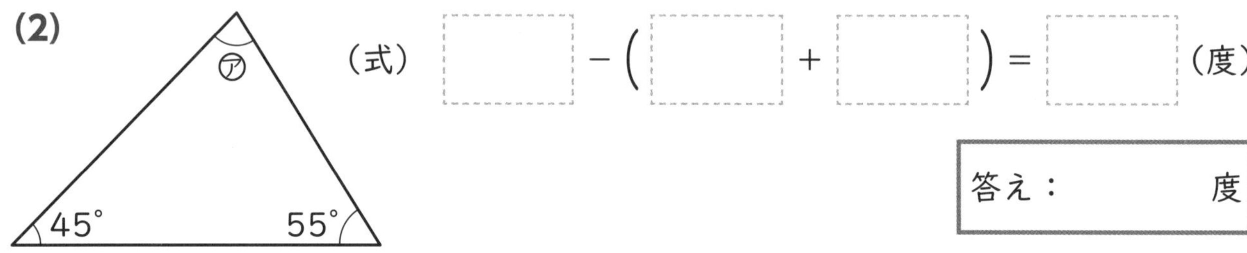


（式） □ −（ □ ＋ □ ）＝ □ （度）

答え：　　　度

**(3)**

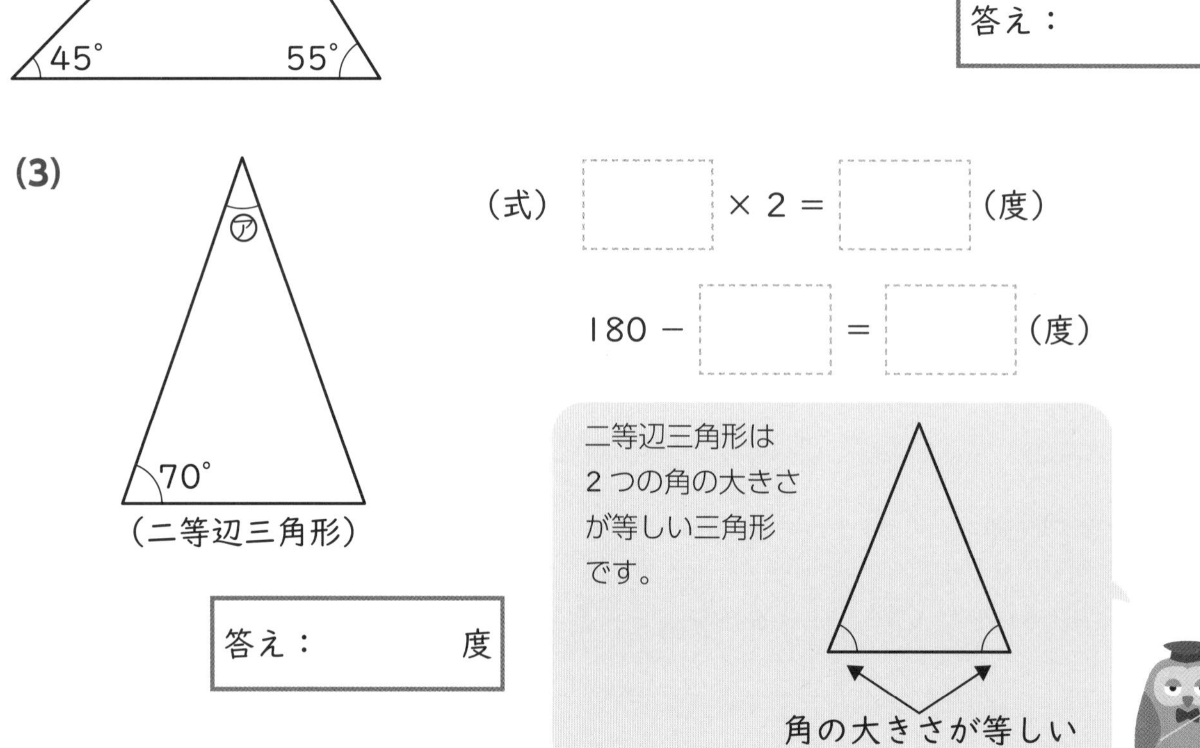


（二等辺三角形）

（式） □ × 2 ＝ □ （度）

180 − □ ＝ □ （度）

答え：　　　度

二等辺三角形は 2 つの角の大きさが等しい三角形です。

**3** 正三角形の１つの角の大きさは何度ですか。

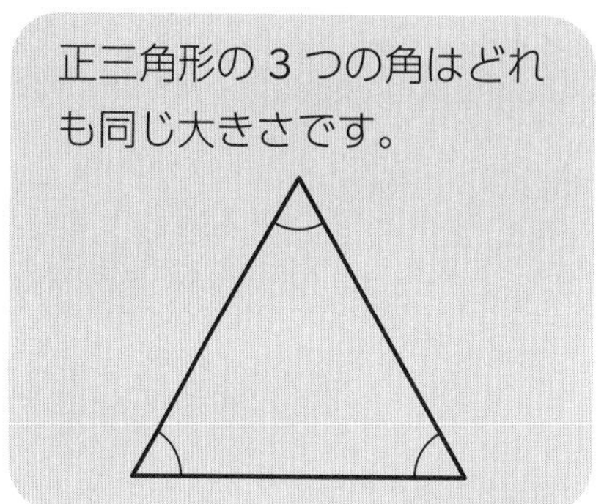

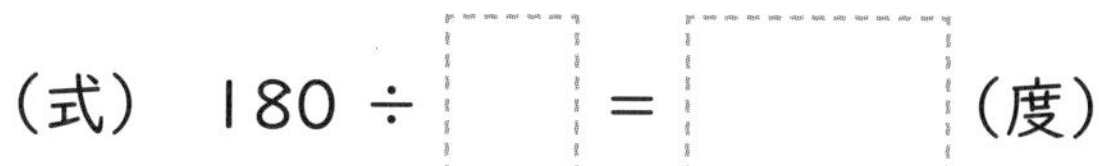

（式）　180 ÷ [　　] = [　　]（度）

答え：　　　　度

**4** 右の図の三角形は直角二等辺三角形です。角㋐の大きさは何度ですか。

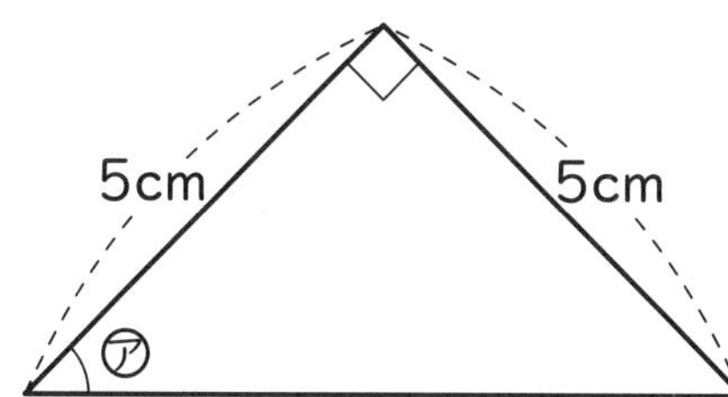


（式）　180 − [　　] = [　　]（度）

[　　] ÷ 2 = [　　]（度）

答え：　　　　度

直角二等辺三角形は、正方形を半分にした図形です。

**5** 右の図の三角形で、角㋐、㋑の大きさは何度ですか。

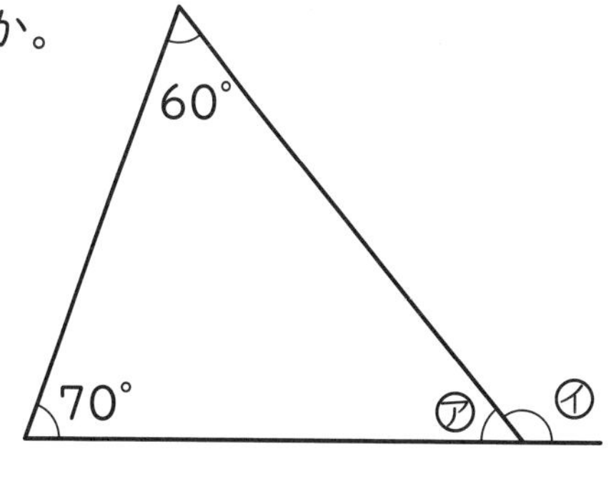


（式）　70 + [　　] = [　　]（度）

180 − [　　] = [　　]（度）…角㋐

180 − [　　] = [　　]（度）…角㋑

答え：角㋐　　　　度

角㋑　　　　度

五角形の 5 つの角の大きさの和はどうやって求めるの。

五角形を三角形に分けてみようか。

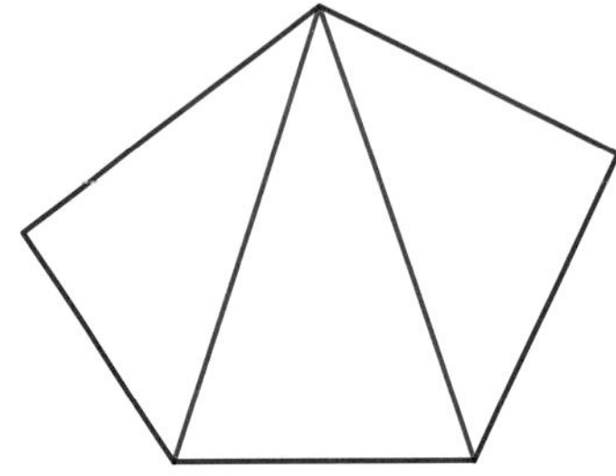

3 つの三角形に分けられた。

そうだね。次に、それらの三角形の角に印をつけてごらん。

えーっと……。

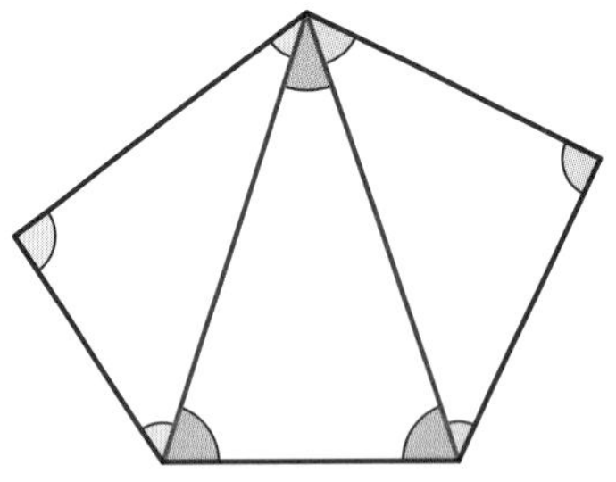

ところで三角形の 3 つの角の大きさの和は何度だったかな？

180 度……。そうか、**五角形の 5 つの角の大きさは三角形の 3 つ分**なんだから、180 × 3 で求められるんだ！

よく気がついたね。

## 例題 2

→答えは別冊 23 ページ

五角形の 5 つの角の大きさの和は何度ですか。

**五角形の 1 つの頂点から対角線をひいて、五角形を 3 つの三角形に分けます。**

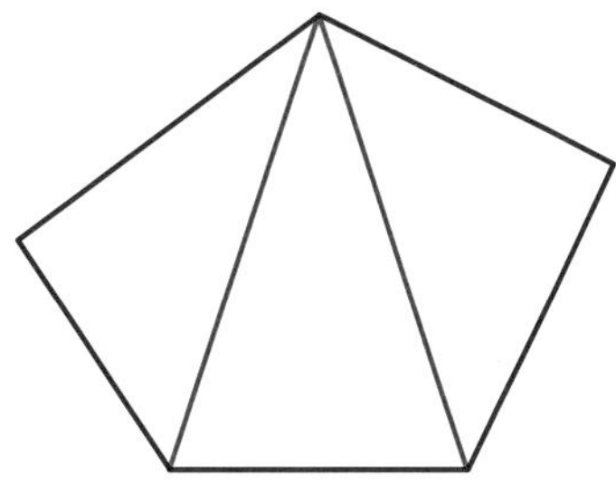

次に、3 つの三角形の角に印をつけます。

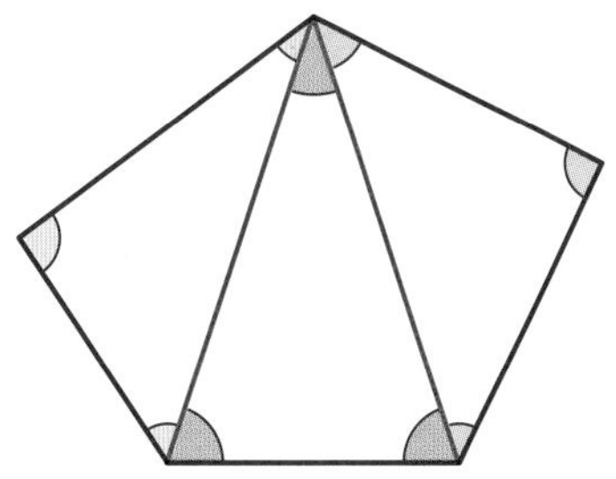

三角形の 3 つの角の大きさの和は 180 度でしたから、

の和＝180 度　の和＝180 度　の和＝180 度

五角形の 5 つの角の和＝180×3＝540（度）

のようにして、五角形の 5 つの角の大きさの和がわかります。

### ポイント

**四角形や五角形などの多角形の角の和は、1 つの頂点から対角線をひいて三角形に分けて求める。**

四角形は 2 つ、五角形は 3 つ、六角形は 4 つの三角形に分けることができます。

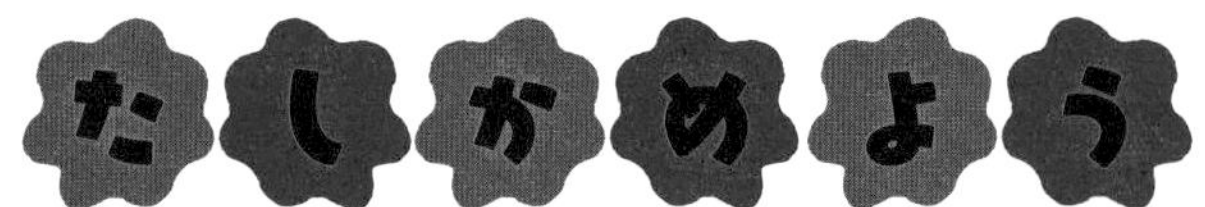


→答えは別冊23ページ

次の問題の□の中にあてはまる数を書いて、答えも求めましょう。

**6** 図を見て、表の空らんにあてはまる数を書きましょう。

| 図形 | 四角形 | 五角形 | 六角形 |
|---|---|---|---|
| 三角形の個数（個） | 2 | | |
| 図 | | | |

**7** 6の表を利用して、次の図形の角の大きさの和を求めましょう。

三角形の3つの角の大きさの和は180度です。

**(1)** 四角形の4つの角の大きさの和

（式） 180 × □ = □（度）

答え：　　度

**(2)** 五角形の5つの角の大きさの和

（式） 180 × □ = □（度）

答え：　　度

**(3)** 六角形の6つの角の大きさの和

（式） 180 × □ = □（度）

答え：　　度

**8** **7**の結果を利用して、次の角㋐の大きさを求めましょう。

**(1)**

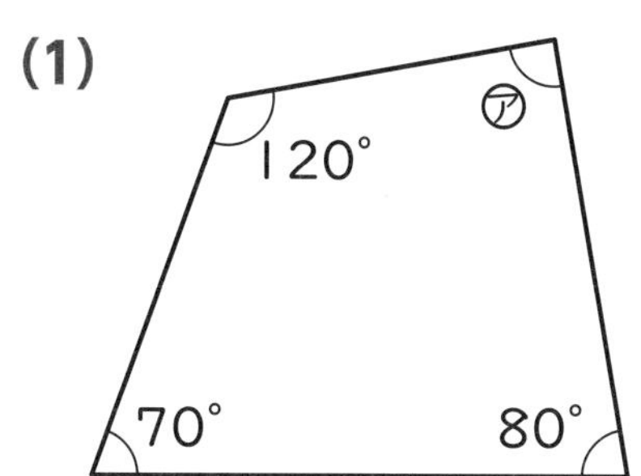


（式）　360 − (□ + □ + □)

= □（度）

答え：　　　　度

**(2)**

㋐
100°
110°
100°　110°

（式）　□ −（100 × 2 + 110 × 2）

= □（度）

答え：　　　　度

**(3)**

㋐

正六角形

（式）　□ ÷ □ = □（度）

答え：　　　　度

正六角形は 6 つの角の大きさがどれも同じです。

# やってみよう

→答えは別冊(べっさつ) 23、24 ページ

次の問題の □ にあてはまる数を書いて、答えも求めましょう。

**1** 次の角㋐の大きさを求めましょう。

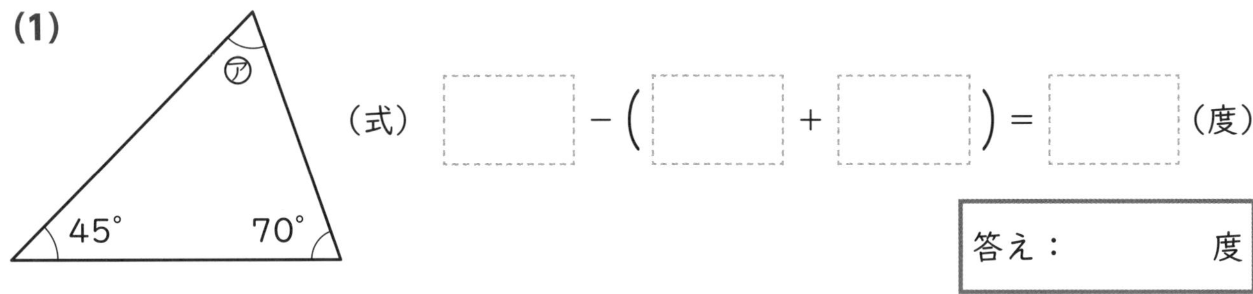


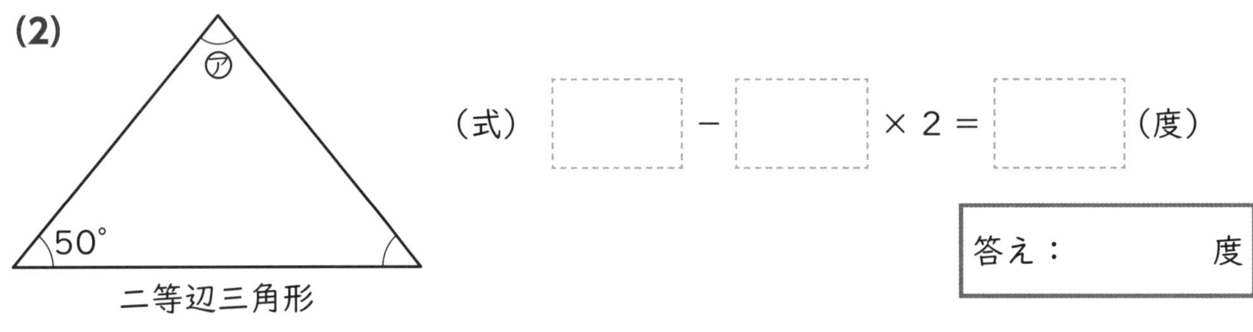


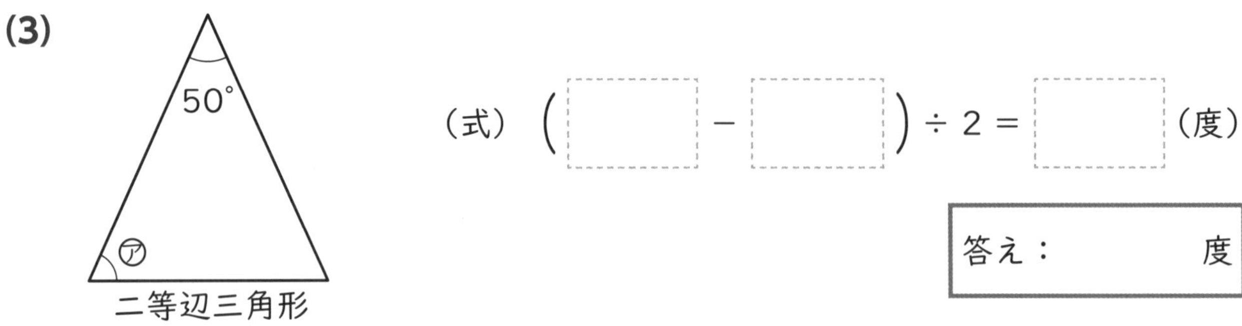


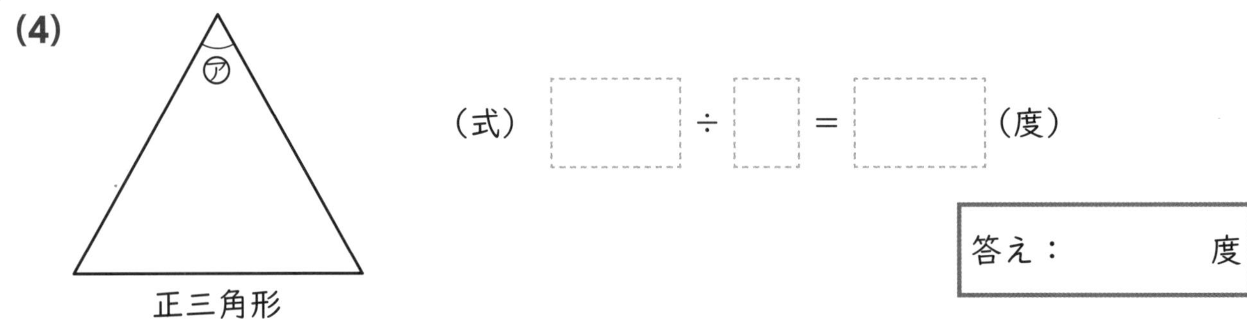

## 2 次の角㋐の大きさを求めましょう。

**(1)**

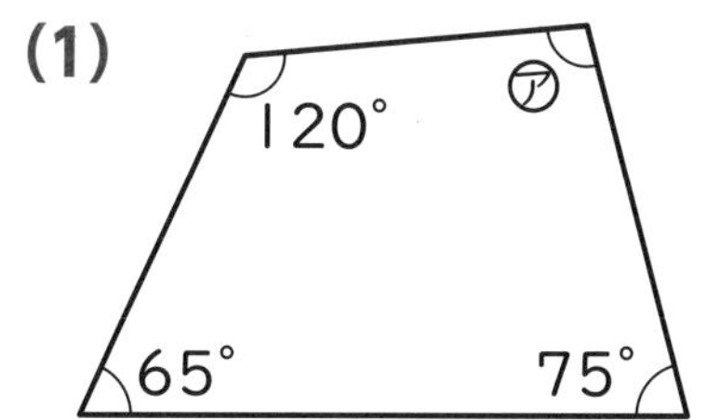


（式）□ −（□ + 65 + 75）

= □（度）

四角形の 4 つの角の大きさの和は 360 度です。

答え：　　　度

**(2)**

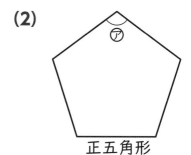

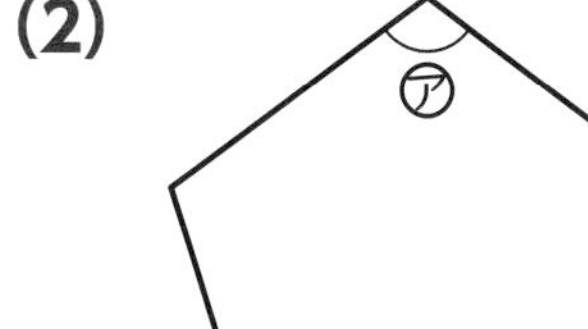


正五角形

（式）180 × □ = □（度）

□ ÷ □ = □（度）

はじめに五角形を対角線で三角形に分けて 5 つの角の和を求めましょう。

答え：　　　度

**(3)**

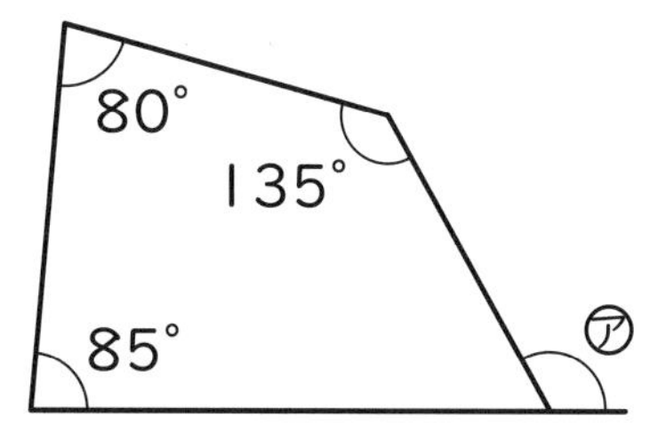


（式）□ −（80 + 85 + 135）= □（度）

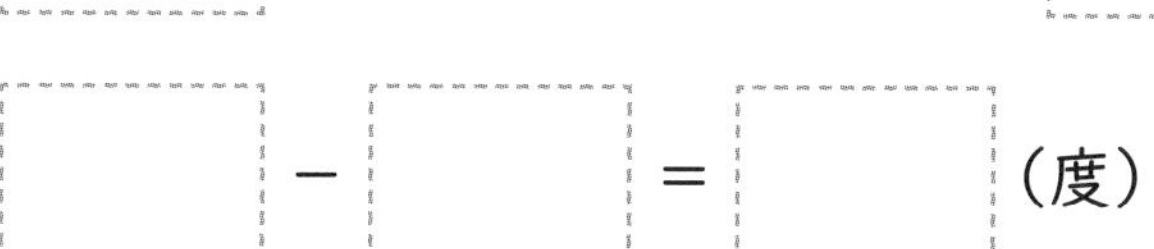

□ − □ = □（度）

大きさがわかっていない四角形の 4 つめの角は何度でしょう？

答え：　　　度

# 小5　18
# 三角形・四角形の面積

関連ページ「つまずきをなくす小4・5・6算数平面図形」34〜37、48〜55ページ

## つまずきをなくす説明

底辺が4cm、高さが3cmの平行四辺形の面積はどうやって求めるの？

方眼(ほうがん)用紙にかいてみるといいよ。

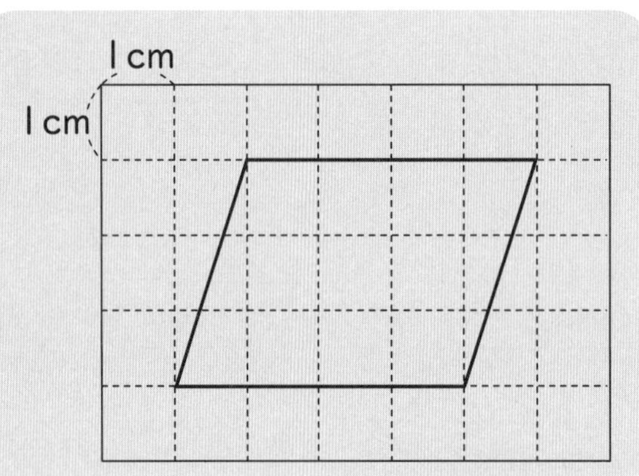


うまくかけたね。そこで、平行四辺形の左から直角三角形を切りとって右に動かしてみよう。

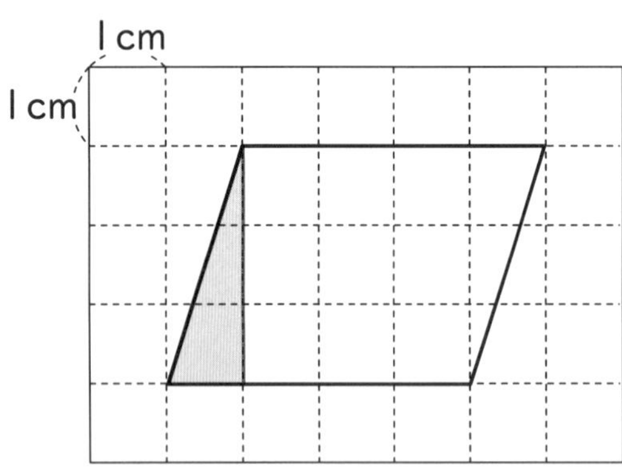

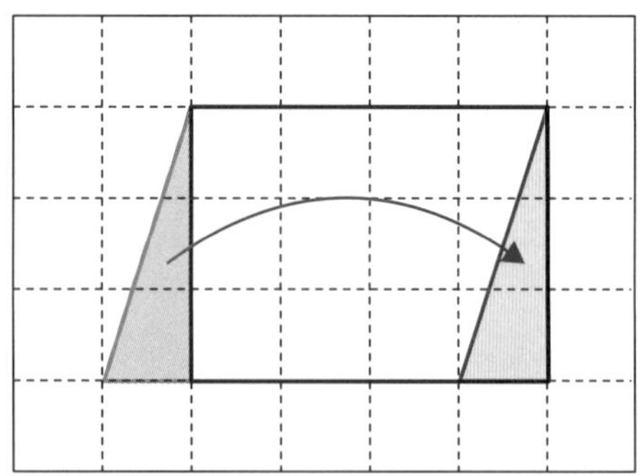

あっ、長方形になるよ。

でも、切りとって動かしただけだから、面積はふえたりへったりしていないね。

ということは、**平行四辺形の面積はこの長方形の面積と同じ**で、3×4の12cm²だ。

よくできたね！

## 例題 1

→答えは別冊 24 ページ

**底辺が 4cm、高さが 3cm の平行四辺形の面積は何 $cm^2$ ですか。**

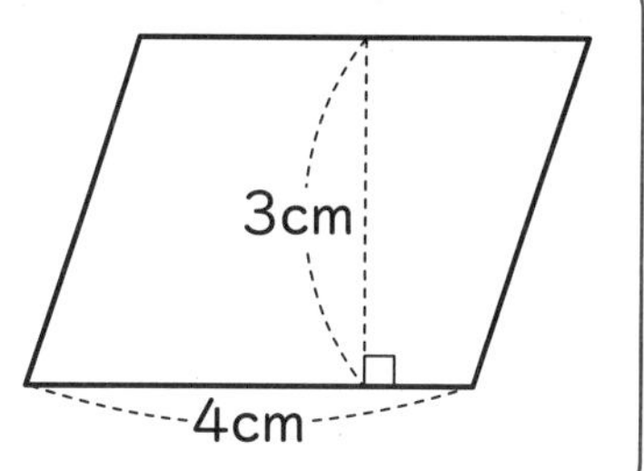


1 辺が 1cm の正方形の面積は 1$cm^2$ ですから、底辺が 4cm、高さが 3cm の平行四辺形の中に、1 辺が 1cm の正方形いくつあるかがわかれば、この平行四辺形の面積がわかります。

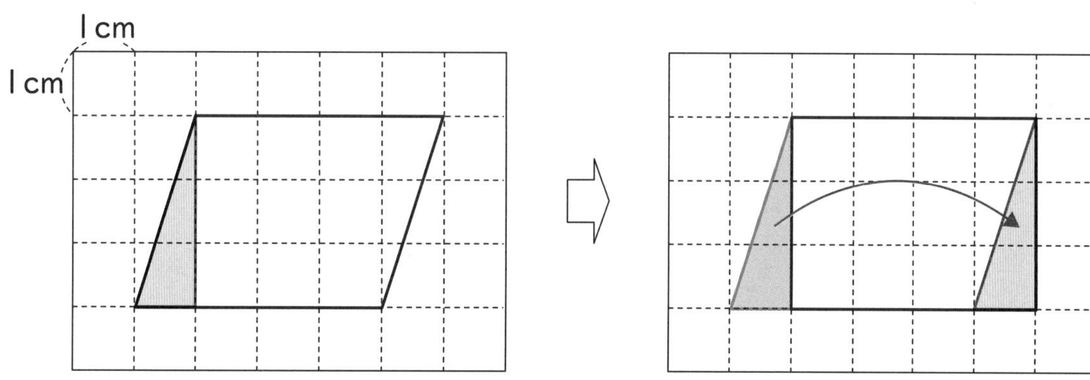


上の図のように**平行四辺形の左から直角三角形を切りとって右に動かす**と、面積 1$cm^2$ の正方形が横に 4 個、たてに 3 個ならんでいることがわかります。

（式） 4 × 3 ＝ 12（個） 1 × 12 ＝ 12（$cm^2$）

1 辺が 1cm の正方形が横に 4 個ならぶのは平行四辺形の底辺の長さが 4cm だからですし、1 辺が 1cm の正方形がたてに 3 個ならぶのは平行四辺形の高さが 3cm だからです。

ですから、「横 4 個×たて 3 個」という計算は、「底辺 4cm ×高さ 3cm」という計算と同じです。

（式） 4 × 3 ＝ 12（$cm^2$）

### ポイント

**平行四辺形の面積**
**＝底辺×高さ**

高さ
底辺

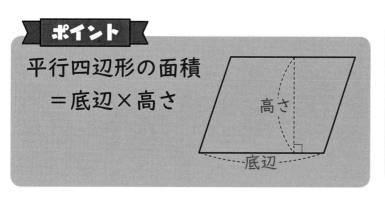

いろいろな四角形の名前や特ちょうをわすれていたときは、「つまずきをなくす小 4・5・6 算数平面図形」の「7」（48〜51 ページ）を見直してみましょう。

→答えは別冊(べっさつ) 24 ページ

次の問題の ☐ の中にあてはまる数や言葉を書いて、答えも求めましょう。

**1** 上底が 3cm、下底が 5cm、高さが 4cm の台形の面積を求めます。

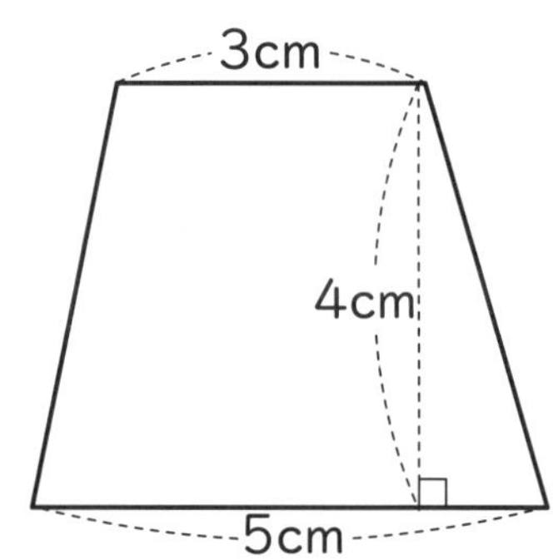


**(1)** 下の図のように、合同な台形を逆向(ぎゃくむ)きにしてかき加えました。できた図形（太線）の名前を答えましょう。

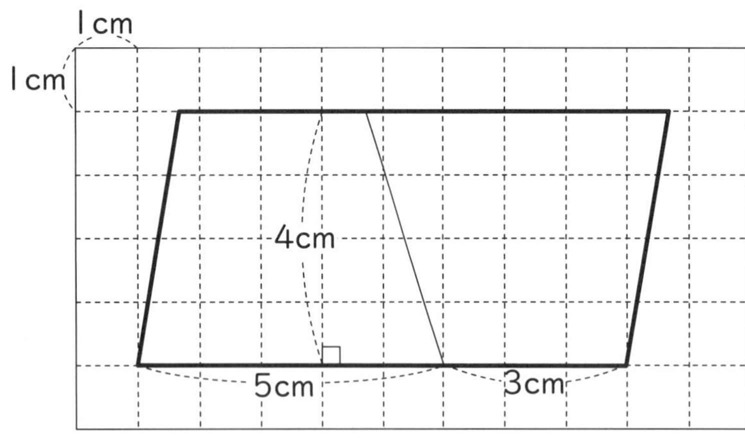


答え：

**(2)** (1)の図形（太線）の面積を求めましょう。

（式） ☐ ＋ ☐ ＝ 8

☐ × 4 ＝ ☐ ($cm^2$)

答え： $cm^2$

**(3)** (1)と(2)を利用して、台形の面積を求めましょう。

（式） ☐ ÷ 2 ＝ ☐ ($cm^2$)

答え： $cm^2$

太線の図形の面積は、台形の 2 倍です。


**(4)** 合同な 2 つの台形で作られる ☐ の底辺の長さは、台形の ☐ と ☐ をたした長さに等しいので、

台形の面積＝( ☐ ＋ ☐ )×高さ÷ 2 で求められます。

**2** 対角線の長さが 8cm と 4cm のひし形の面積を求めます。

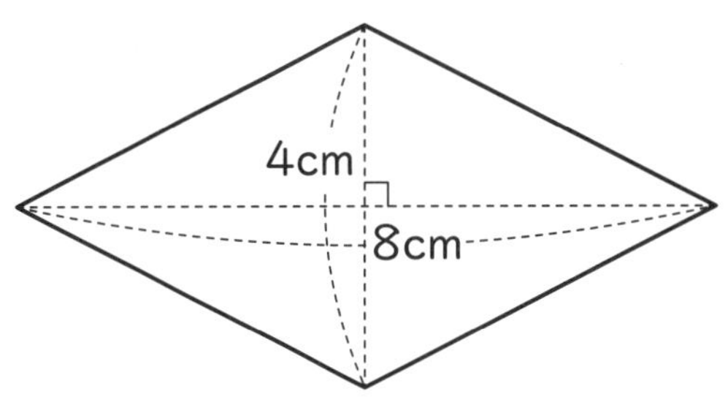


**(1)** 下の図のように、ひし形を太線の図形で囲みました。太線の図形の名前を答えましょう。

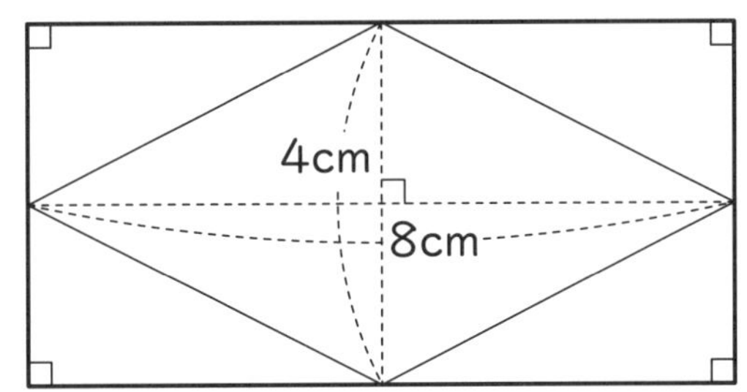


答え：

**(2)** (1)の図形（太線）の面積を求めましょう。

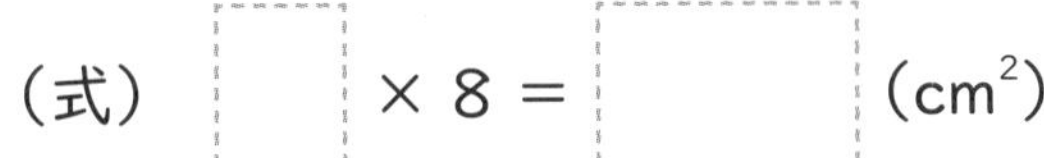

（式）　□ × 8 = □ ($cm^2$)

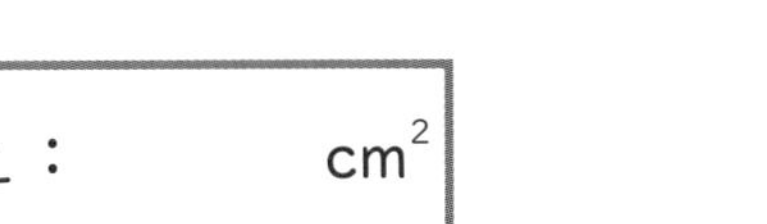

答え：　　　$cm^2$

**(3)** 右の図を見て、次の文を完成させましょう。

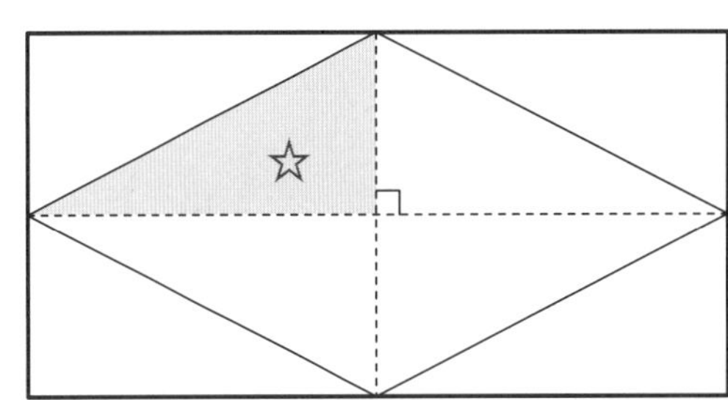


太線の図形の面積は☆の三角形 □ 個（こ）分、ひし形の面積は☆の三角形 □ 個（こ）分ですから、太線の図形の面積はひし形の面積の □ 倍です。

**(4)** (2)と(3)を利用して、ひし形の面積を求めましょう。

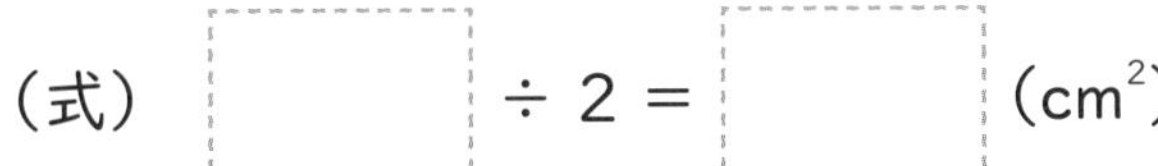

（式）　□ ÷ 2 = □ ($cm^2$)

答え：　　　$cm^2$

**ポイント**

- 台形の面積＝(上底＋下底)×高さ÷2
- ひし形の面積
  ＝対角線×対角線÷2

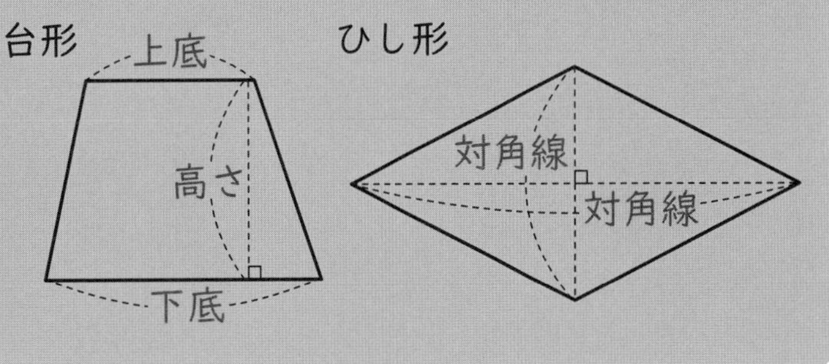

## つまずきをなくす説明

底辺が 4cm、高さが 3cm の三角形の面積はどんなふうに計算すればいいの。

どんな三角形なのかかいてごらん。

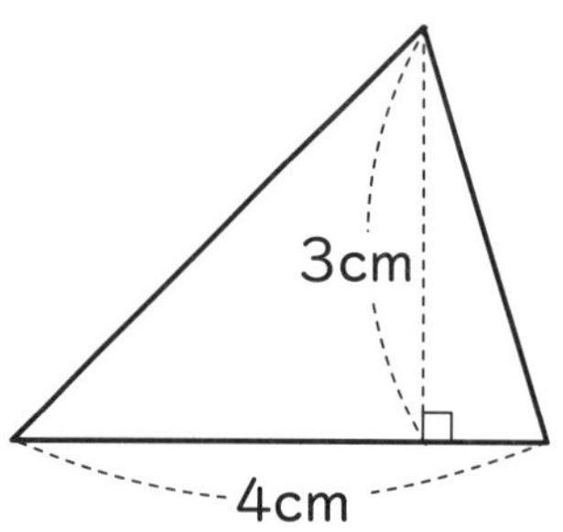

じゃあ、この三角形を長方形で囲んでみようか。

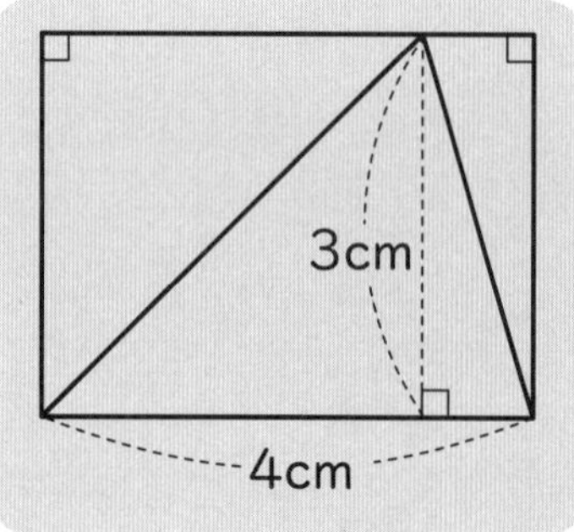

いいね。ところでこの長方形は 4 つの三角形に分けられるけれど、そのうち合同な三角形に印をつけてごらん。

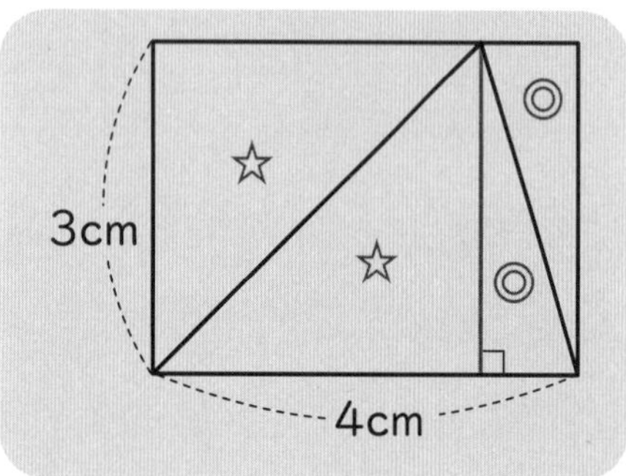

長方形には☆と◎が 2 つずつ、求めたい三角形には☆と◎が 1 つずつあるから、……。わかった！ **長方形の面積は三角形の面積の 2 倍**だから、三角形の面積は 4 × 3 ÷ 2 で 6cm$^2$ だ。

## 例題 2

→答えは別冊 24 ページ

**底辺が 4cm、高さが 3cm の三角形の面積は何 $cm^2$ ですか。**

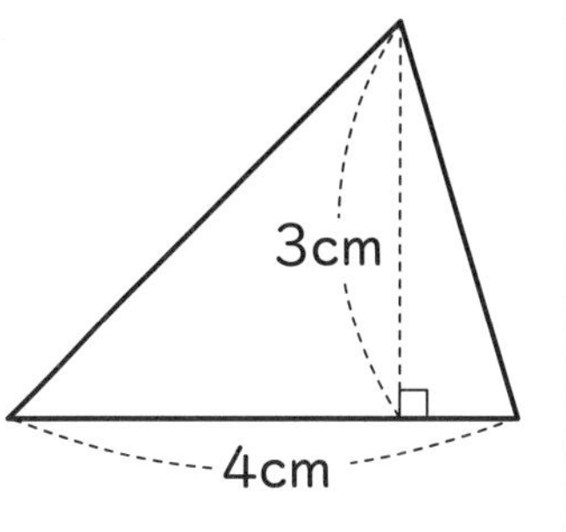


三角形を長方形で囲みます。

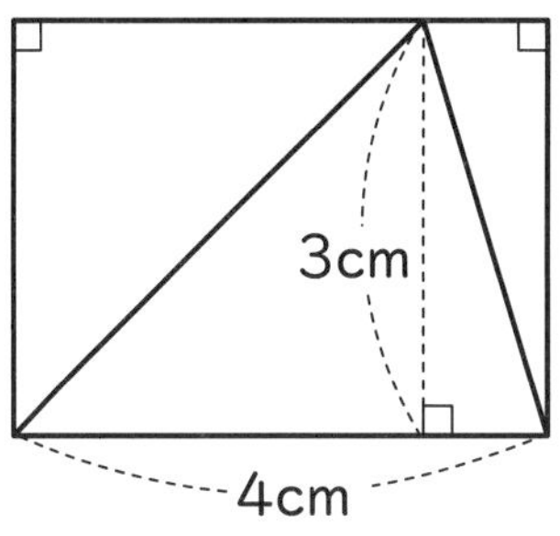


三角形の頂点から底辺に垂直の線をひいて、この長方形を4つの三角形に分けます。

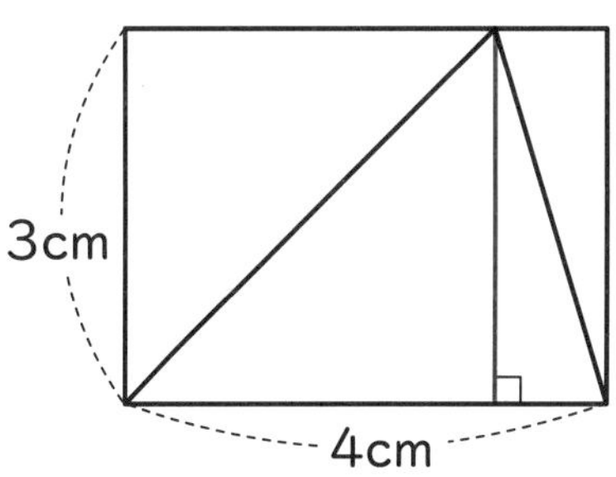


この 4 つの三角形は 2 組の合同な三角形でできています。

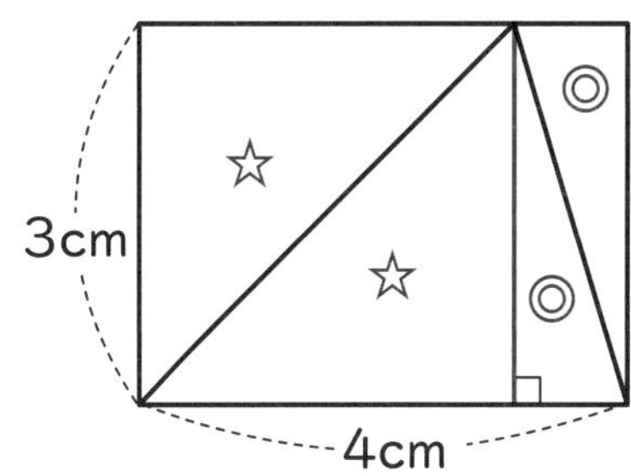


上の図で、長方形には☆と◎が 2 組、三角形には☆と◎が 1 組ありますから、長方形の面積は三角形の面積の 2 倍です。

（式） 4 × 3 ÷ 2 = 6($cm^2$)

### ポイント

**三角形の面積＝底辺×高さ÷ 2**

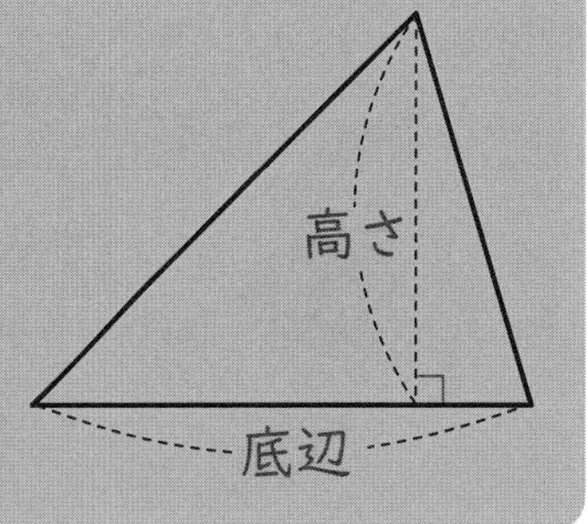

→答え は別冊(べっさつ) 24 ページ

次の問題の □ の中にあてはまる数を書いて、答えも求めましょう。

**3** 底辺が 6cm、高さが 3cm の三角形の面積を求めます。

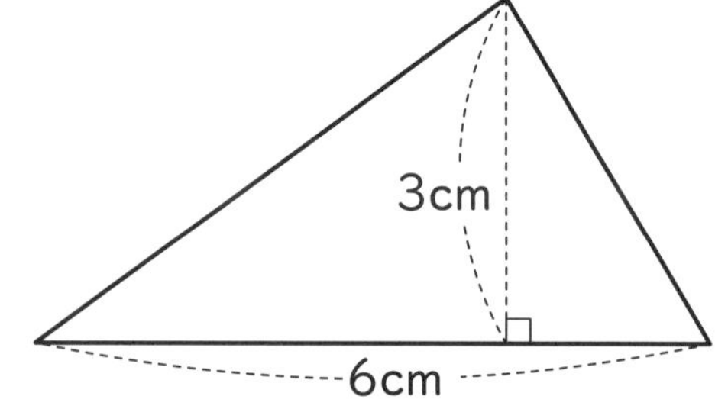


**(1)** 下の図の三角形の □ にあてはまる言葉を書きましょう。

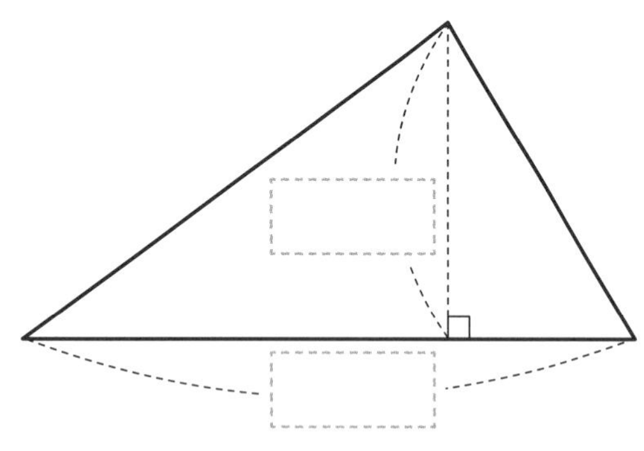

**(2)** この三角形の面積は何 $cm^2$ ですか。

「三角形の面積＝底辺×高さ÷ 2」です。

（式） 6 × □ ÷ □ ＝ □ $(cm^2)$

答え： $cm^2$

**4** 右の三角形の面積を求めます。

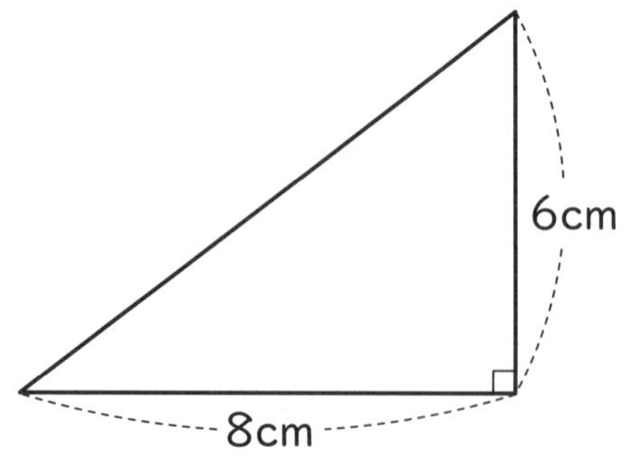


**(1)** この三角形の底辺を 8cm とみると、高さは何 cm ですか。

答え： cm

**(2)** この三角形の面積は何 $cm^2$ ですか。

（式） 8 × □ ÷ □ ＝ □ $(cm^2)$

答え： $cm^2$

**5** 右の三角形の面積を求めます。

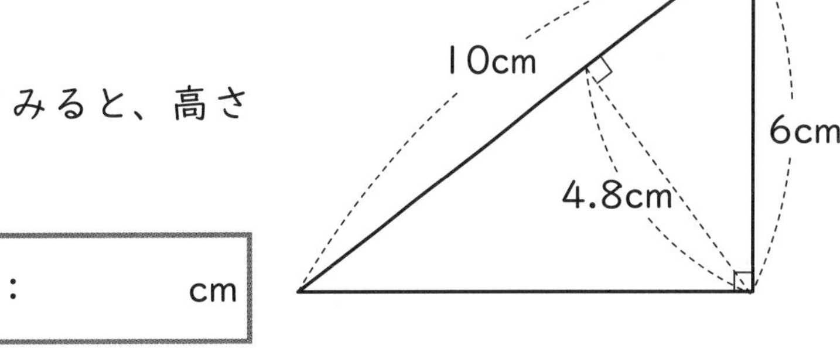


**(1)** この三角形の底辺を10cmとみると、高さは何cmですか。

答え：　　　cm

**(2)** この三角形の面積は何cm²ですか。

（式） 10 × □ ÷ □ ＝ □ （cm²）

答え：　　　cm²

底辺と高さの関係は垂直(すいちょく)です。

**6** 右の三角形の面積を求めます。

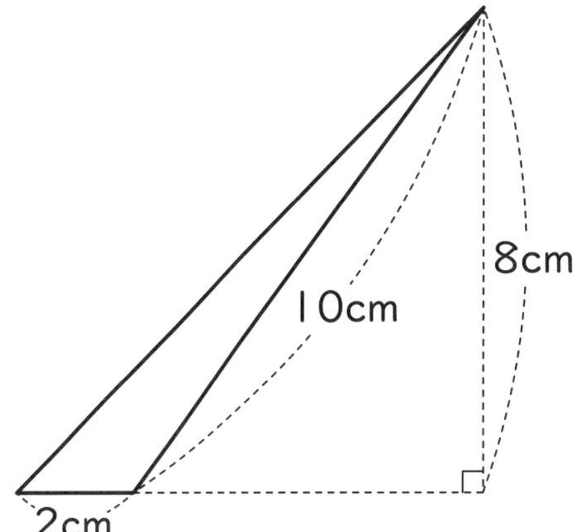


**(1)** この三角形の底辺を2cmとみると、高さは何cmですか。

答え：　　　cm

**(2)** この三角形の面積は何cm²ですか。

（式） 2 × □ ÷ □ ＝ □ （cm²）

答え：　　　cm²

底辺をえん長した直線と高さとの関係も垂直(すいちょく)です。

**7** 下の図で、直線アとイは平行です。三角形ウの底辺を5cmとみると、高さは何cmですか。

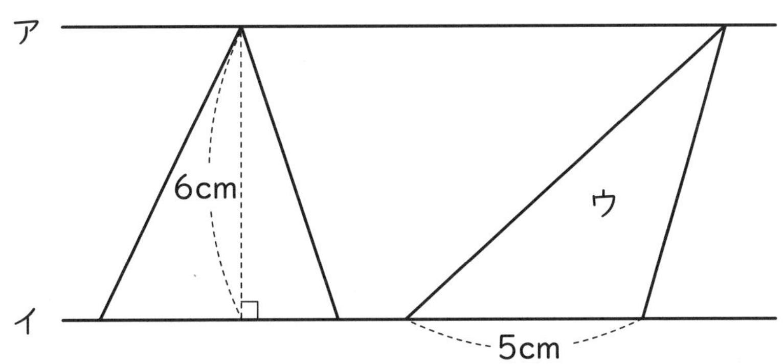


答え：　　　cm

→答えは別冊(べっさつ)25ページ

次の問題の □ にあてはまる数を書いて、答えも求めましょう。

**1** 次の四角形の面積を求めましょう。

**(1)** 四角形は平行四辺形

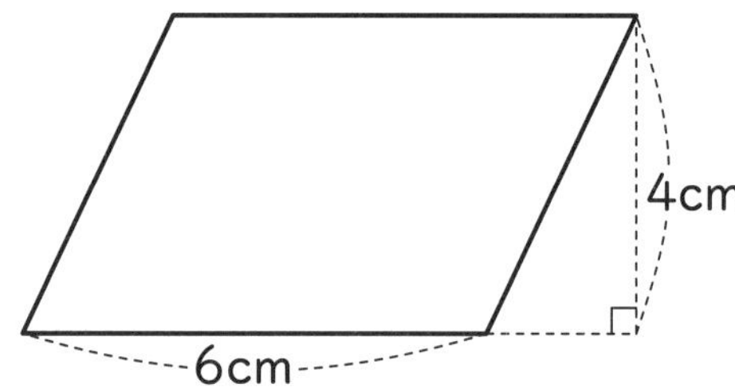


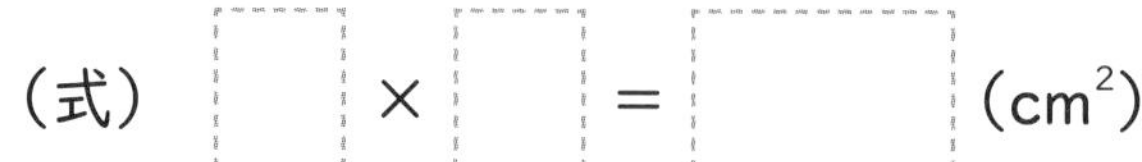


答え：　　　cm²

**(2)** 四角形は台形

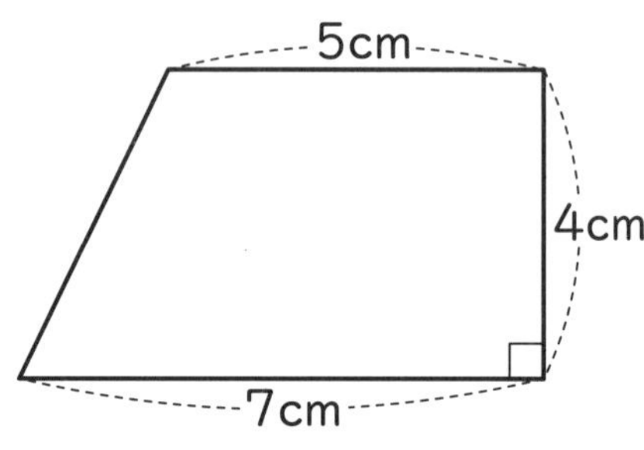


(式) ( □ + □ ) × □ ÷ □

= □ (cm²)

答え：　　　cm²

**(3)** 四角形はひし形

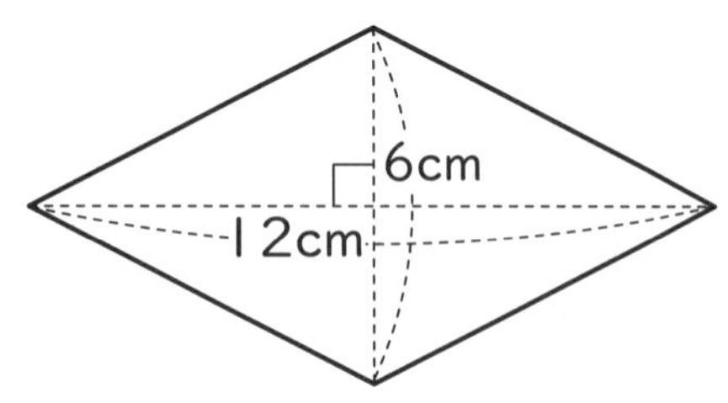


(式) □ × □ ÷ □ = □ (cm²)

答え：　　　cm²

**(4)** 四角形は平行四辺形

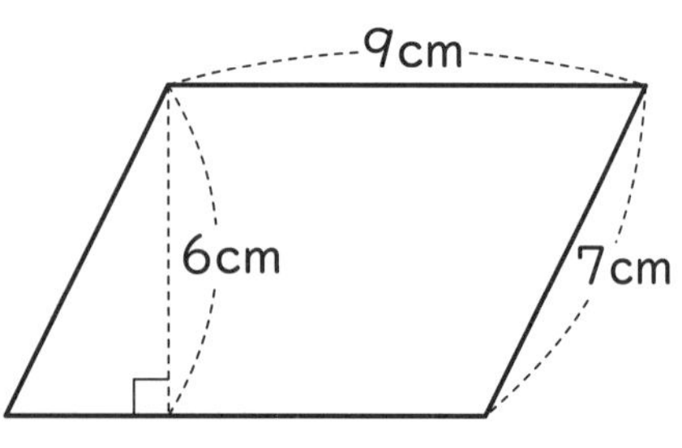


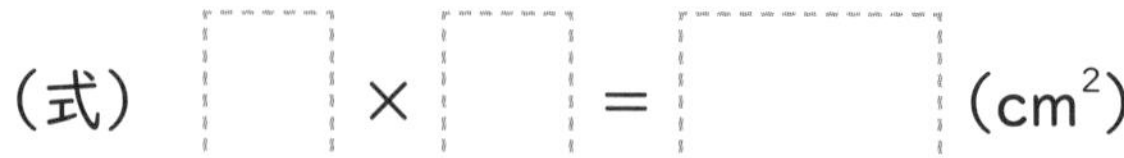


底辺と高さの関係は垂(すい)直(ちょく)です。

答え：　　　cm²

**2** 次の三角形の面積を求めましょう。

**(1)**

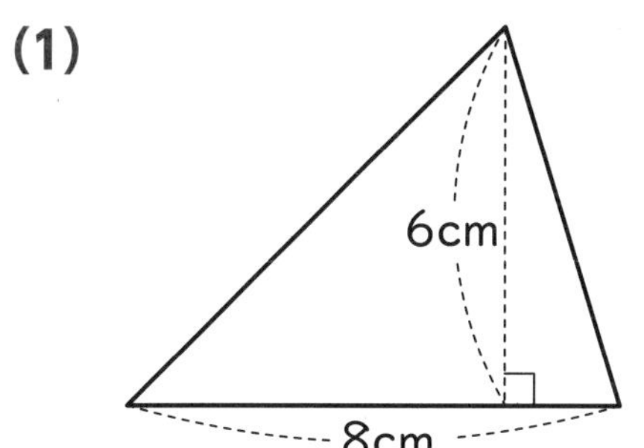


（式）□ × □ ÷ □ ＝ □ $(cm^2)$

答え：　　　$cm^2$

**(2)**

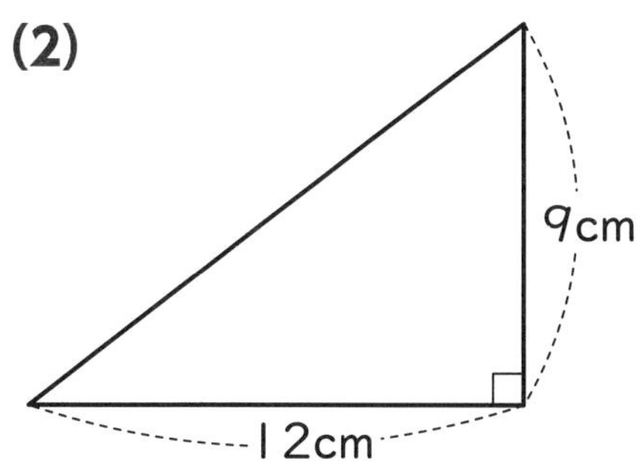


（式）□ × □ ÷ □ ＝ □ $(cm^2)$

答え：　　　$cm^2$

**(3)**

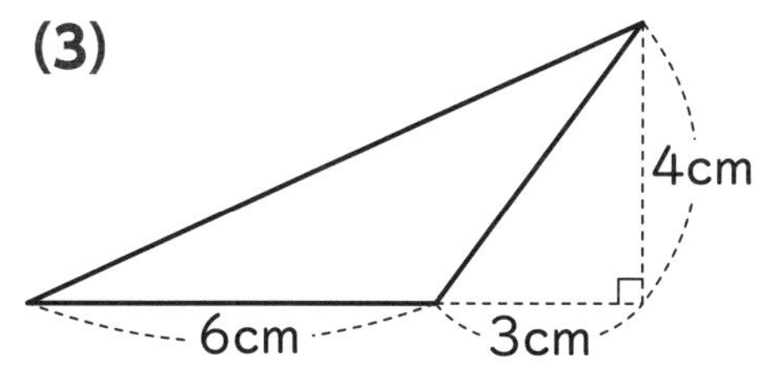


（式）□ × □ ÷ □

＝ □ $(cm^2)$

答え：　　　$cm^2$

底辺は「辺」なので
------線の部分はふく
みません。

**(4)**

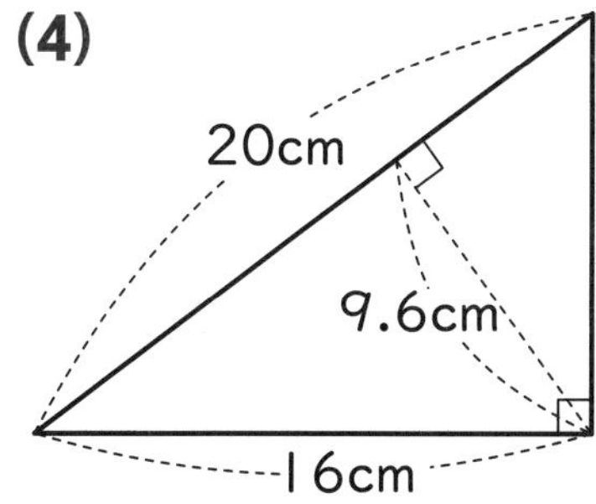


（式）□ × □ ÷ □ ＝ □ $(cm^2)$

答え：　　　$cm^2$

# 小5　19
# 合同な図形

関連ページ「つまずきをなくす小4・5・6算数平面図形」56〜61ページ

## つまずきをなくす説明

「合同」の意味を教えて。

合同というのは、大きさや形が同じということだよ。身の回りのものでは、同じ額(がく)のお札どうしは合同だね。

じゃあ、2つはぴったり重なるということだね。

その通り。

では、これ（下の図）と**合同な三角形をかくときは、辺の長さを同じにすればいい**んだね。

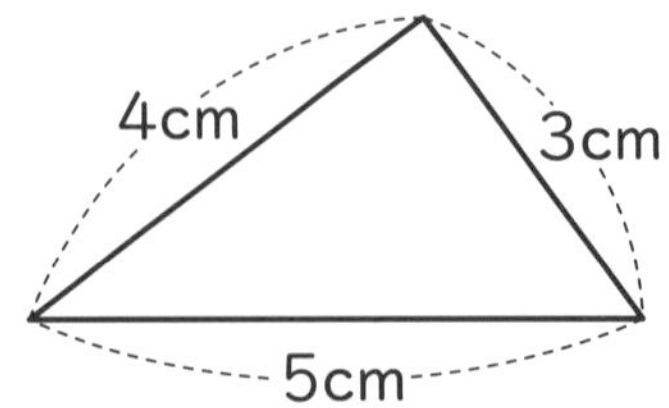


そういうこと。だから、定規(じょうぎ)とコンパスを使ってかくんだよ。

**例題 1**

右の三角形と合同な三角形をかきましょう。

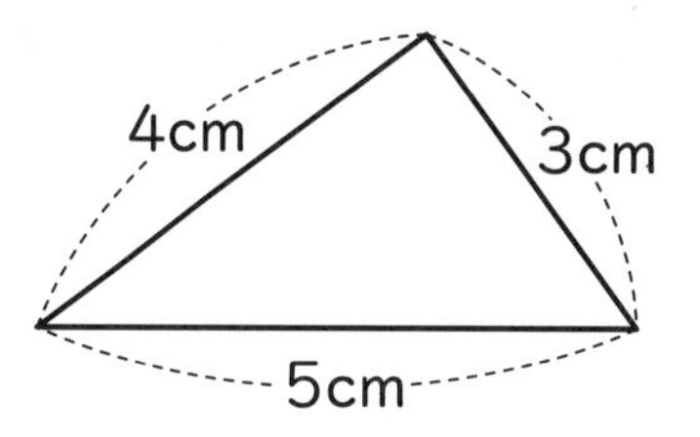


**「合同な三角形」とは、大きさと形が全く同じ三角形のことです。**

ですから、2つの三角形はぴったり重なります。

このとき、重なる頂点や辺、角のことを、それぞれ、「対応する頂点」、「対応する辺」、「対応する角」といいます。

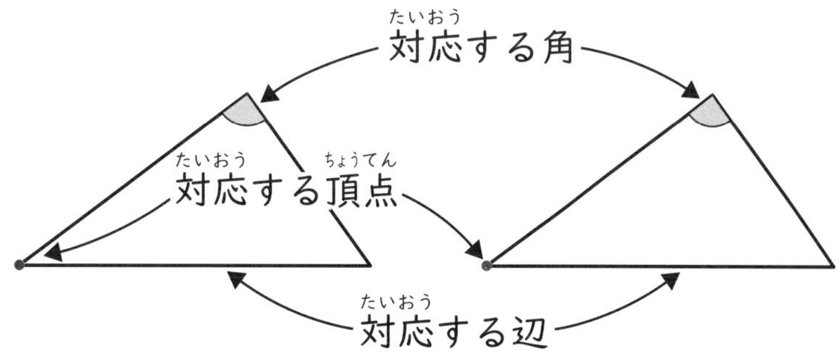


上の図のように、合同な2つの三角形では、対応する辺の長さ、対応する角の大きさが同じです。

（かき方）

① 5cmの直線を定規を使ってかく

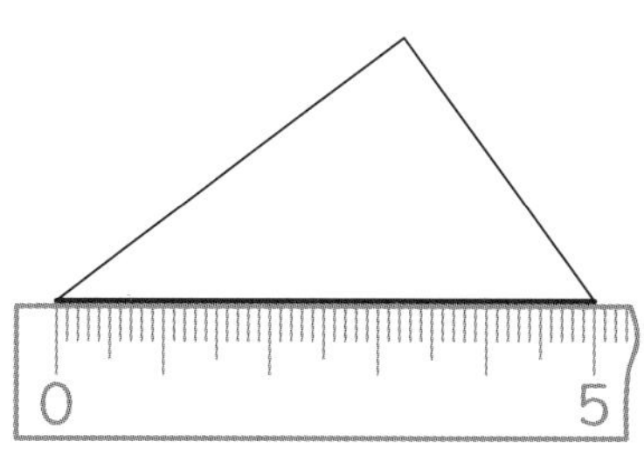


②半径3cmの円の一部をコンパスを使ってかく

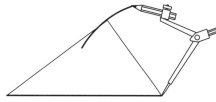

③半径4cmの円の一部をコンパスを使ってかく

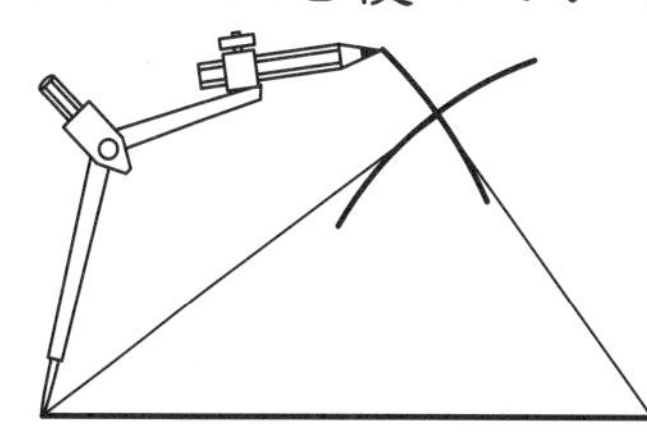

④交わった点と5cmの直線を定規を使って直線で結ぶ

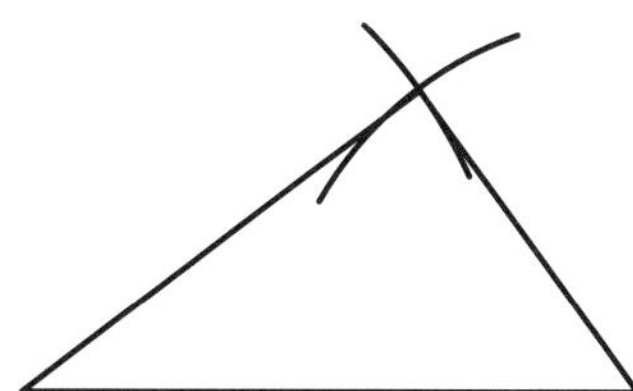

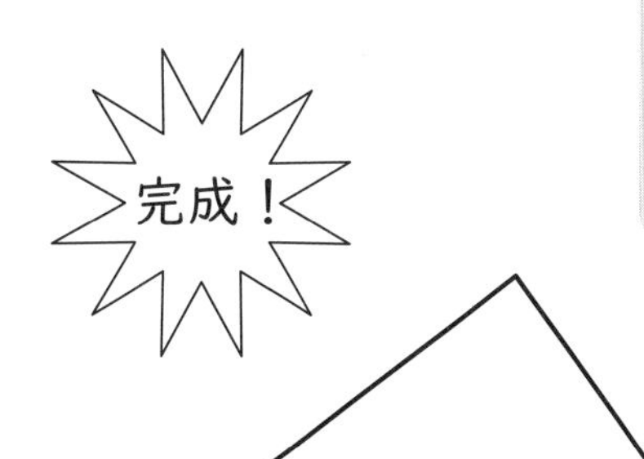


①は他の辺でもオーケーです。また、②と③は逆にしてもかまいません。

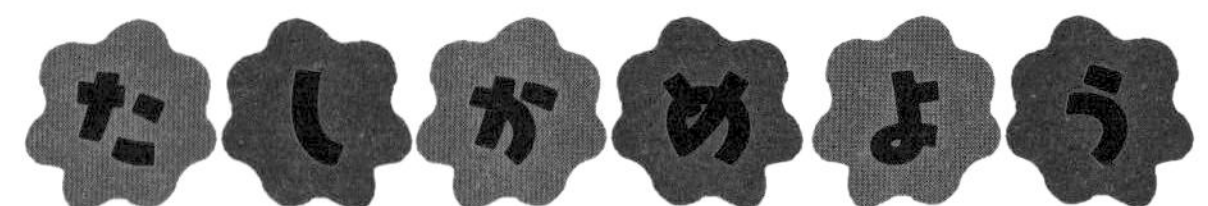


→答えは別冊(べっさつ)25、26ページ

次の問題の［　］の中にあてはまる数や言葉を書いて、答えも求めましょう。

**1** 長さが4cmの辺がかかれたわくの中に、定規(じょうぎ)とコンパスを用いて、左下の三角形と合同な三角形をかきましょう。

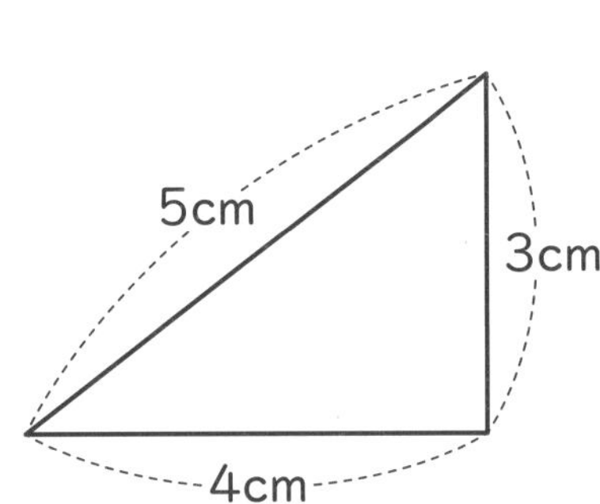

例題1と同じ手順でかくことができます。

**2** 長さが5cmの辺がかかれたわくの中に、定規(じょうぎ)とコンパスと分度器を用いて、左下の三角形と合同な三角形をかきます。次の文を完成させましょう。また、その手順にそって、左下の三角形と合同な三角形をかきましょう。

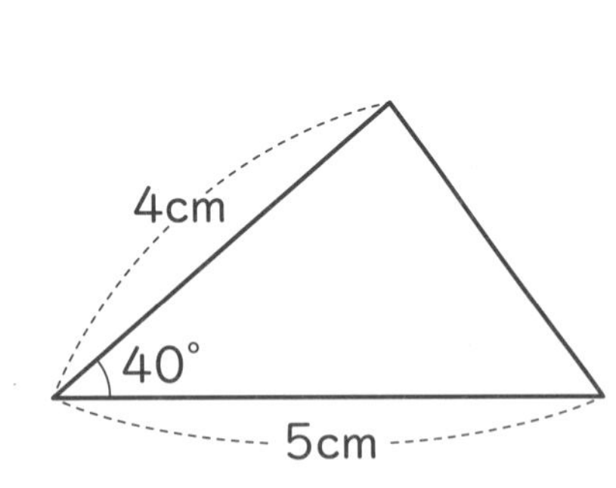


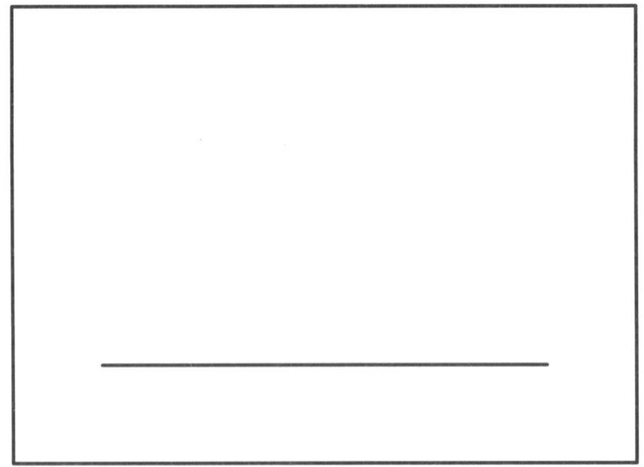

① 5cmの辺の左はしから［　］と定規(じょうぎ)を用いて40度の直線をかきます。

② ［　］を用いて［　］cmをはかりとります。

③ 4cmと5cmの辺のはしを、定規(じょうぎ)を用いて結びます。

**3** 長さが 5cm の辺がかかれたわくの中に、定規と分度器を用いて、左下の三角形と合同な三角形をかきます。次の文を完成させましょう。また、その手順にそって、左下の三角形と合同な三角形をかきましょう。

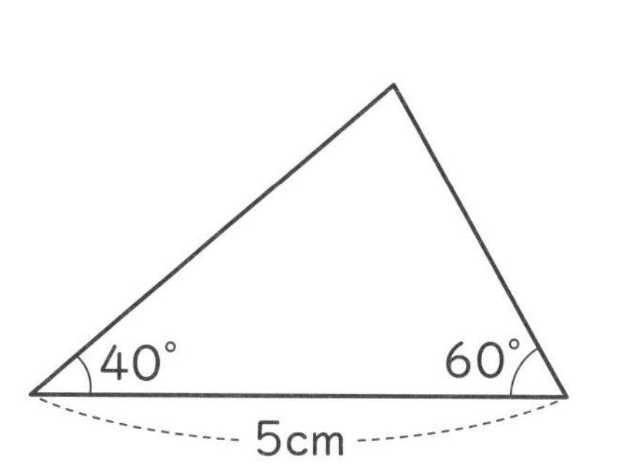

① 5cm の辺の左はしから □ と定規を用いて 40 度の直線をかきます。

② 5cm の辺の右はしから □ と定規を用いて 60 度の直線を、①の直線と交わるまでかきます。

60 度の直線を先に、40 度の直線を後からかいても図をかくことができます。

**4** **1**～**3**を参考にして、次の文を完成させましょう。

次の 3 つのどれかがわかっていれば、合同な三角形をかくことができます。

① **1**のように、□ つの辺の長さがわかっている場合。

② **2**のように、□ つの辺の長さとその間の □ の大きさがわかっている場合。

③ **3**のように、□ つの角の大きさとその間の □ の長さがわかっている場合。

この問題がわかんないや。

【問題】 次の 2 つの三角形は合同です。角㋐は何度ですか。

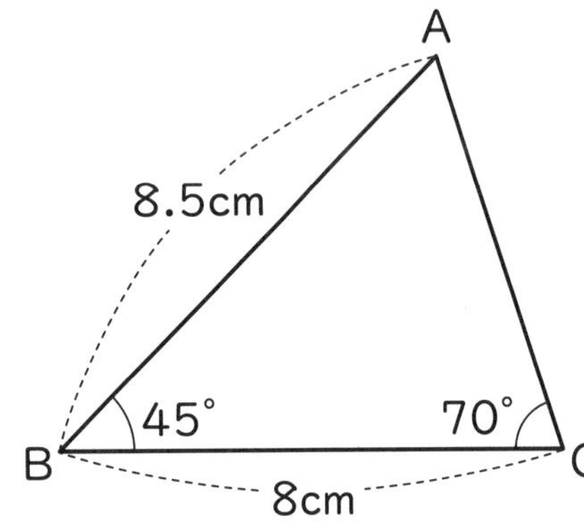


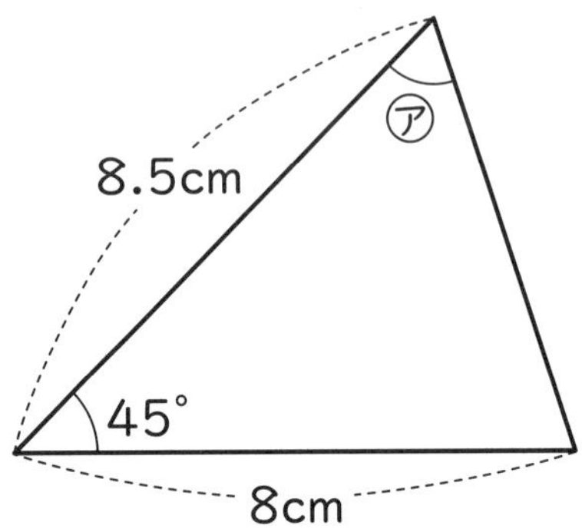

「合同な三角形」はどんな三角形か説明できる？

えーっと、たしかぴったり重なる三角形のことだったような。

正解（せいかい）。よく覚えていたね。ということは**重なる辺の長さや角の大きさは**どうなるかな？

ぴったり重なるのだから……、**どれも同じ**だ。

いいね。では角㋐は左の三角形のどの角と重なるかわかるかな。

角 A だ。あっ、ということは角 A の大きさを求めればいいんだ。

**例題 2**

→答えは別冊 26 ページ

次の 2 つの三角形は合同です。
角㋐は何度ですか。

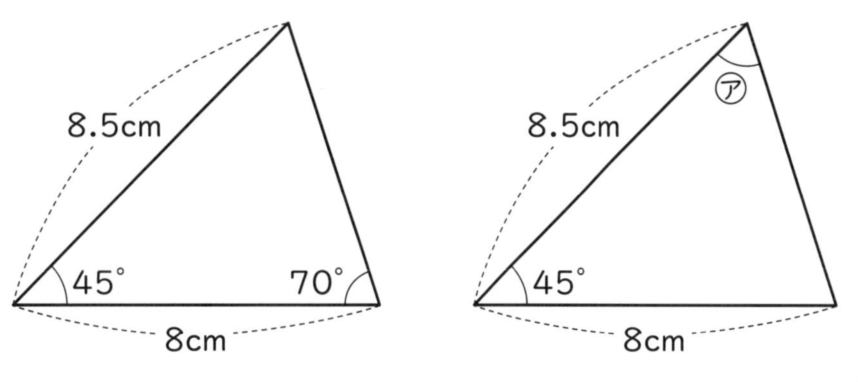


2 つの三角形の頂点に記号をつけます。

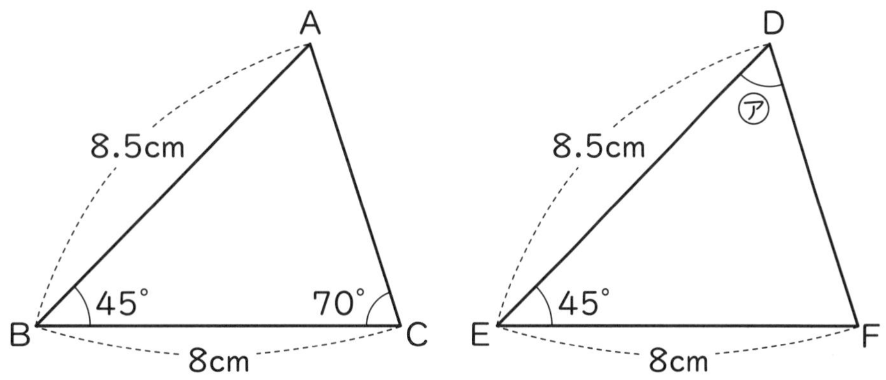


「2 つの辺の長さとその間の角の大きさ」がわかっていれば合同な三角形をかくことができますから、頂点 A と D、頂点 B と E、頂点 C と F が「対応」していることがわかります。

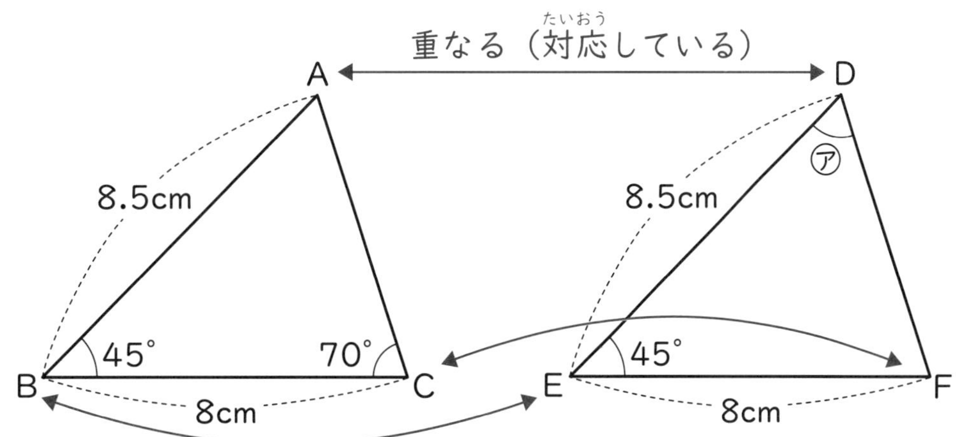


ですから角 A は角 D（＝角㋐）と同じ大きさです。

（式） 180 －（45 ＋ 70）＝ 65（度）

**ポイント**

**対応をはっきりさせるため、頂点に記号をつける。**

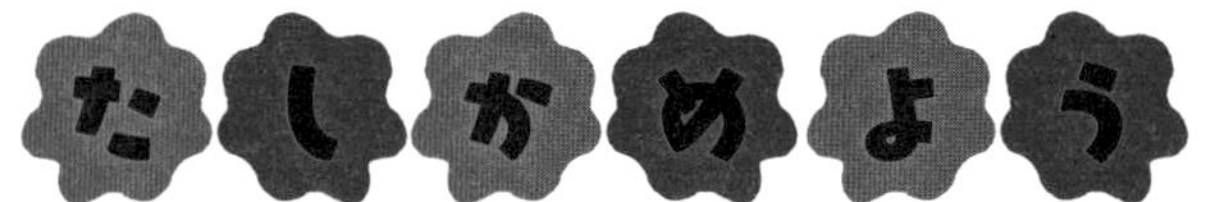


→答えは別冊（べっさつ）26 ページ

次の問題の □ の中にあてはまる数を書いて、答えも求めましょう。

**5** 次の三角形について、合同な三角形をア～コの記号で答えましょう。

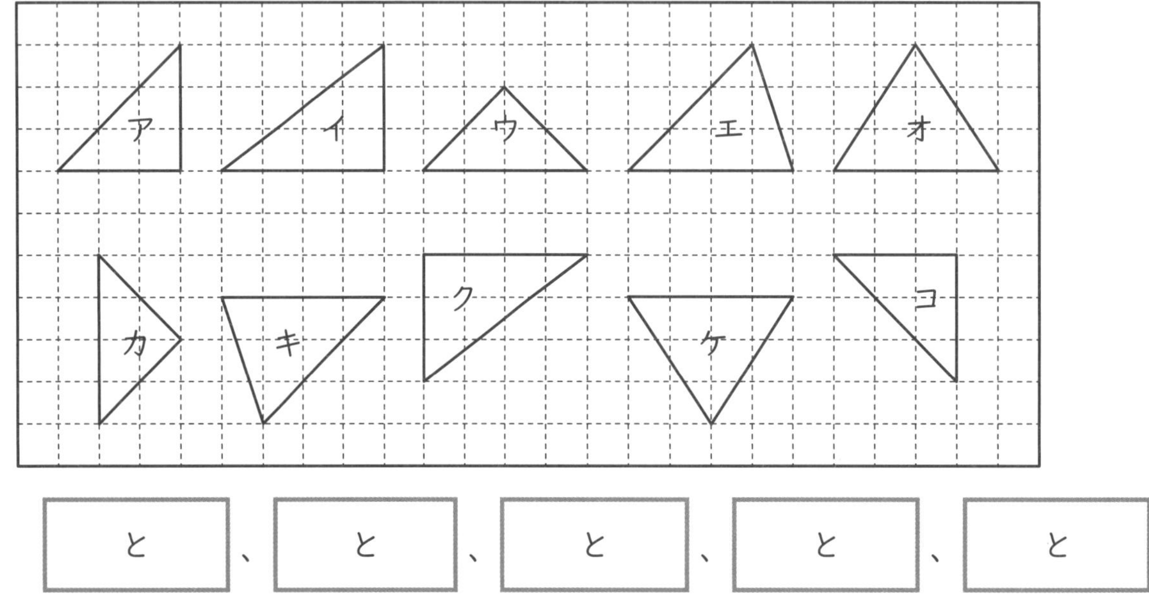


□と□、□と□、□と□、□と□、□と□

**6** 次の四角形について、合同な四角形をア～コの記号で答えましょう。

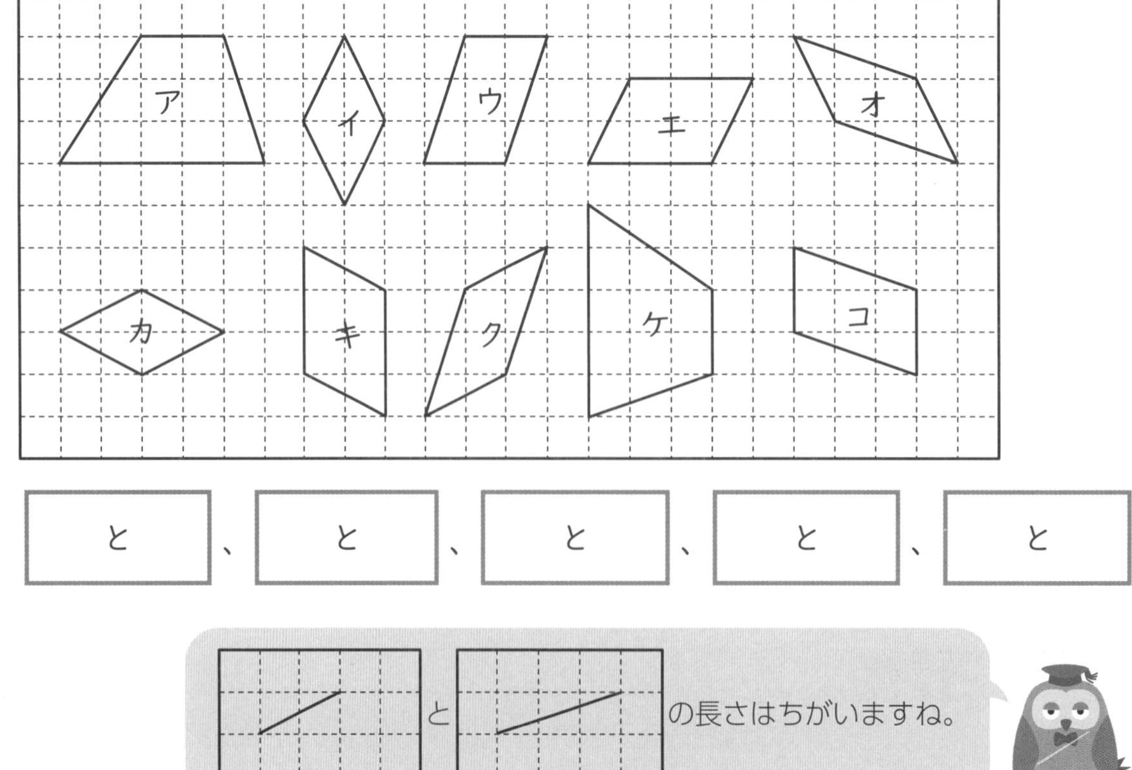


□と□、□と□、□と□、□と□、□と□

（図）と（図）の長さはちがいますね。

**7** 右の 2 つの三角形は合同です。次の問いに答えましょう。

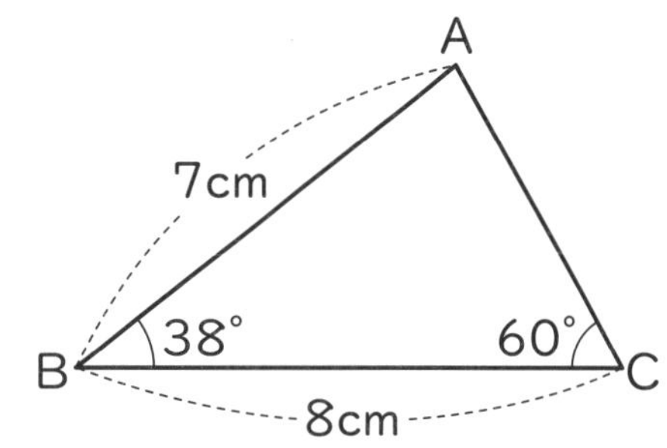


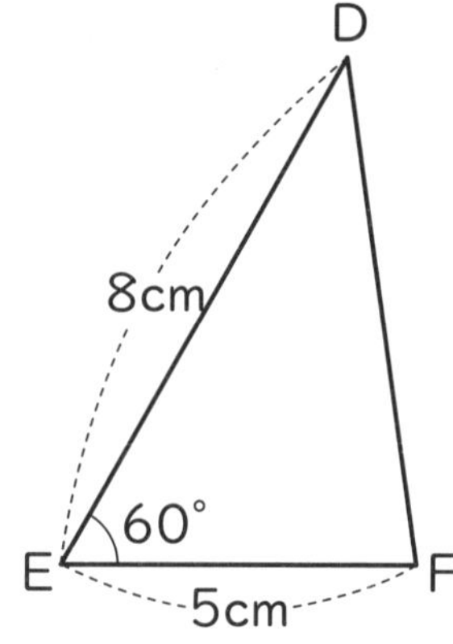


**(1)** 頂点 A に対応する頂点はどれですか。

答え：頂点

**(2)** 辺 AC の長さは何 cm ですか。

答え：　　cm

「対応する」は「重なる」という意味です。

**(3)** 角 F の大きさは何度ですか。

（式）□ − （□ + 60）= □（度）

答え：　　度

**8** 右の 2 つの四角形は合同です。次の問いに答えましょう。

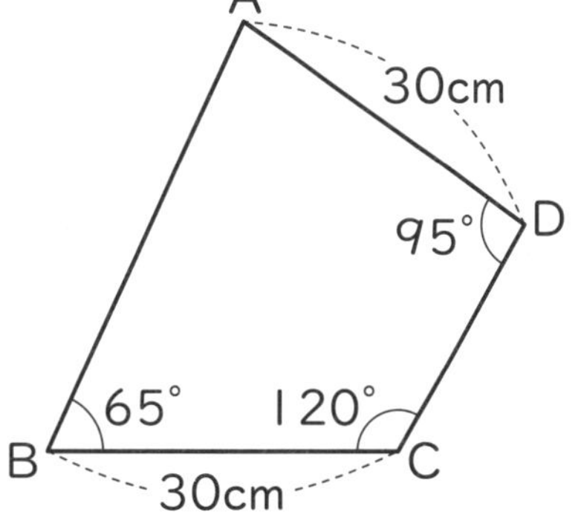


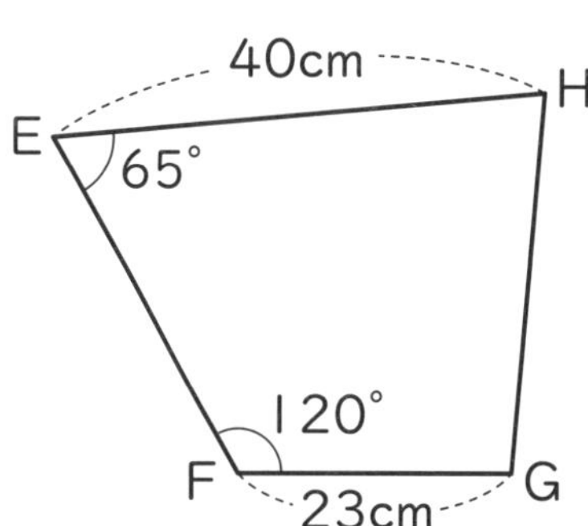


**(1)** 頂点 A に対応する頂点はどれですか。

答え：頂点

**(2)** 辺 EF の長さは何 cm ですか。

答え：　　cm

**(3)** 角 H の大きさは何度ですか。

（式）□ − （65 + 120 + □）= □（度）

答え：　　度

## やってみよう

→答えは別冊(べっさつ) 26 ページ

**1** 次の三角形について、合同な三角形をかくことができるときは○、かくことができないときは×を書きましょう。

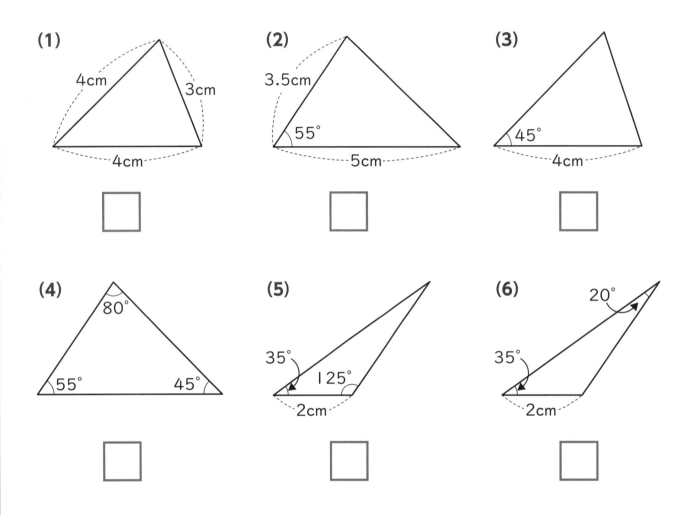

(1) 4cm、3cm、4cm

□

(2) 3.5cm、55°、5cm

□

(3) 45°、4cm

□

(4) 80°、55°、45°

□

(5) 35°、125°、2cm

□

(6) 20°、35°、2cm

□

形が同じでも大きさがちがうときは合同ではありません。

**ポイント**

合同な三角形がかけるのは、次の 3 つの場合です。

① 3 つの辺の長さがわかっている場合

② 2 つの辺の長さとその間の角の大きさがわかっている場合

③ 2 つの角の大きさとその間の辺の長さがわかっている場合

**2** 次の四角形を１本の対角線で２つの三角形に分けたとき、その２つの三角形がいつでも合同になるときは○、合同にならないときは×を書きましょう。

**(1)** 台形

□

**(2)** 平行四辺形

□

**(3)** ひし形

□

**(4)** 長方形

□

**(5)** 正方形

□

(4)と(5)も問題の図に対角線を１本ひいて考えましょう。

**3** 右の図１はひし形で、図２は図１のひし形に２本の対角線をかいたものです。次の問いに答えましょう。

図１

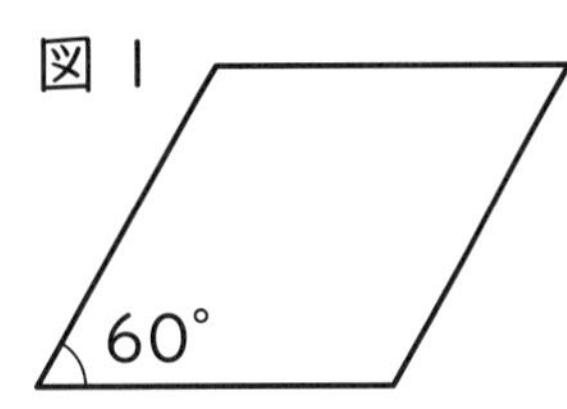


図２

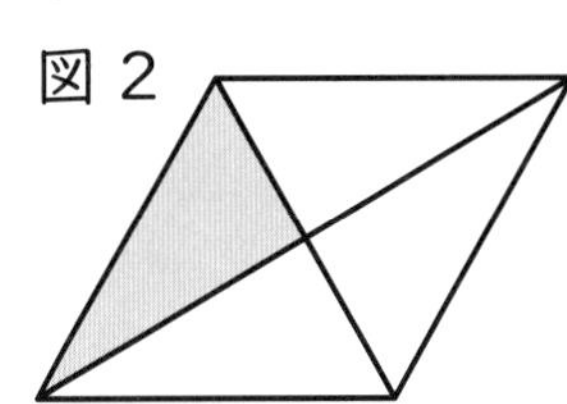

**(1)** 図２の中に、色をつけた三角形と合同な三角形は全部でいくつありますか。色をつけた三角形もふくめて答えましょう。

答え：　　　個

**(2)** 図２の色をつけた三角形の３つの角の大きさをすべて答えましょう。

答え：　　　度、　　　度、　　　度

ひし形の２本の対角線は垂直に交わります。

# 小5　20

# 正多角形と円

関連ページ「つまずきをなくす小4・5・6算数平面図形」62〜69ページ

## つまずきをなくす説明

正六角形という図形はどんな図形なの。

その前に、正方形はどんな図形か思い出してみよう。

えーっと、4つの辺の長さが同じで、4つの角がどれも90度の四角形。

そうだね。では、正方形に2本の対角線をかいて、その交点を中心に円をかいてみるよ。

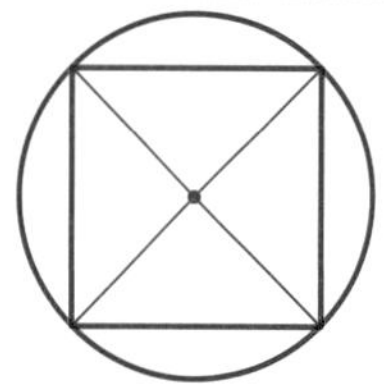

正方形の対角線で円が4等分されるんだね。

正三角形でも同じようなことができるよ。

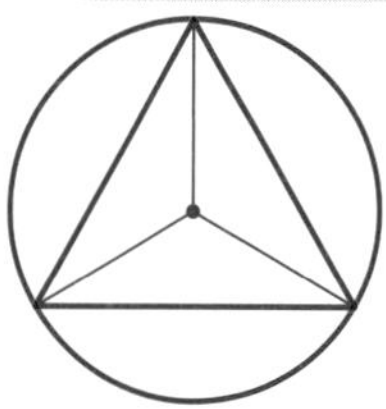

今度は円が3等分されていて、正三角形も3等分されているな。

いいところに気がついたね。

ということは、**正六角形だったら円を6等分するといい**はずだから……。

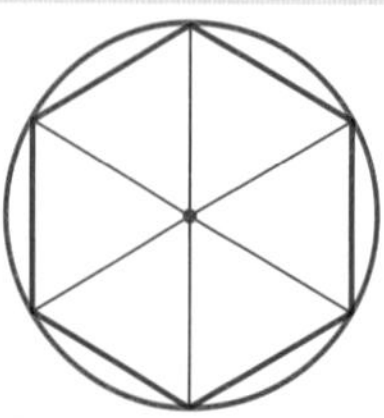

わかった。正六角形は6つの辺の長さが同じで、6つの角の大きさがどれも同じ六角形だ。

正解（せいかい）！

## 例題 1

円を利用して正六角形をかきましょう。

**正六角形は、6つの辺の長さがどれも同じ、6つの角の大きさがどれも同じ六角形です。**このように、すべての辺の長さが同じで、すべての角の大きさが同じ図形を**正多角形**といいます。

6つの辺の長さがどれも同じ

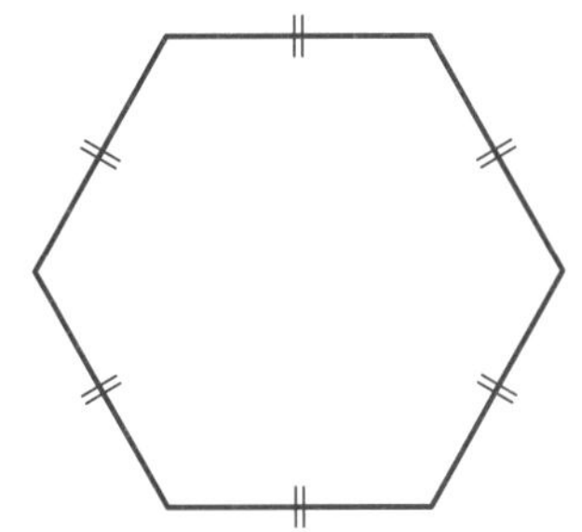

6つの角の大きさがどれも同じ

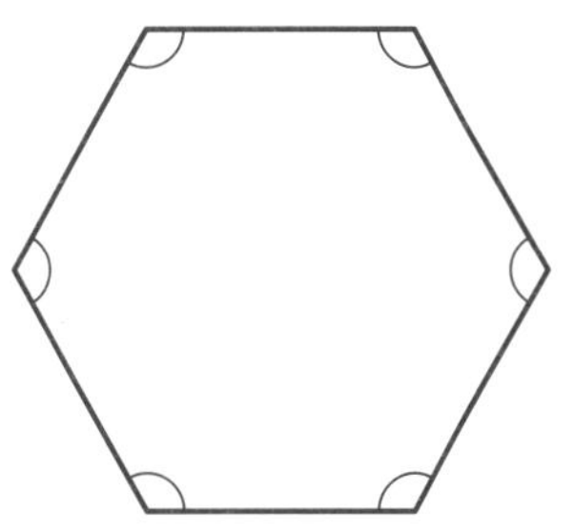

（かき方）

① コンパスで円をかく

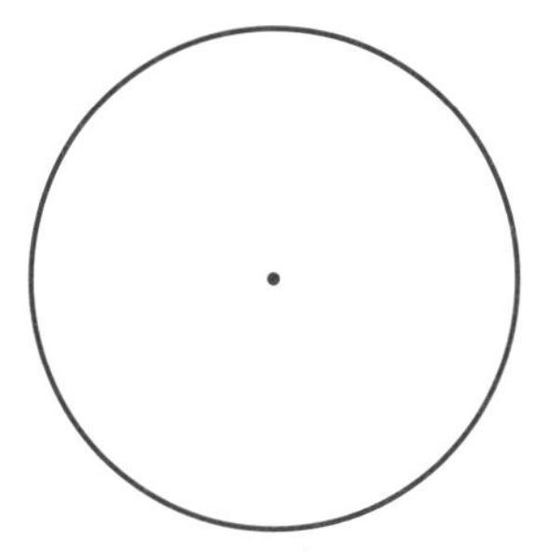

② 半径をかく

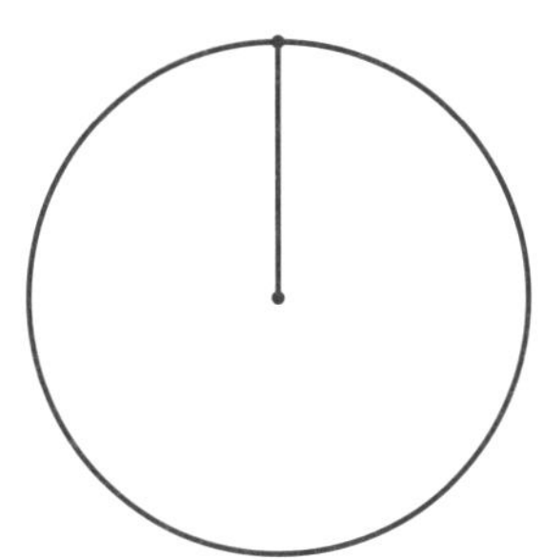

③ 分度器で60度をはかりとる

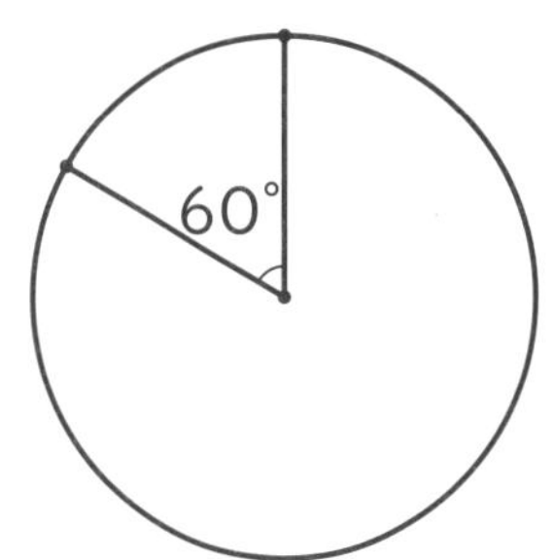


④ ③をくり返す

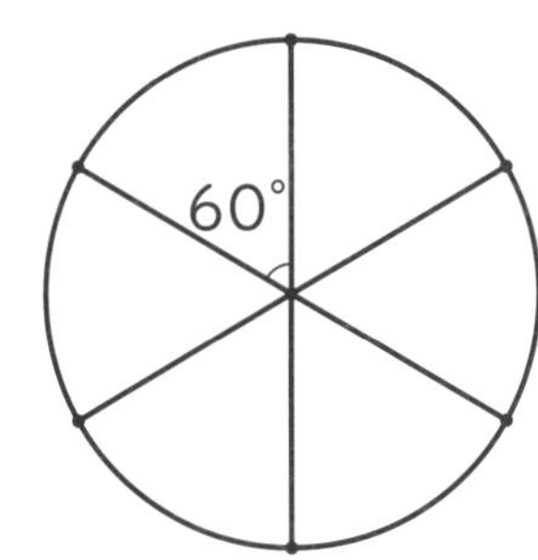


⑤ 6つの点を結ぶ

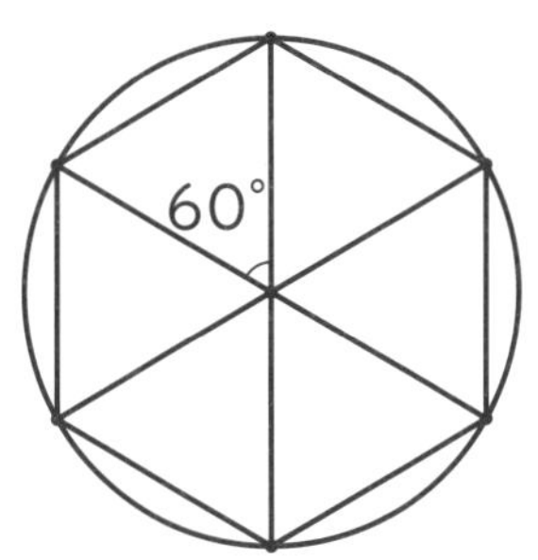


完成！

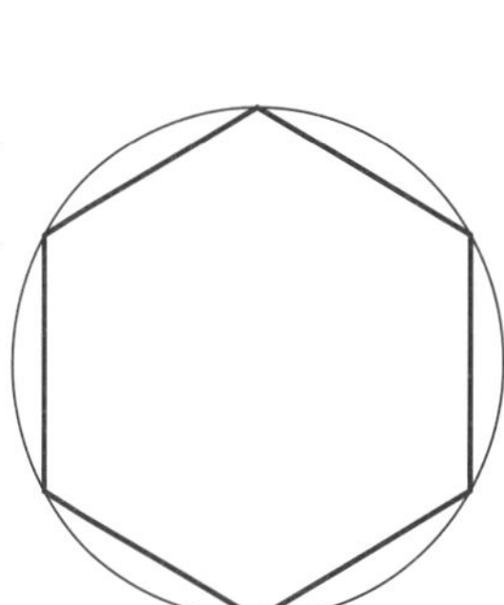

円を6等分しますから、360 ÷ 6 ＝ 60（度）という計算になります。

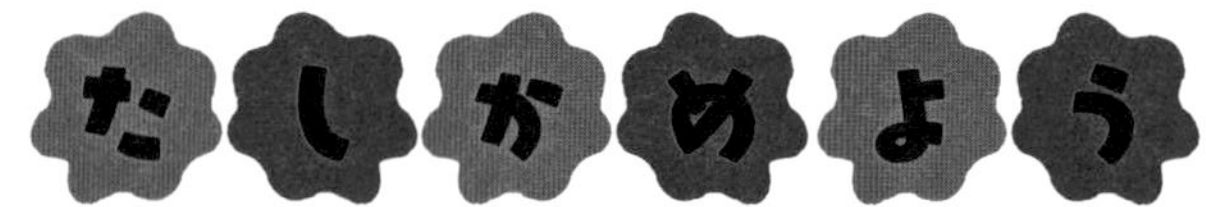


→答えは別冊(べっさつ) 26、27 ページ

次の問題の [ ] の中にあてはまる数や言葉を書いて、答えも求めましょう。

**1** 円を利用して、正三角形をかきます。

**(1)** 円を何等分しますか。

答え：　　　等分

**(2)** 円を何度ずつに区切ればよいですか。

（式） 360 ÷ [ ] ＝ [ ] （度）

答え：　　　度

**(3)** 円を利用して、正三角形をかきましょう。

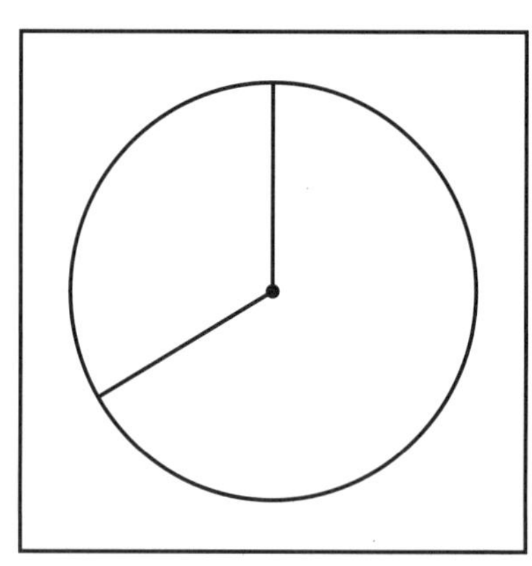

**2** 正三角形、正方形、正五角形、正六角形のように、すべての [ ] の長さが同じで、すべての [ ] の大きさが同じ図形を [ ] 多角形といいます。

わからないときは例題 1
にもどりましょう。

**3** 円を利用して、正五角形をかきます。

**(1)** 円を何等分しますか。

答え：　　　等分

**(2)** 円を何度ずつに区切ればよいですか。

（式）　360 ÷ ☐ ＝ ☐（度）

答え：　　　度

**(3)** 円を利用して、正五角形をかきましょう。

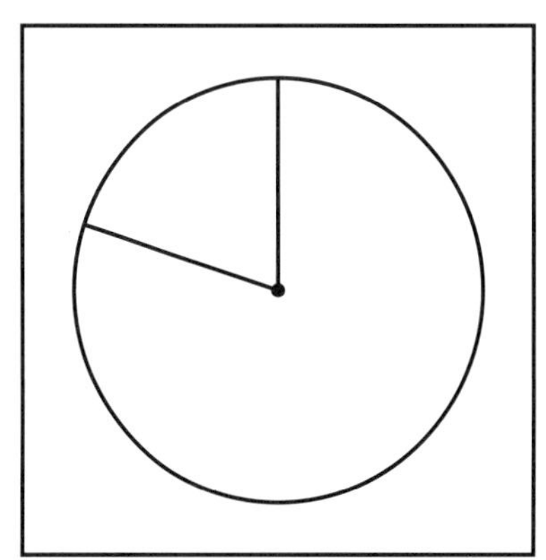

**4** 半径 5cm の円の中に正六角形をかきました。次の問いに答えましょう。

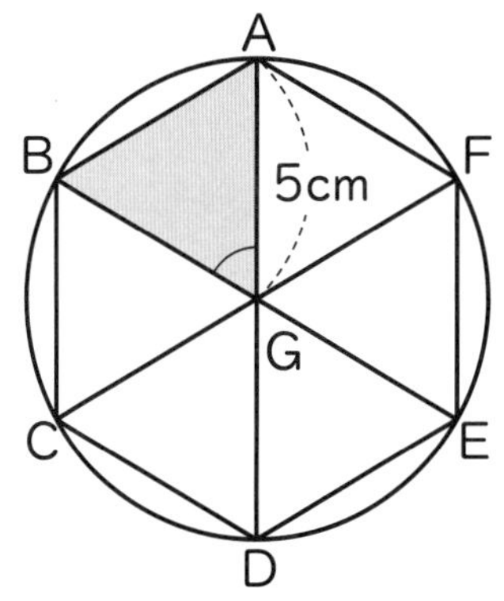


**(1)** 印をつけた角の大きさは何度ですか。

（式）　360 ÷ ☐ ＝ ☐（度）

答え：　　　度

**(2)** BG の長さは何 cm ですか。

答え：　　　cm

**(3)** 三角形 ABG（色をつけた三角形）は何という名前の三角形ですか。

60 度の二等辺三角形ですから……。

答え：　　　三角形

円の周りの長さって、計算で求めることができるの？

それじゃあ、1円玉と紙テープと方眼(ほうがん)用紙を用意して実験してみよう。

方眼(ほうがん)用紙の上に1円玉を置くと……、直径は2cmだ。

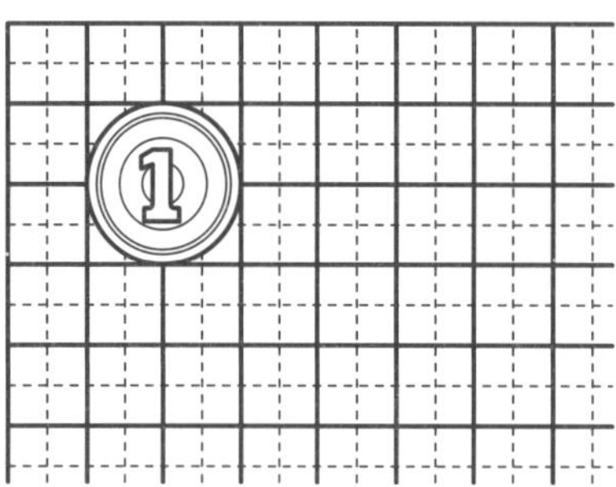

今度は1円玉を紙テープでまいて、その長さをはってごらん。

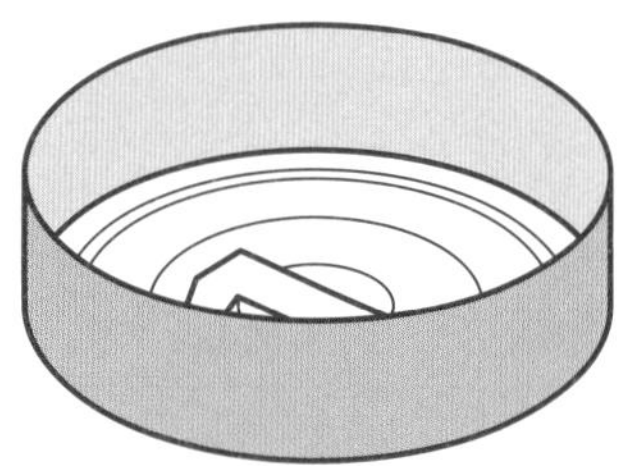

およそ6.4cmだ。

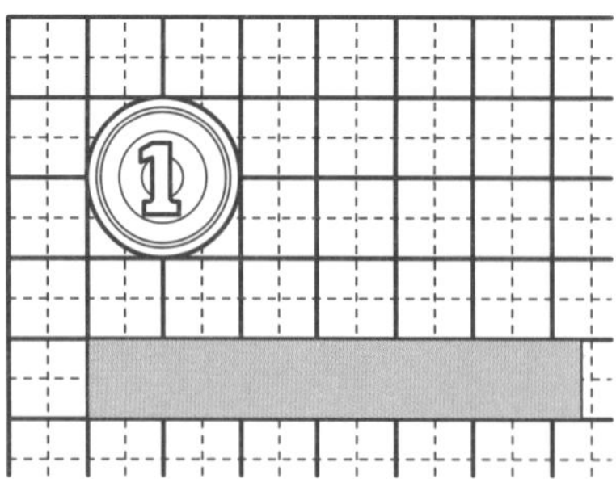

実験からは円の周りの長さは直径の3.2倍とわかったけど、もう少し正かくに調べるとおよそ3.14倍だよ。

ということは、**直径の長さに3.14をかけると円の周りの長さが計算で求められる**んだね。

その通り。

**例題 2**

→答え は別冊 27 ページ

直径が 2cm の円の周りの長さは何 cm ですか。

**円の周りを「円周」といいます。**

**円周の長さは、その円の直径のおよそ 3.14 倍です。**

この「3.14」のことを **「円周率」** といいます。

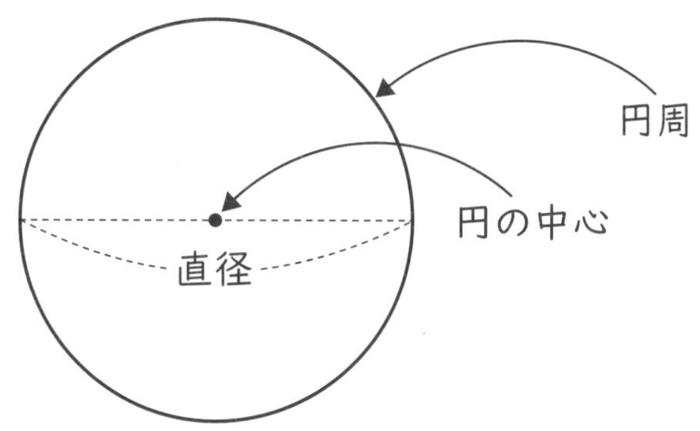


（式） 2 × 3.14 ＝ 6.28(cm)

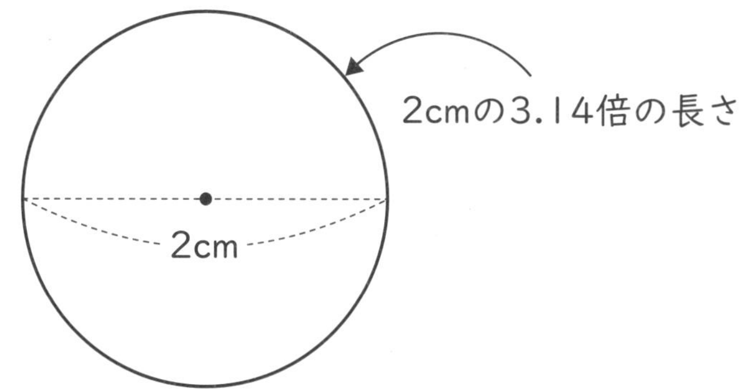


**ポイント**

円周＝直径× 3.14

問題よっては、円周率を 3 や 3.1 で計算することもあります。問題文に書かれている円周率に気をつけましょう。

→答えは別冊 27 ページ

次の問題の □ の中にあてはまる数や言葉を書いて、答えも求めましょう。（円周率は 3.14 とします。）

**5** 次の図を見て、下の文を完成させましょう。

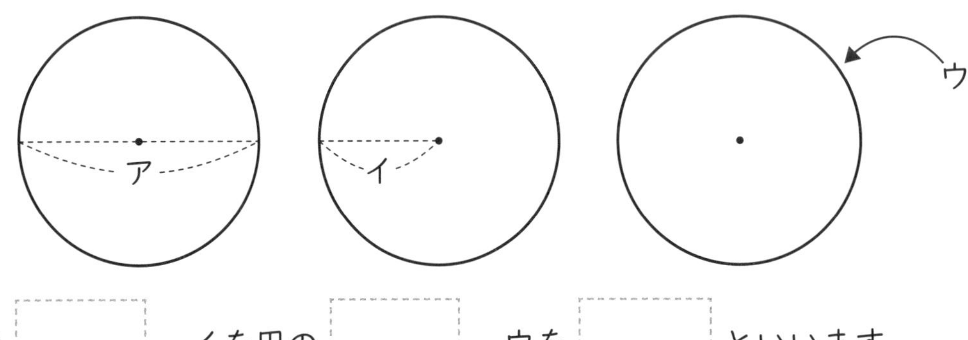


アを円の □ 、イを円の □ 、ウを □ といいます。

また、ウの長さはアの長さのおよそ 3.14 倍で、この 3.14 のことを □ といいます。

ですから、円の周りの長さを求める公式は、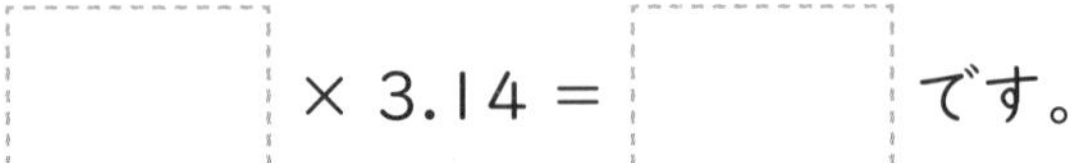 □ × 3.14 = □ です。

**6** 次の問いに答えましょう。

**(1)** 直径が 10cm の円の円周の長さは何 cm ですか。

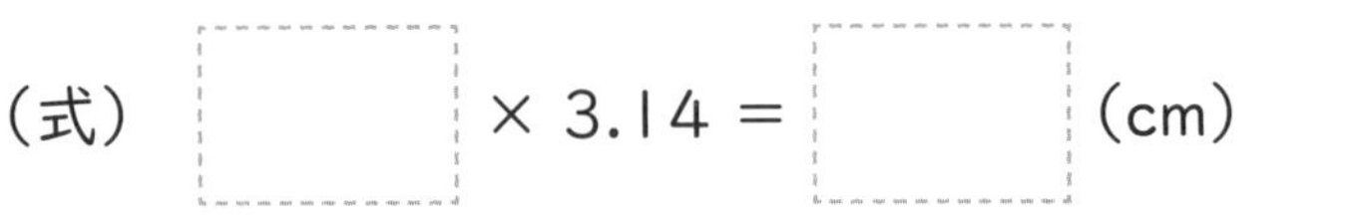
（式） □ × 3.14 = □ （cm）

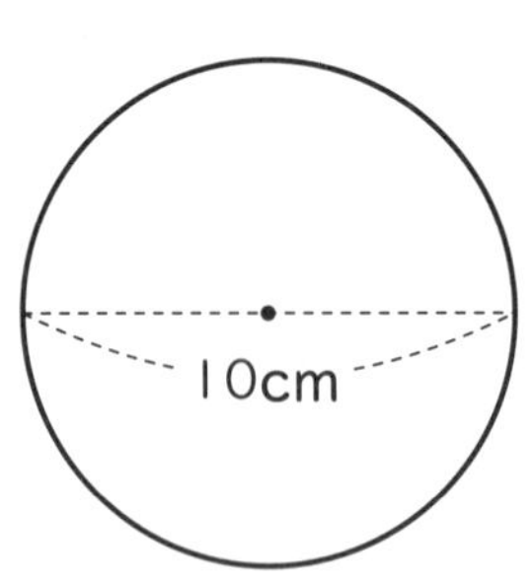


答え：　　　　cm

**(2)** 半径が 3cm の円の円周の長さは何 cm ですか。

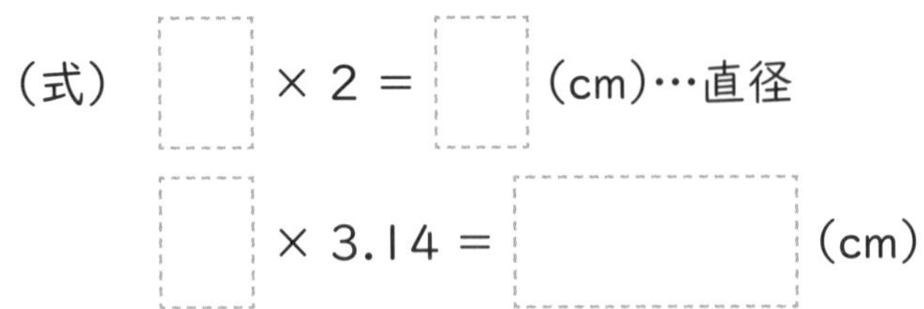
（式） □ × 2 = □ （cm）…直径

□ × 3.14 = □ （cm）

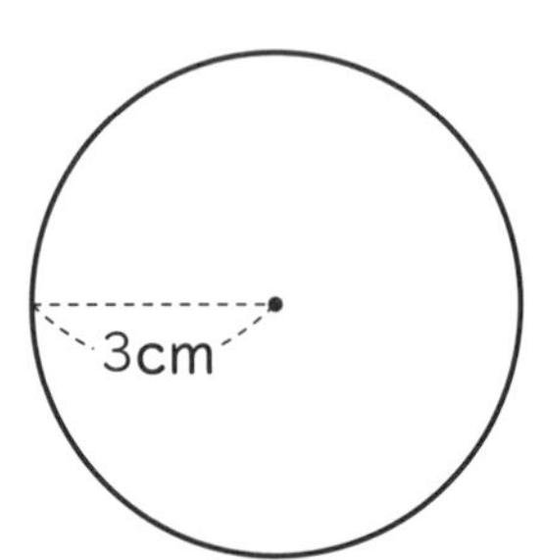


答え：　　　　cm

## 7 右の図形は円の$\frac{1}{4}$です。次の問いに答えましょう。

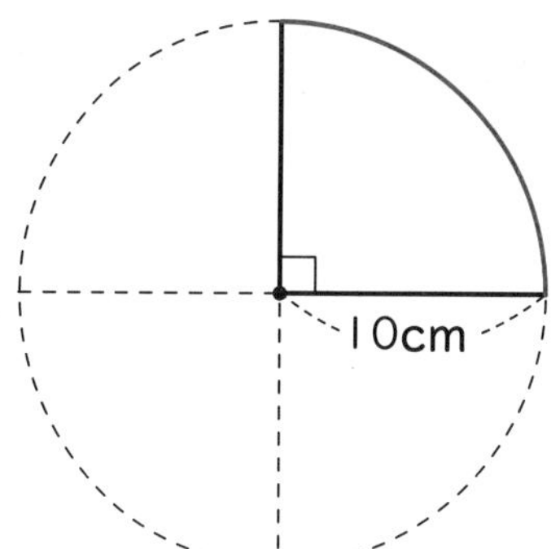


**(1)** 赤色の線の長さは何 cm ですか。

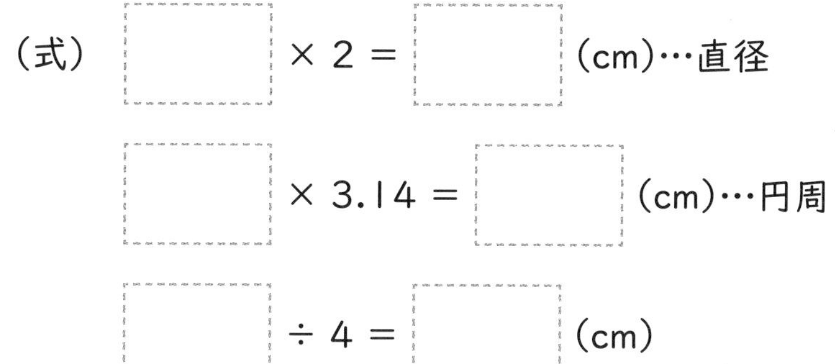

（式）［　　］× 2 =［　　］(cm)…直径

［　　］× 3.14 =［　　］(cm)…円周

［　　］÷ 4 =［　　］(cm)

答え：　　　cm

このような図形を「おうぎ形」といいます。

**(2)** この図形の周りの長さ（赤色の線と黒色の線の長さの和）は何 cm ですか。

（式）［　　］+［　　］× 2 =［　　］(cm)

答え：　　　cm

## 8 次の計算をしましょう。

**(1)** 1 × 3.14 =［　　］

**(2)** 2 × 3.14 =［　　］

**(3)** 3 × 3.14 =［　　］

**(4)** 4 × 3.14 =［　　］

**(5)** 5 × 3.14 =［　　］

**(6)** 6 × 3.14 =［　　］

**(7)** 7 × 3.14 =［　　］

**(8)** 8 × 3.14 =［　　］

**(9)** 9 × 3.14 =［　　］

**(10)** 10 × 3.14 =［　　］

「3.14の段(だん)」は覚えておくと便利です。

→答えは別冊(べっさつ) 27、28 ページ

次の問題の □ にあてはまる数を書いて、答えも求めましょう。

**1** 半径 5cm の円の中に正五角形をかきました。次の問いに答えましょう。

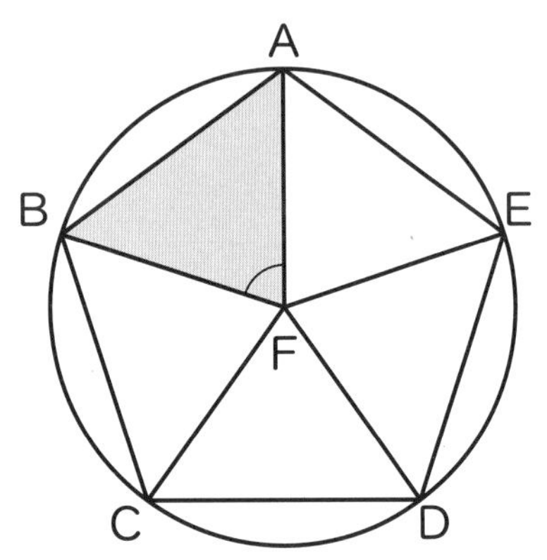


**(1)** 印をつけた角の大きさは何度ですか。

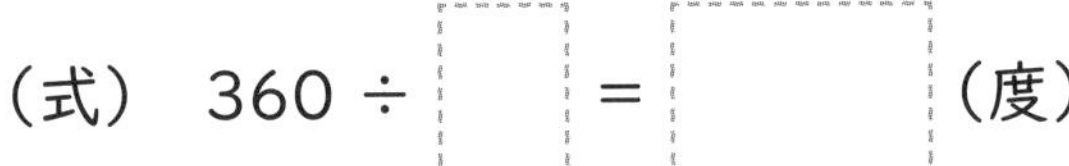

（式） 360 ÷ □ = □ （度）

答え：　　　度

**(2)** BF の長さは何 cm ですか。

答え：　　　cm



**(3)** 三角形 ABF（色をつけた三角形）は何という名前の三角形ですか。

答え：　　　三角形

**2** 次の問いに答えましょう。（円周率(えんしゅうりつ)は 3.14 とします。）



**(1)** 直径が 5cm の円の円周の長さは何 cm ですか。

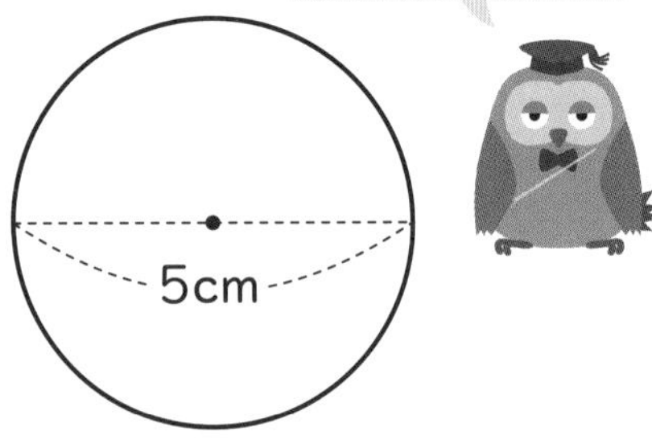

（式） □ × □ = □ （cm）

答え：　　　cm

**(2)** 円周の長さが 9.42cm の円の直径は何 cm ですか。

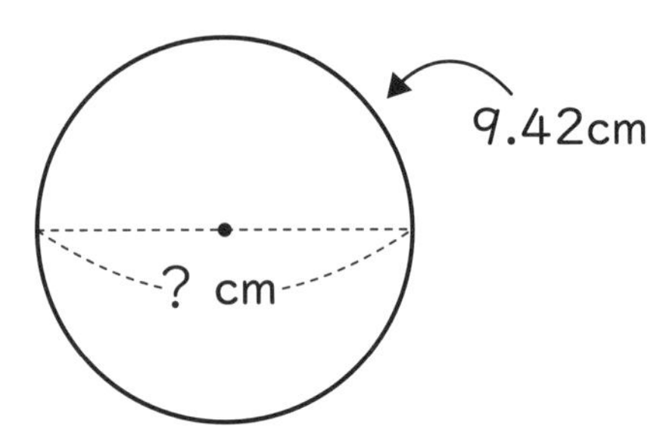


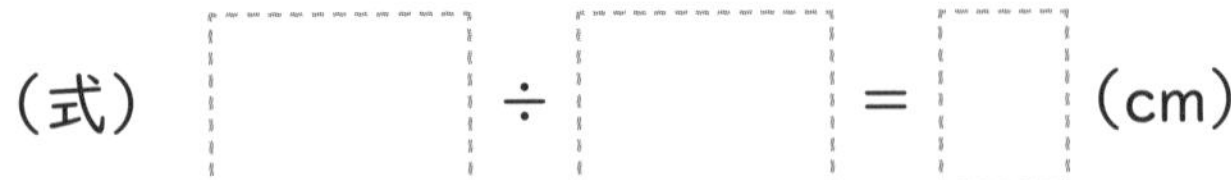

（式） □ ÷ □ = □ （cm）

答え：　　　cm

**3** 右の図は円の$\frac{1}{2}$です。次の問いに答えましょう。
（円周率（えんしゅうりつ）は 3.14 とします。）

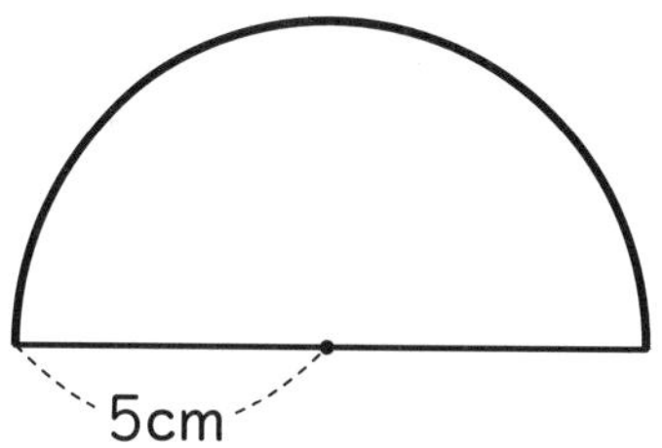


**(1)** 太線の長さは何 cm ですか。

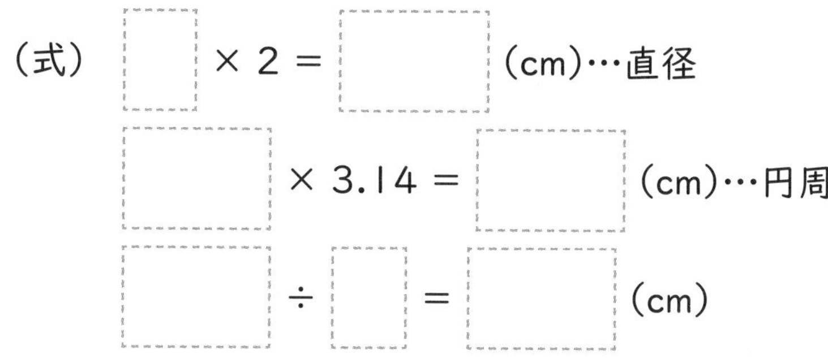


答え：　　cm

**(2)** この図形の周りの長さは何 cm ですか。

（式）　□ ＋ □ ＝ □ (cm)

答え：　　cm

**4** 右の図は大きさのちがう円の$\frac{1}{2}$を 2 つ組み合わせた図形です。次の問いに答えましょう。（円周率（えんしゅうりつ）は 3.14 とします。）

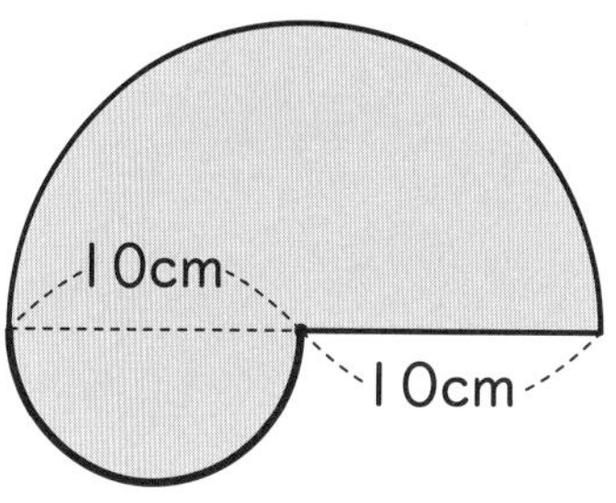


**(1)** 太線の長さは何 cm ですか。

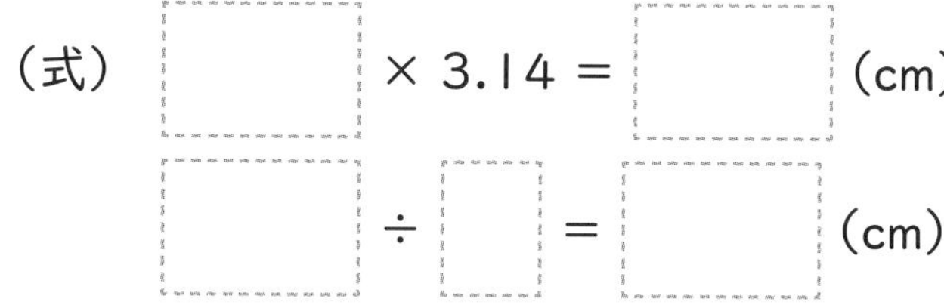


答え：　　cm

**(2)** 色をつけた図形の周りの長さは何 cm ですか。

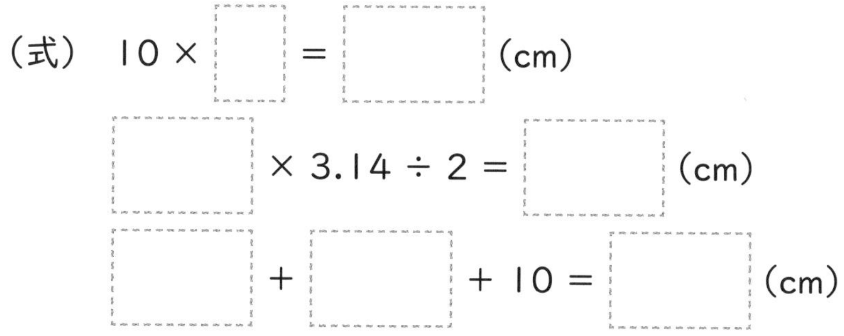


答え：　　cm

# 小5　21

# 立方体・直方体の体積

関連ページ「つまずきをなくす小4・5・6算数立体図形」50～71ページ

## つまずきをなくす説明

「1cm$^3$」って、何のこと？

1cm$^3$は「1立方センチメートル」と読んで、1辺の長さが1cmの立方体の体積のことだよ。

「体積」って何？

2年生のときに1Lや1dLという「かさ」を習ったよね。
**「体積」は「かさ」のこと**だよ。

ものの大きさのことなんだね。

そうだね。じゃあ、問題を出すよ。

【問題】　1辺の長さが3cmの立方体の体積は何cm$^3$ですか。

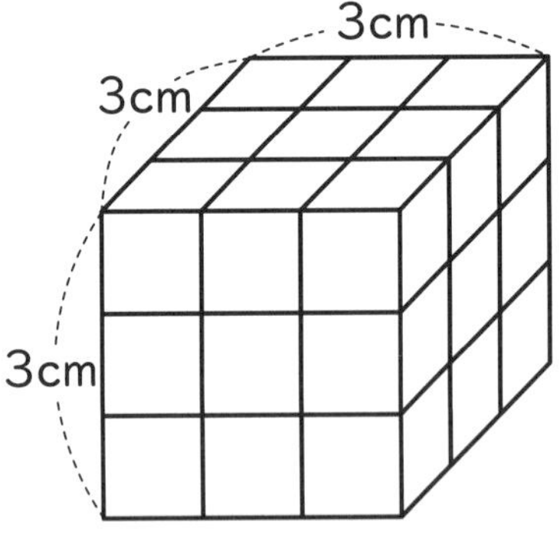

1辺の長さが1cmの立方体の体積が1cm$^3$だから、1cm$^3$の立方体が何個分かを考えればいいんだね。

すばらしい！　その通りだよ。

ということは、たてが3個、横が3個、高さが3個だから……、
3×3×3で27個分。ということは、体積は27cm$^3$だ。

大正解！

**例題 1**

→答えは別冊（べっさつ） 28 ページ

1 辺の長さが 3cm の立方体の体積は何 $cm^3$ ですか。

## 「かさ」のことを「体積」といい、1 辺の長さが 1cm の立方体の体積は $1cm^3$（1 立方センチメートル）です。

平面図形の面積を 1 辺の長さが 1cm の正方形の何個（なんこ）分にあたるかをもとにして求めたように、立体の体積も 1 辺の長さが 1cm の立方体の何個（なんこ）分にあたるかで考えます。

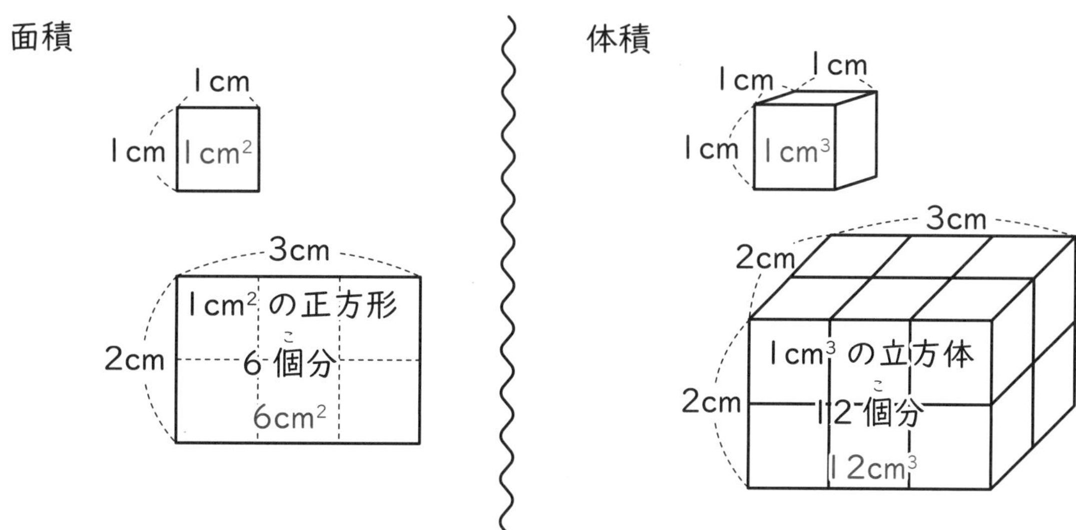


1 辺の長さが 3cm の立方体は、1 辺の長さが 1cm の立方体が 27 個（こ）集まってできていますから、体積は $27cm^3$ です。

（式） $3 \times 3 \times 3 = 27$ （$cm^3$）

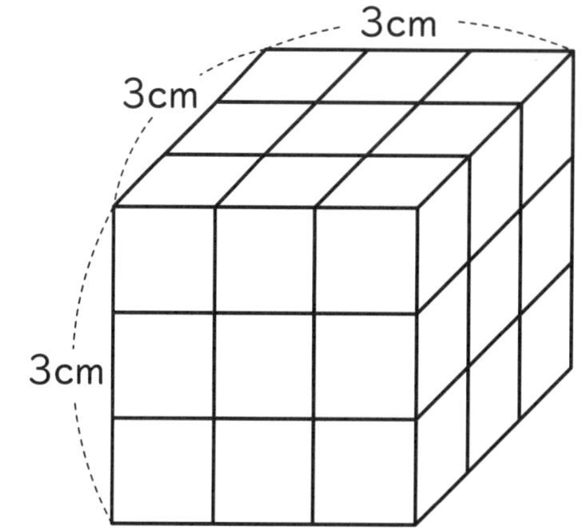


**ポイント**

**立方体の体積（$cm^3$）＝ 1 辺の長さ（cm）× 1 辺の長さ（cm）× 1 辺の長さ（cm）**

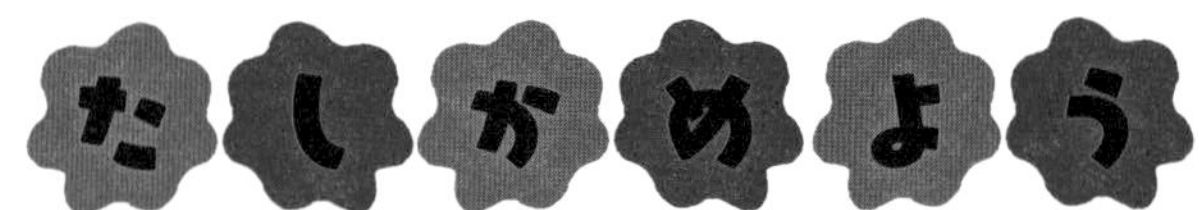


→答えは別冊(べっさつ) 28 ページ

次の問題の □ の中にあてはまる数や言葉を書いて、答えも求めましょう。

**1** 右の立体は、たての長さが 2cm、横の長さが 3cm、高さが 1cm の直方体です。次の問いに答えましょう。

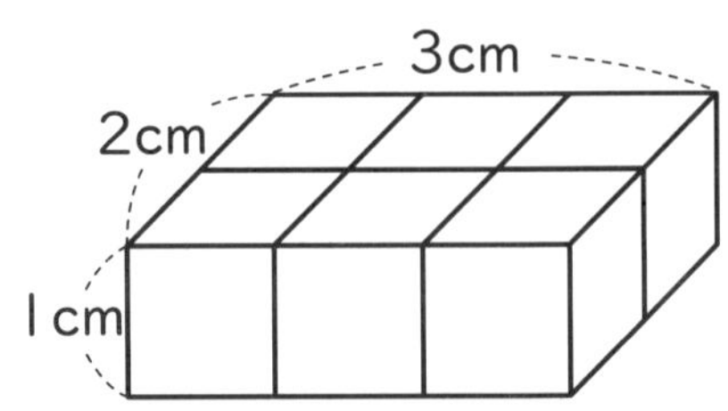


**(1)** 1 辺の長さが 1cm の立方体が何個(なんこ)集まってできていますか。

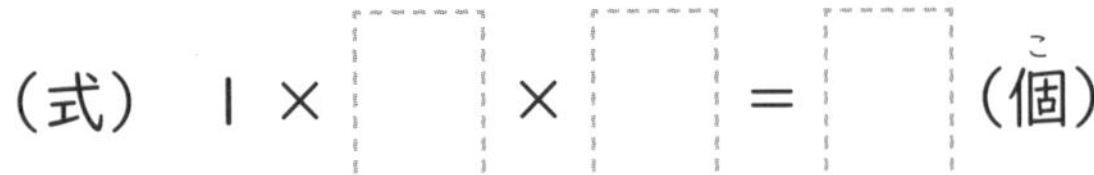


答え：　　個

**(2)** 体積は何 $cm^3$ ですか。

(式) 1 × □ = □ ($cm^3$)

答え：　　$cm^3$

**(3)** 直方体の体積を求める式を完成させましょう。

たての長さ(cm) × □ の長さ(cm) × □ (cm) = 直方体の体積($cm^3$)

**2** 次の立体の体積を求めましょう。

**(1)** 1 辺の長さが 4cm の立方体の体積

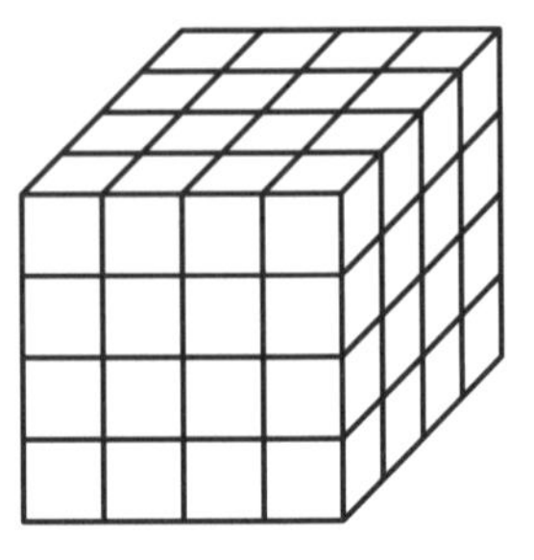

答え：　　$cm^3$

**(2)** たての長さが 3cm、横の長さが 4cm、高さが 2cm の直方体の体積

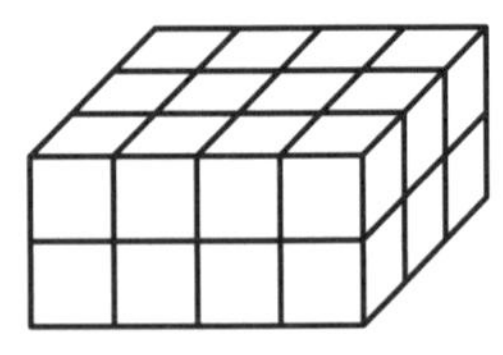

答え：　　$cm^3$

## 3 下の図のように1辺の長さが1cmの立方体の体積は$1cm^3$、1辺の長さが10cmの立方体の体積は1L、1辺の長さが100cmの立方体の体積は$1m^3$（立方メートル）です。次の問いに答えましょう。

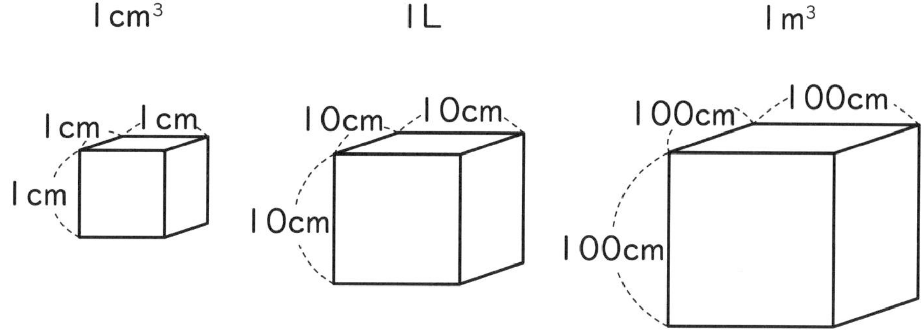


**(1)** 1辺の長さが10cmの立方体の体積は何$cm^3$ですか。

（式） 10 × ☐ × ☐ ＝ ☐ （$cm^3$）

答え：　　　$cm^3$

**(2)** 1辺の長さが100cmの立方体の体積は何$cm^3$ですか。

（式） 100 × ☐ × ☐ ＝ ☐ （$cm^3$）

答え：　　　$cm^3$

**(3)** (1)、(2)を利用して、次の式を完成させましょう。

1L ＝ ☐ $cm^3$、 $1m^3$ ＝ ☐ $cm^3$ ＝ ☐ L

**(4)** 1L ＝ 10dLです。1dLは何$cm^3$ですか。

（式） ☐ ÷ ☐

＝ ☐ （$cm^3$）

答え：　　　$cm^3$

$1m^3$ ＝ 1000L ＝ 1000000$cm^3$
1L ＝ 10dL ＝ 1000$cm^3$
1dL ＝ 100$cm^3$
1mL ＝ 1$cm^3$ です。

立方体や直方体以外の立体の体積はどうやって計算するの？

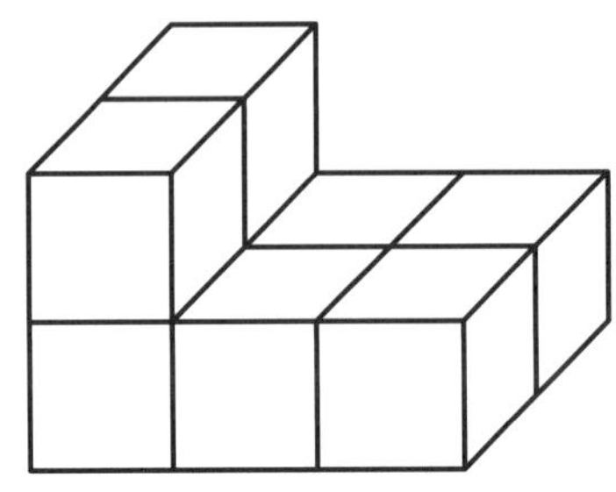

次の図のような正方形や長方形ではない平面図形の面積は
どうやって求めたかな？

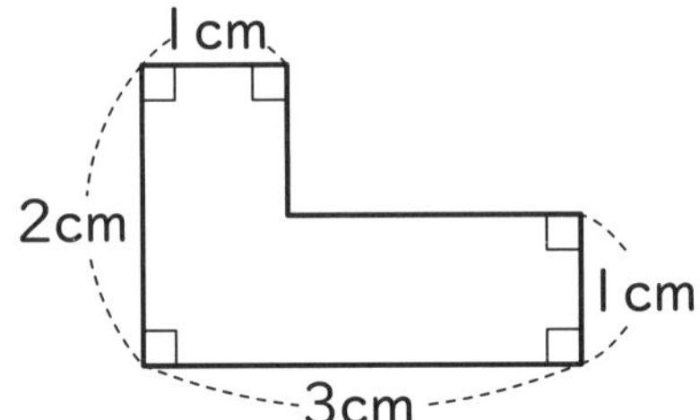

2つに分けて求めたよ。

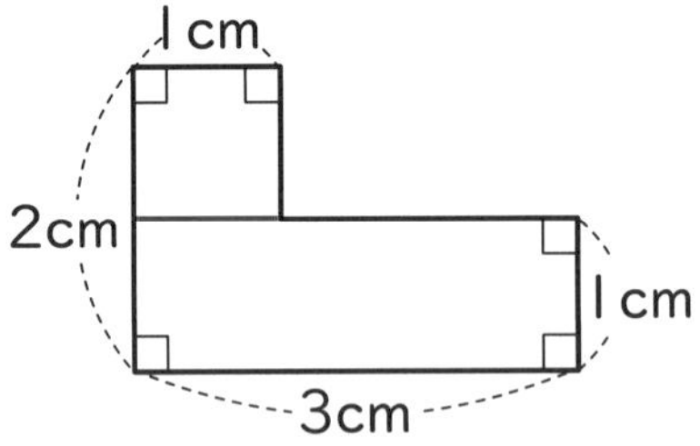

そうか、**立体でも同じように分ければいいんだ！**
ということは……。

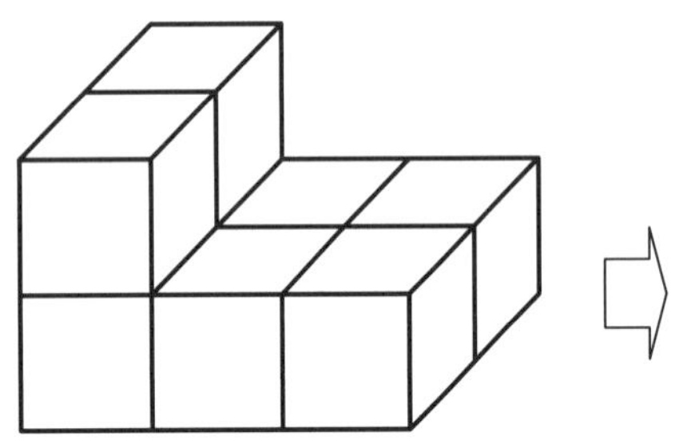

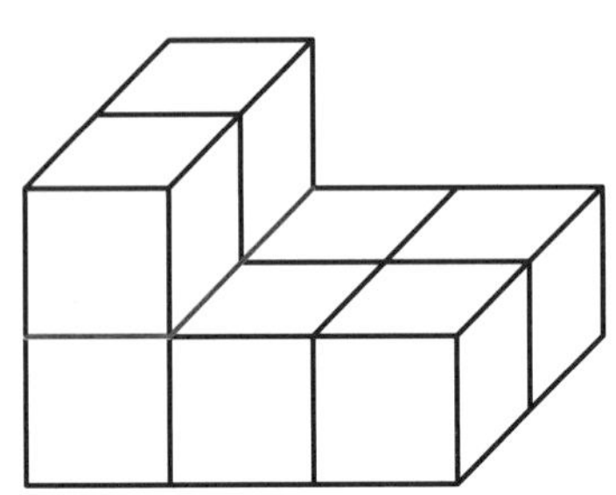

## 例題 2

→答え は別冊 28 ページ

1 辺の長さが 1cm の立方体の積み木をならべました。
体積は何 cm³ ですか。

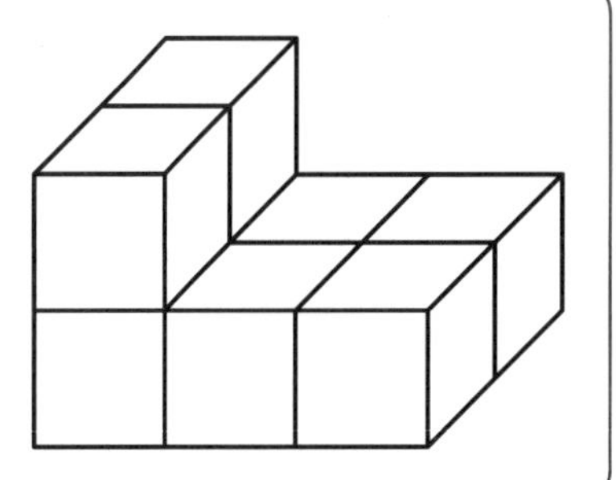

面積の求め方をおさらいしましょう。

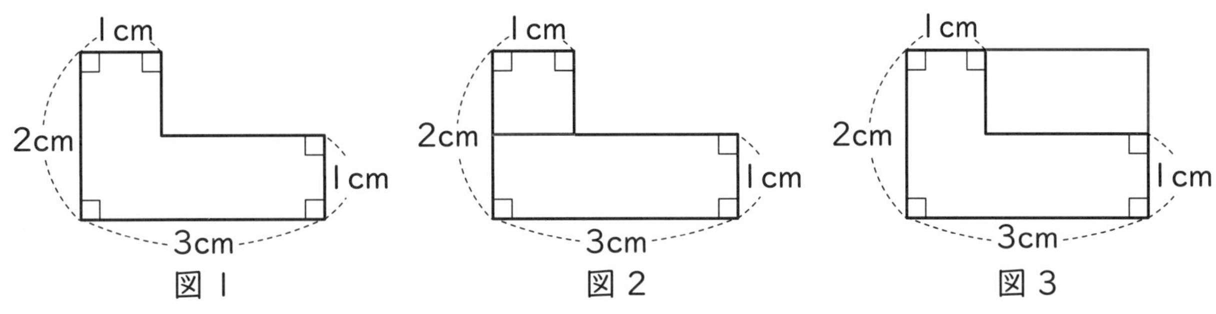


図 1　図 2　図 3

図 1 のような図形の面積は、図 2 のように 2 つに**分けたり**、図 3 のように**つけたしたり**して求めました。

体積も同じようにして求めることができます。

(分けて求める方法)

右の図のように、赤線で上下に分けます。

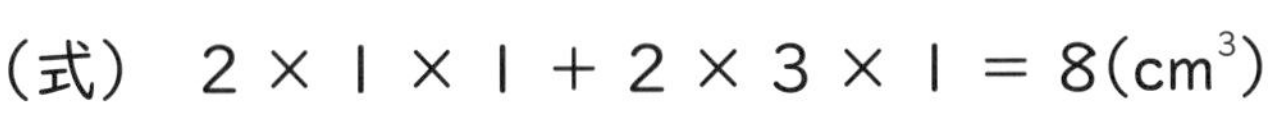

(式)　$2 \times 1 \times 1 + 2 \times 3 \times 1 = 8(cm^3)$

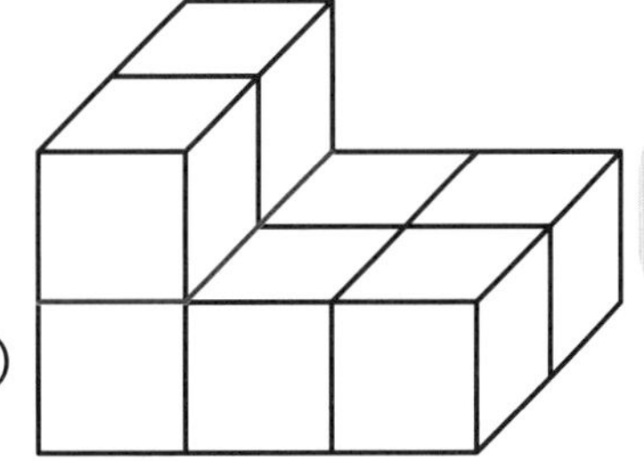

(つけたして求める方法)

右の図のように、積み木（赤線）をつけたします。

(式)　$2 \times 3 \times 2 - 2 \times 2 \times 1 = 8(cm^3)$

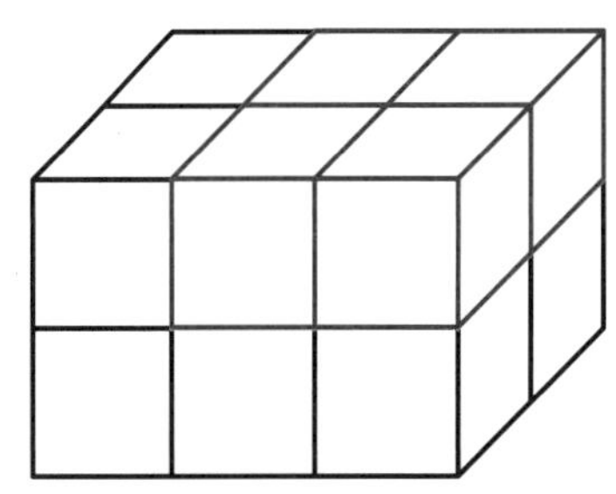

## たしかめよう

→答えは別冊 28 ページ

次の問題の □ の中にあてはまる数や言葉を書いて、答えも求めましょう。

**4** 図１は１辺の長さが 1cm の立方体の積み木をならべて作った立体です。

図１

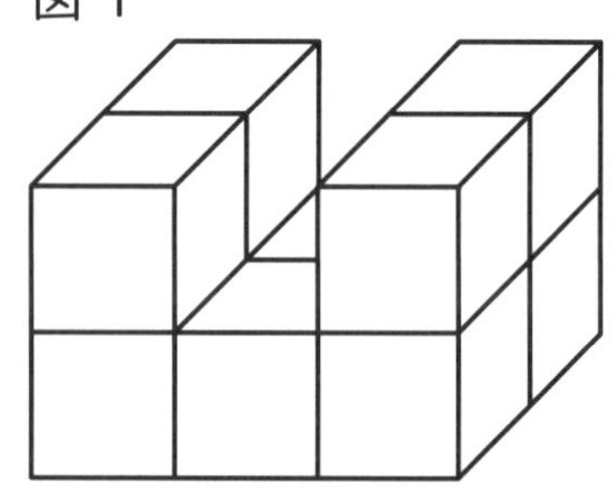

**(1)** 図２のように立体を上下に分けて体積を求めましょう。

（式） 2 × 1 × 1 ＋ 2 × 1 × 1 ＝ 4(cm³)…上側

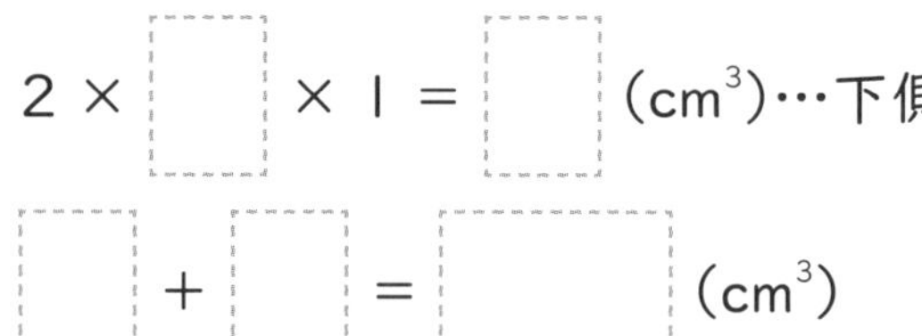

2 × □ × 1 ＝ □ (cm³)…下側

□ ＋ □ ＝ □ (cm³)

答え： cm³

図２

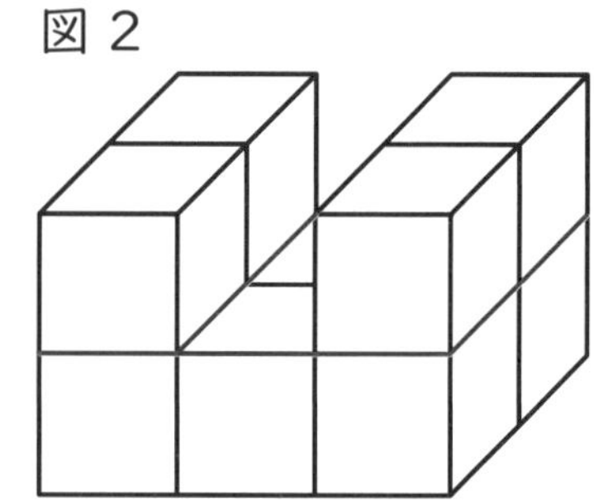

**(2)** 図３のように立体をつけたして体積を求めましょう。

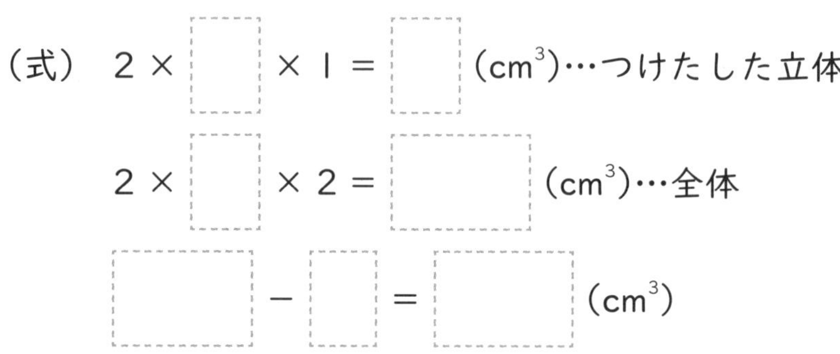

（式） 2 × □ × 1 ＝ □ (cm³)…つけたした立体

2 × □ × 2 ＝ □ (cm³)…全体

□ − □ ＝ □ (cm³)

図３

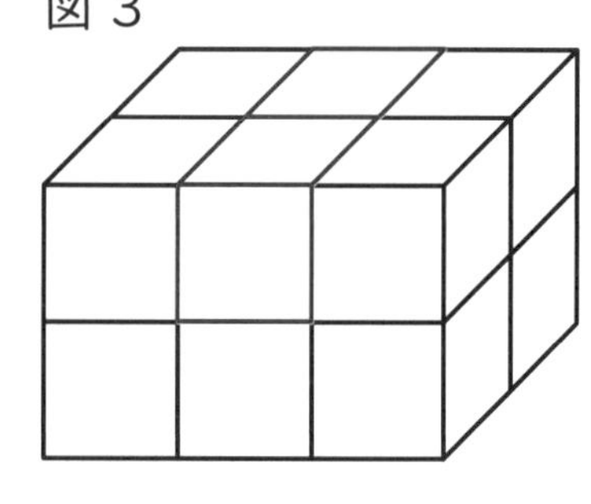

答え： cm³

**(3)** 図４のように立体を前後に分けて体積を求めましょう。

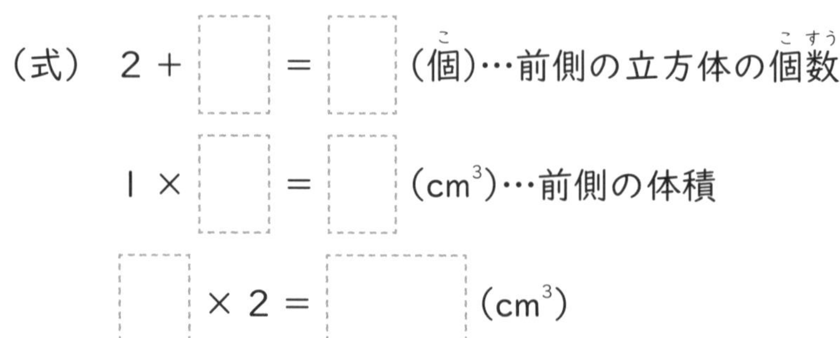

（式） 2 ＋ □ ＝ □ (個)…前側の立方体の個数

1 × □ ＝ □ (cm³)…前側の体積

□ × 2 ＝ □ (cm³)

図４

答え： cm³

前後に分けると同じ形２つになります。

**5** 直方体を組み合わせて立体を作りました。
立体を分ける方法で体積を求めましょう。

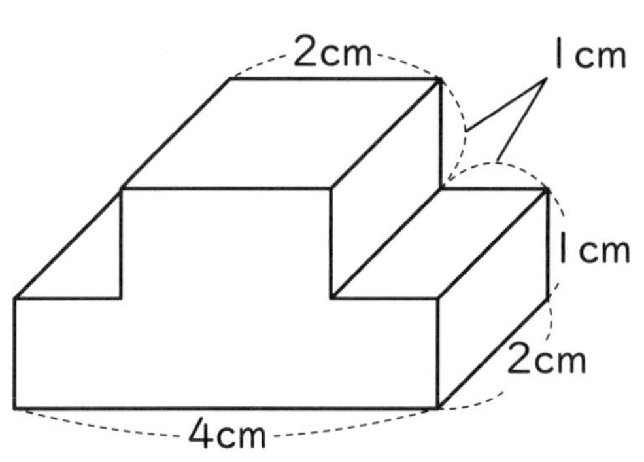


（式）　2 × □ × □ ＝ □ (cm$^3$)…上側

2 × □ × □ ＝ □ (cm$^3$)…下側

□ ＋ □ ＝ □ (cm$^3$)

答え：　　cm$^3$

**6** 直方体を組み合わせて立体を作りました。
立体をつけたす方法で体積を求めましょう。

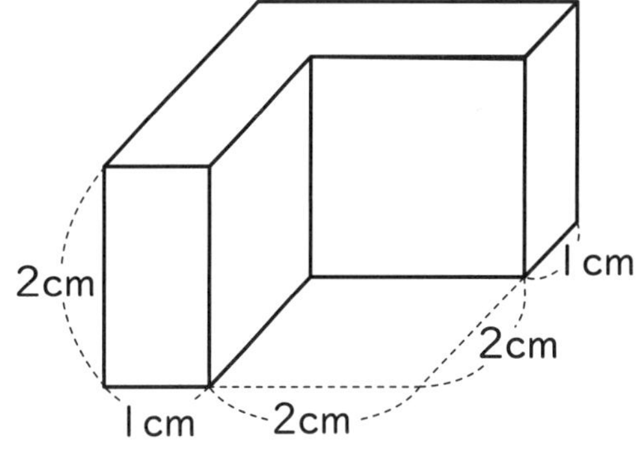


（式）　2 × □ × □ ＝ □ (cm$^3$)

…つけたした立体

1 ＋ 2 ＝ 3(cm)

3 × □ × □ ＝ □ (cm$^3$)…全体

□ － □ ＝ □ (cm$^3$)

答え：　　cm$^3$

分けると求めやすい立体とつけたすと求めやすい立体があります。

→答え(べっさつ)は別冊 28、29 ページ

次の問題の [ ] にあてはまる数を書いて、答えも求めましょう。

**1** 次の立体の体積を求めましょう。

**(1)** 1 辺の長さが 2cm の立方体

(式) [ ] × [ ] × [ ] ＝ [ ] ($cm^3$)

答え：　　　$cm^3$

**(2)** たての長さが 3cm、横の長さが 5cm、高さが 4cm の直方体

(式) [ ] × [ ] × [ ] ＝ [ ] ($cm^3$)

答え：　　　$cm^3$

**2** 容器(ようき)にミルクが 1L 入っています。容器(ようき)からコップにミルクを 200$cm^3$ うつしました。次の問いに答えましょう。

**(1)** 1L は何 $cm^3$ ですか。

答え：　　　$cm^3$

**(2)** 容器(ようき)に残ったミルクの体積は何 $cm^3$ ですか。

(式) [ ] － 200 ＝ [ ] ($cm^3$)

答え：　　　$cm^3$

## 3 次の立体の体積を求めましょう。

**(1)** 合同な直方体を６つ組み合わせて作った立体

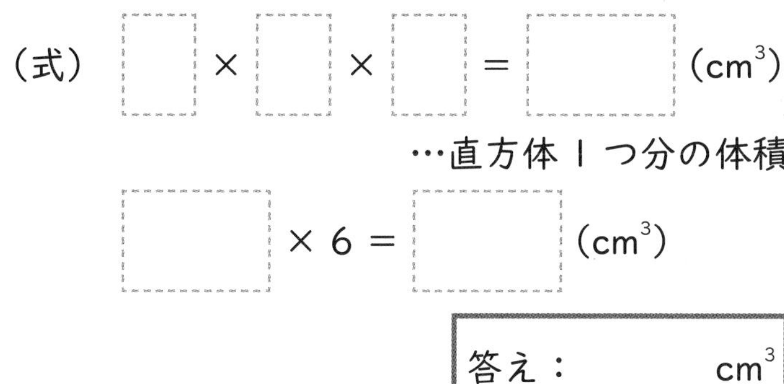


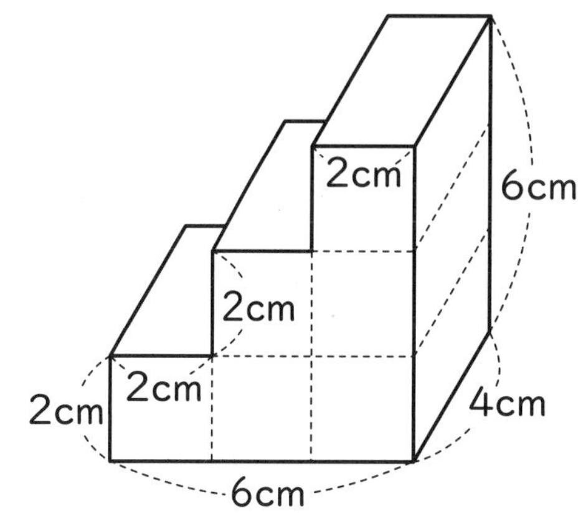


**(2)** たての長さが2cm、横の長さが4cm、高さが2cmの直方体から、たての長さが1cm、横の長さが1cm、高さが2cmの直方体をくりぬいた立体

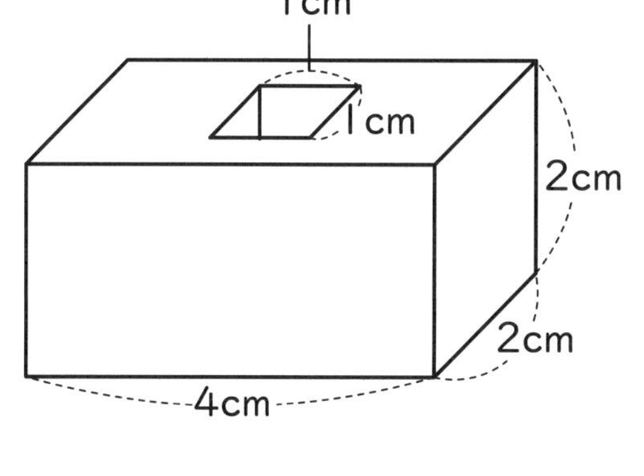


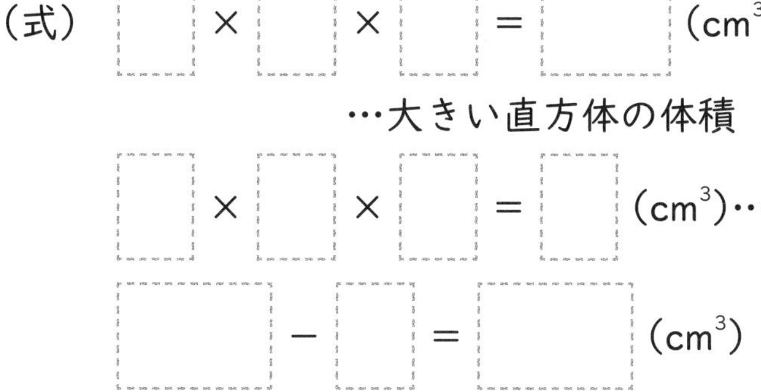


答え： cm³

## 4 右の図は、厚(あつ)さが1cmの直方体の板を組み合わせて作った容器(ようき)です。この容器(ようき)の容積(ようせき)は何 $cm^3$ ですか。

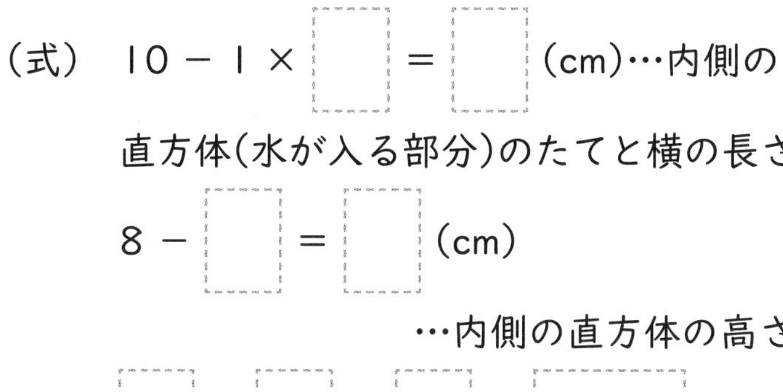

（式） 10－1× ＝ (cm)…内側の
直方体（水が入る部分）のたてと横の長さ
8－ ＝ (cm)
…内側の直方体の高さ
× × = (cm³)
答え： cm³


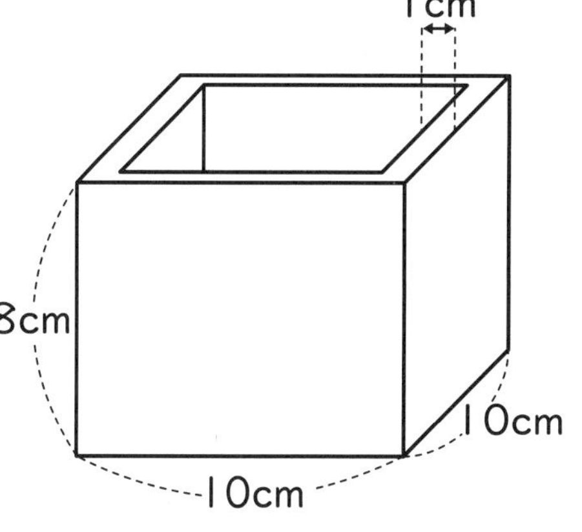


容積(ようせき)は、容器(ようき)の中に入れることができる水などの体積のことです。

# 小5　22

# 角柱・円柱の見方

関連ページ「つまずきをなくす小4・5・6算数立体図形」74～85、88～107ページ

## つまずきをなくす説明

「角柱」って何のこと？

例えば、けずっていない新品の鉛筆は角柱だね。

鉛筆のようにまっすぐな形ということ？

そうだね。算数の言葉で考えてみると、鉛筆にはどんな面があるかな。

えーっと、細長い長方形と六角形だ。

いいね。他にこんな鉛筆もあるよ。

これだと、長方形と三角形だ。

これらの鉛筆のように**長方形がいくつかと、もう１種類の合同な図形２つでできた立体のことを「角柱」というよ。**

「もう１種類の合同な図形」って、六角形や三角形のことなの？

そうだね。そして、六角形と長方形の場合は六角柱、三角形と長方形の場合は三角柱というよ。

**例題 1**

→答えは別冊 29 ページ

**右の立体の名前を答えましょう。**

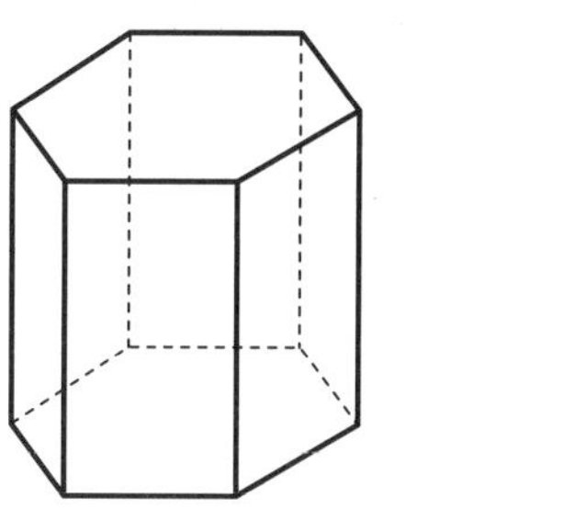

問題の立体をいろいろな向きから切ってみます。

六角形の面と平行に切った場合

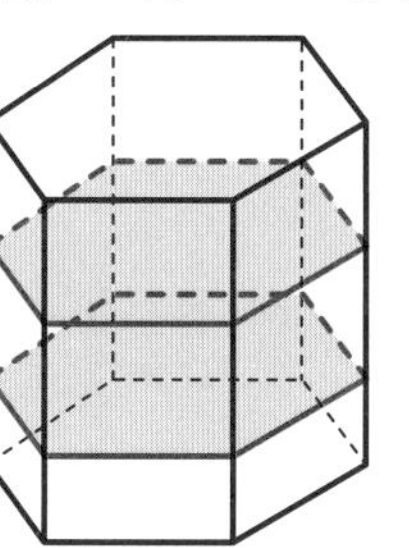

長方形の面と平行に切った場合

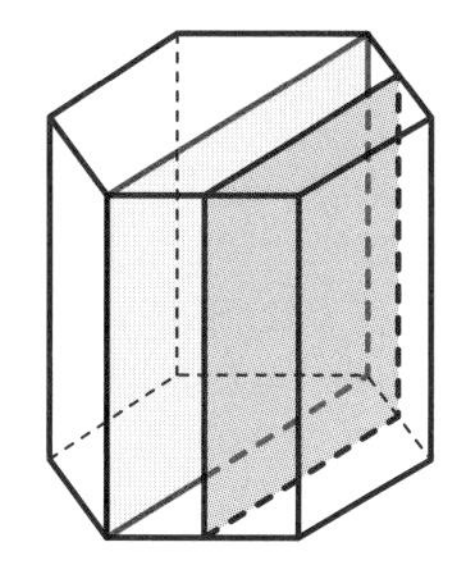

ななめに切った場合

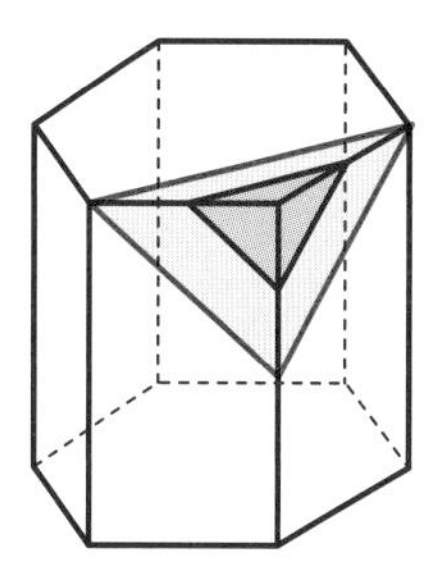

上の図で、六角形の面と平行に切った場合だけ、切り口の面が合同です。このような六角形の面のことを「**底面**」といいます。

そして底面以外の面を「**側面**」といい、底面が２つの合同な多角形、側面がいくつかの長方形で囲まれた立体を「**角柱**」といいます。

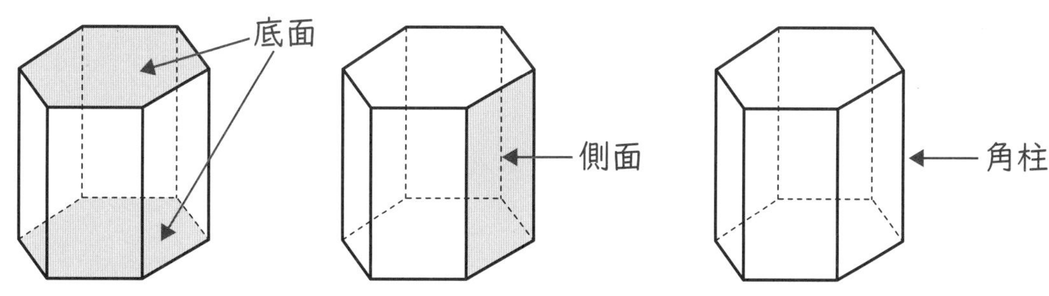


角柱の名前は底面の形で決まります。上の図の場合は**底面が六角形ですから、六角柱**といいます。

**ポイント**

**角柱…底面が２つの合同な多角形で、側面がいくつかの長方形で囲まれた立体**

## たしかめよう

→答え は別冊(べっさつ) 29 ページ

**1** 次の立体の ☐ にあてはまる言葉を、☐ の中から選んで書きましょう。

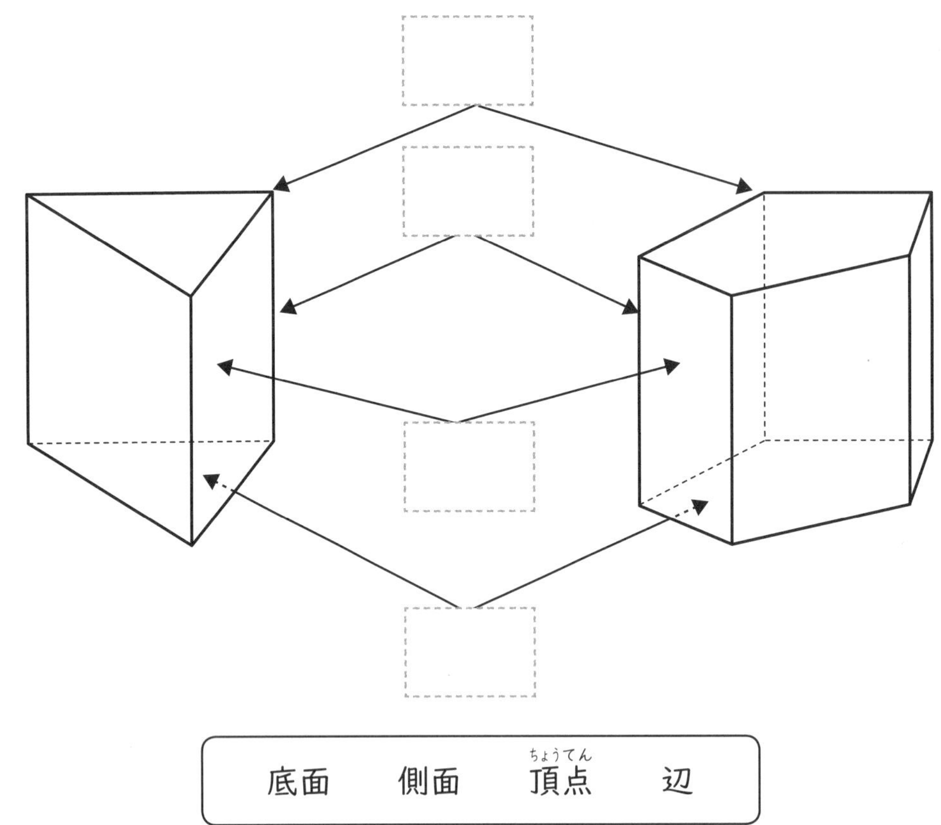

底面　側面　頂点(ちょうてん)　辺

**2** 右の立体について、次の問いに答えましょう。

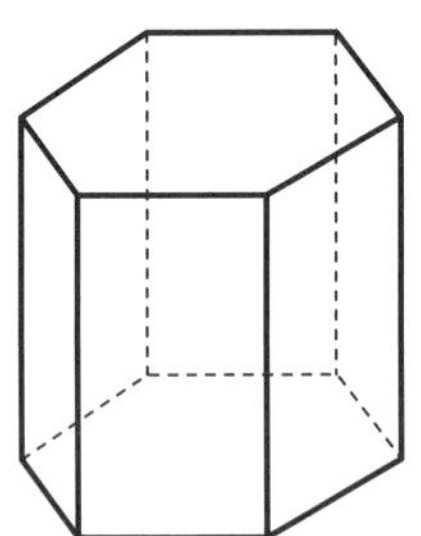

**(1)** 底面は何という図形ですか。

答え：　　　形

**(2)** 側面は何という図形ですか。

答え：　　　形

**(3)** この立体は何という図形ですか。

答え：

## 3 表の空らんにあてはまる数や言葉を書きましょう。

| 底面の形 | 三角形 | | |
|---|---|---|---|
| 底面の数（面） | 2 | | |
| 側面の形 | 長方形 | | |
| 側面の数（面） | 3 | | |
| 立体の名前 | 三角柱 | | |
| 頂点（個） | 6 | | |
| 辺（本） | 9 | | |
| 見取り図 | | | |

## 4 右の立体について、次の問いに答えましょう。

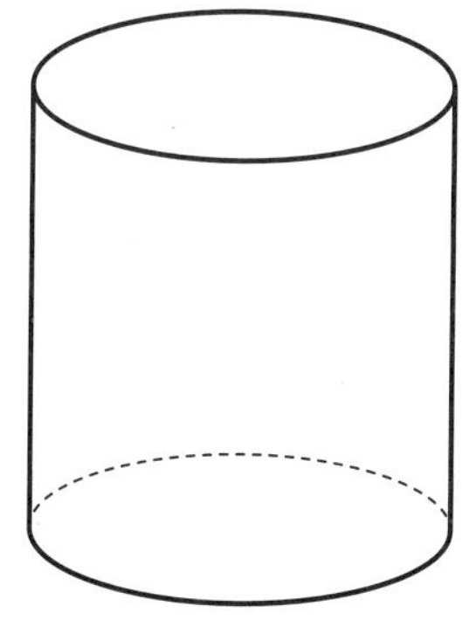

**(1)** 底面は何という図形ですか。

答え：

**(2)** この立体は何という図形ですか。

答え：

この立体はジュースの缶のような形で、
側面は曲面になっています。

## つまずきをなくす説明

この問題の答えがわからないや……。

【問題】 次の展開図（てんかいず）で、直線 BE の長さは何 cm ですか。

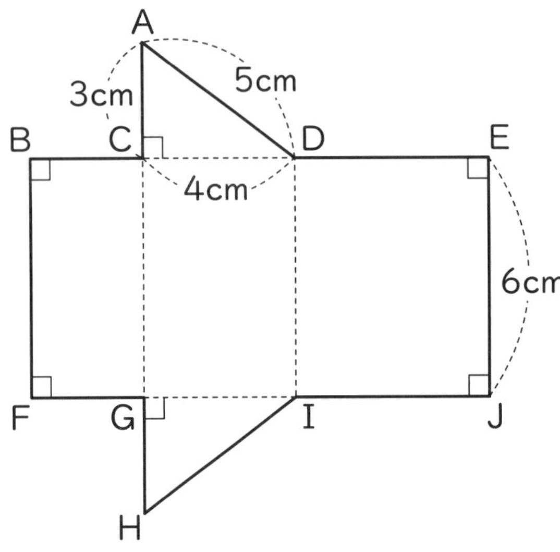


4 年生で勉強した立方体や直方体の展開図（てんかいず）と同じように**組み立てて重なる点に注目するよ。**点 A はどの点と重なるかな？

組み立てると点 A は……、点 B と重なるよ。

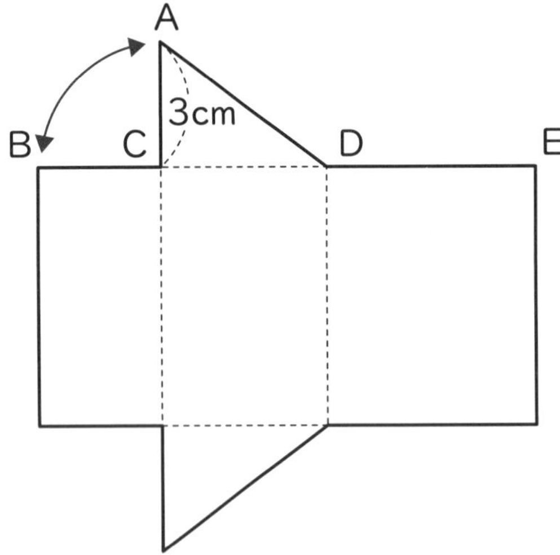


そうだね。ということは BC の長さがわかるよ。

そうか、AC と同じ 3cm だ。

その通り。同じように考えれば DE の長さもわかるね。

**例題 2**

→答え は別冊 29 ページ

右の展開図で、直線 BE の長さは何 cm ですか。

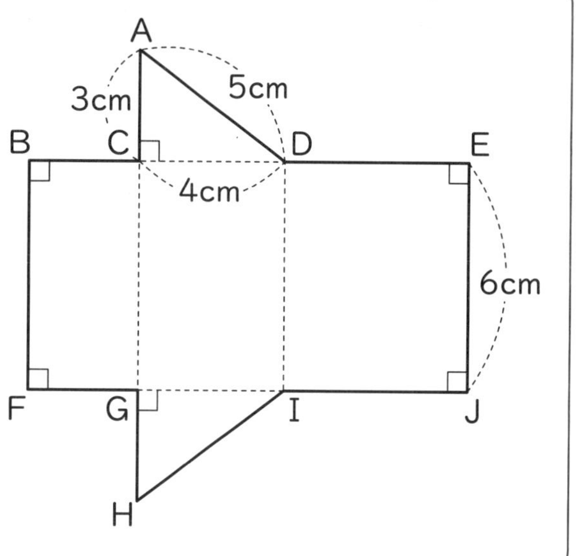


実際に折ってみましょう。

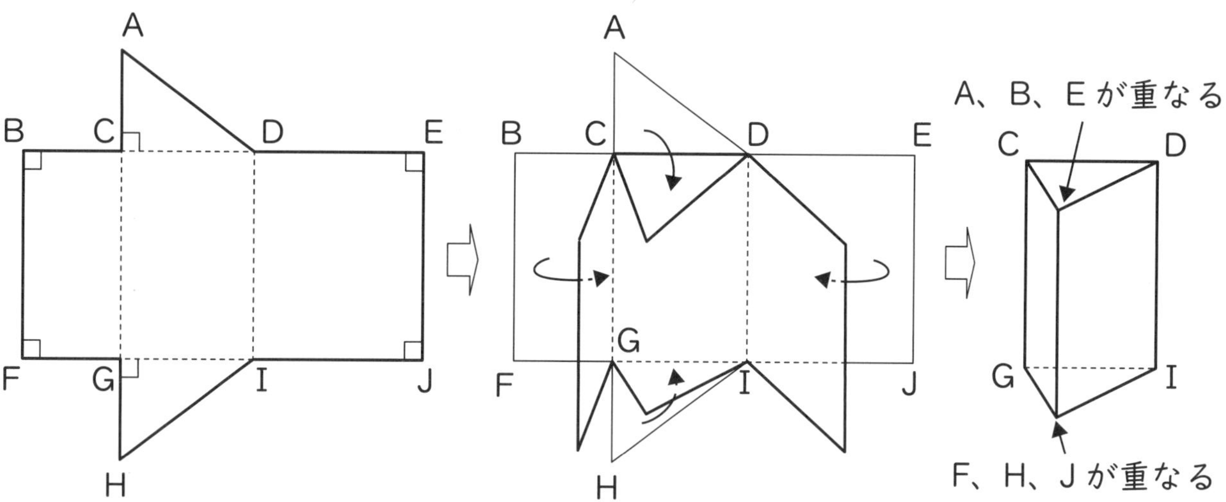


上の図のように、AC と BC、AD と ED が重なりますので、BC = 3cm、ED = 5cm です。

（式） 3 + 4 + 5 = 12(cm)

**ポイント**

**展開図の見方…右の図のようなとなり合う 2 点や展開図の両はしの 2 点は重なる。**

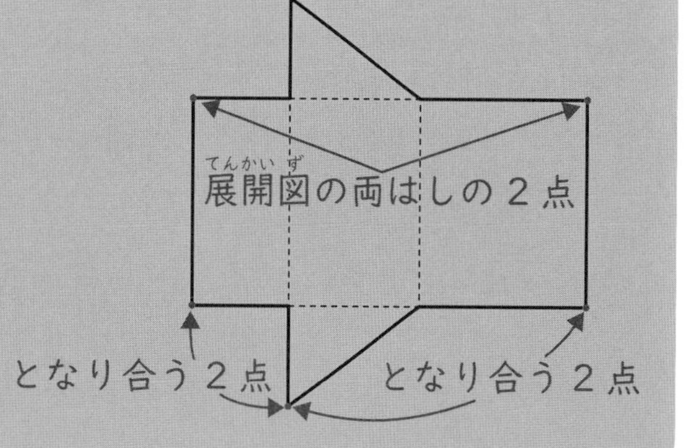

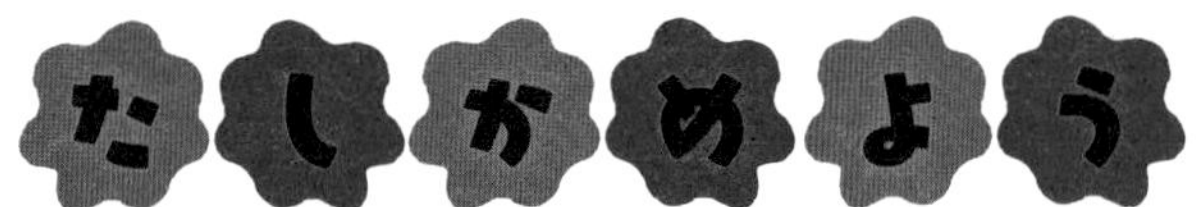


→答えは別冊(べっさつ) 29 ページ

**5** 次の展開図(てんかいず)は何という立体の展開図(てんかいず)でしょう。

(1)

(2)

(3)

(4)

体

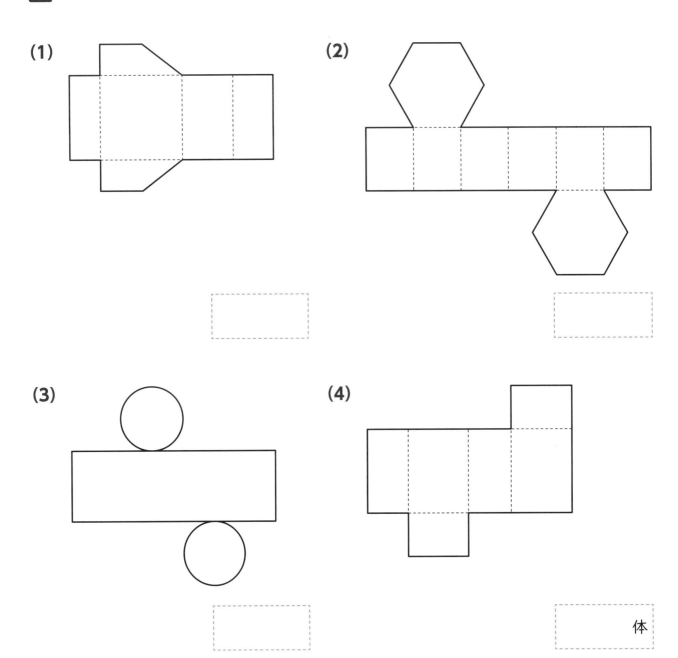

(4) は四角柱ですが、別の名前もあります。

**6** 右の展開図(てんかいず)を見て、次の問いに答えましょう。

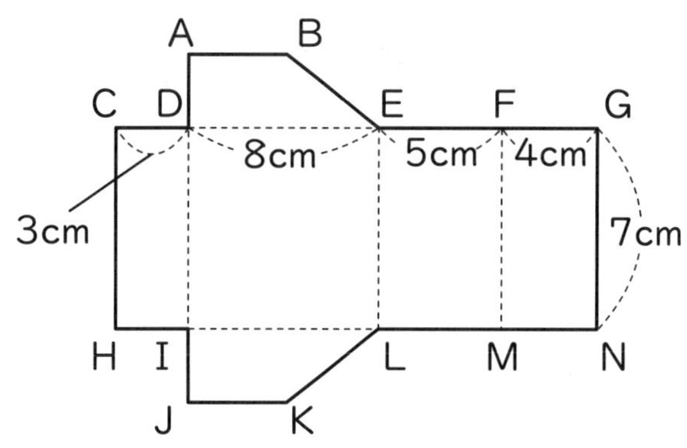


**(1)** 点Aと重なる頂点(ちょうてん)をすべて答えましょう。

答え：点　　　と点

**(2)** 辺CHと重なる辺を答えましょう。

答え：辺

**(3)** 辺ABの長さは何cmですか。

答え：　　　cm

**(4)** この立体の高さは何cmですか。

答え：　　　cm

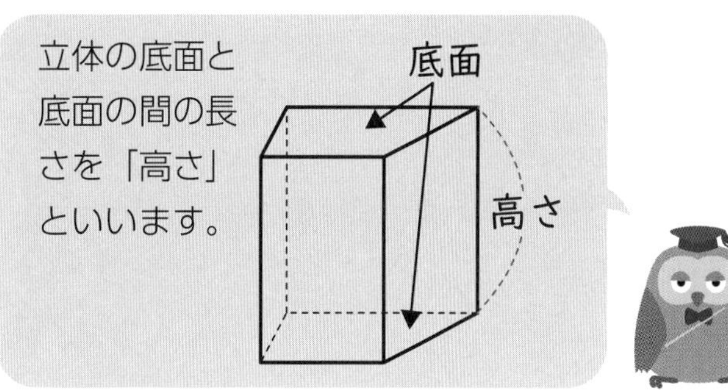

立体の底面と底面の間の長さを「高さ」といいます。
底面
高さ


**7** 右の円柱の展開図(てんかいず)で、赤色の線の長さは何cmですか。

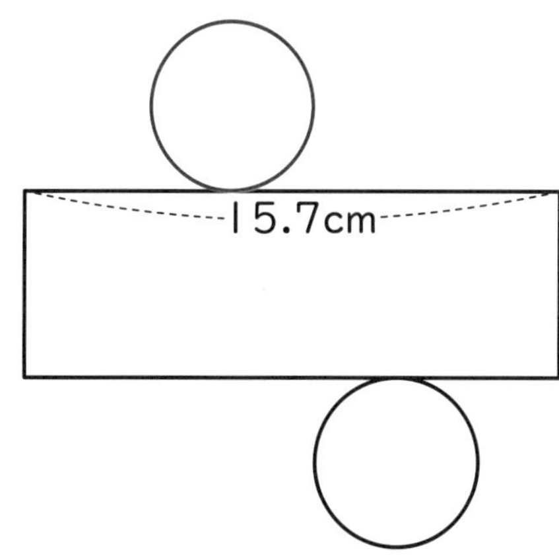


答え：　　　cm

展開図(てんかいず)を組み立てると、赤色の線はどことと重なるでしょう。

→答え は別冊（べっさつ）30 ページ

次の問題の［　］にあてはまる数を書いて、答えも求めましょう。

**1** 右の図を見て、次の問いに答えましょう。

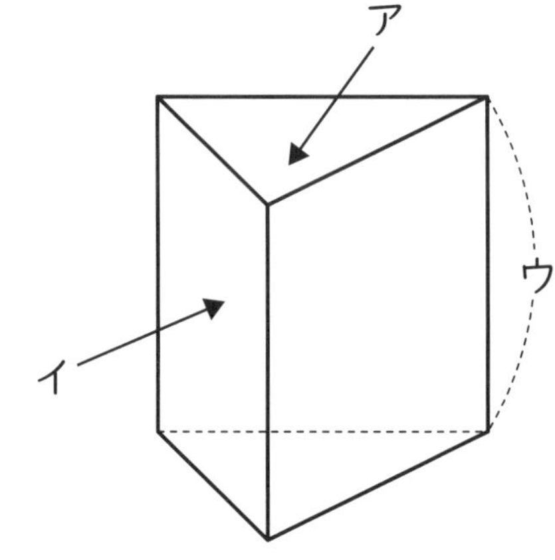


**(1)** アは何という面ですか。

答え：　　　面

**(2)** イは何という面ですか。

答え：　　　面

**(3)** ウの辺の長さを立体の何といいますか。

答え：

**(4)** この立体の名前を答えましょう。

答え：

**2** 右の展開図（てんかいず）を見て、次の問いに答えましょう。
（円周率（えんしゅうりつ）は 3.14 とします。）

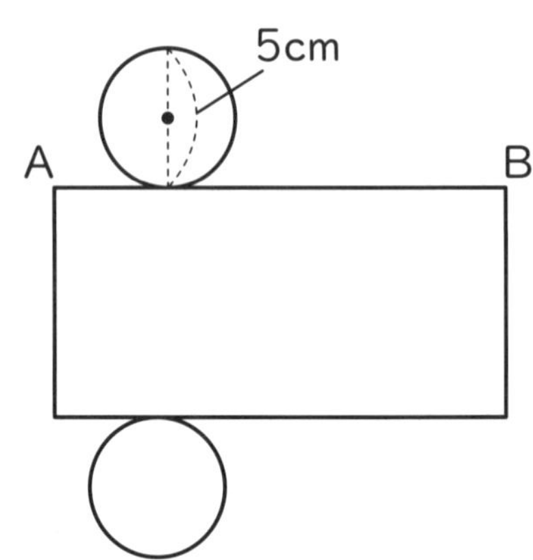


**(1)** 何という立体の展開図（てんかいず）ですか。

答え：

**(2)** AB の長さは何 cm ですか。

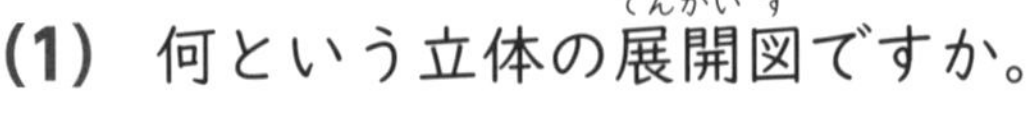

（式）［　］×［　］＝［　］（cm）

答え：　　　cm

## 3 次の問いに答えましょう。

**(1)** 五角柱の底面の形を答えましょう。

答え：　　　形

**(2)** 五角柱の底面は何面ありますか。

答え：　　　面

**(3)** 五角柱の側面の形を答えましょう

答え：　　　形

**(4)** 五角柱の側面は何面ありますか。

答え：　　　面

**(5)** 五角柱の頂点(ちょうてん)は何個(なんこ)ありますか。

答え：　　　個(こ)

**(6)** 五角柱の辺は何本ありますか。

答え：　　　本

わからないときは、五角柱の見取り図をかいてみましょう。

## 4 右の展開図(てんかいず)を見て、次の問いに答えましょう。

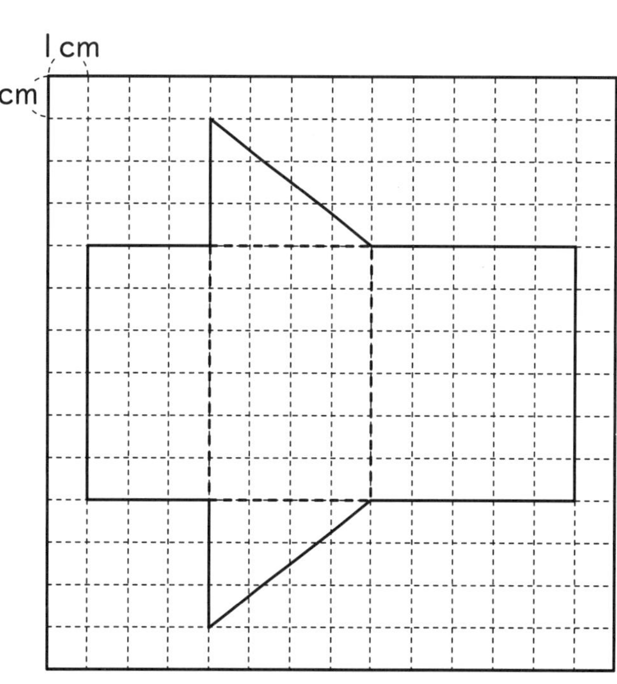


**(1)** 何という立体の展開図(てんかいず)ですか。

答え：

**(2)** この立体の高さは何 cm ですか。

答え：　　　cm

**西村則康（にしむら　のりやす）**
名門指導会代表　塾ソムリエ
教育・学習指導に35年以上の経験を持つ。現在は難関私立中学・高校受験のカリスマ家庭教師であり、プロ家庭教師集団である名門指導会を主宰。「鉛筆の持ち方で成績が上がる」「勉強は勉強部屋でなくリビングで」「リビングはいつも適度に散らかしておけ」などユニークな教育法を書籍・テレビ・ラジオなどで発信中。フジテレビをはじめ、テレビ出演多数。
著書に、「つまずきをなくす算数　計算」シリーズ（全7冊）、「つまずきをなくす算数　図形」シリーズ（全3冊）、「つまずきをなくす算数　文章題」シリーズ（全6冊）のほか、『自分から勉強する子の育て方』『勉強ができる子になる「1日10分」家庭の習慣』『中学受験の常識 ウソ？ホント？』（以上、実務教育出版）などがある。

追加問題や楽しい算数情報をお知らせする『西村則康算数くらぶ』のご案内はこちら ➡

**前田昌宏（まえだ　まさひろ）**
1960年神戸市生まれ。神戸大学卒。大学在学中より学習塾のアルバイトをはじめ、地方中堅進学塾の算数指導にあたる。その後、中学受験専門塾最大手の浜学園の講師となり、数多くの難関中受験生を指導。
現在、中学受験個別指導のSS-1（エスエスワン）で顧問として活動すると同時に、大手進学塾に入る前の低学年生からも「わかりやすい」「ていねい」と好評な指導方法を生かし、西村則康氏の「つまずきをなくす算数」シリーズ（実務教育出版）にも執筆協力。
その他、「中学受験情報局　かしこい塾の使い方」主任相談員として、執筆、講演活動なども行っている。著書に「中学受験　すらすら解ける魔法ワザ　算数」シリーズ（実務教育出版）などがある。

装丁／西垂水敦・市川さつき（krran）
本文デザイン・DTP／明昌堂
本文イラスト／角田祐吾
制作協力／加藤彩

**つまずきをなくす**
**小5 算数 全分野 基礎からていねいに**

2020年2月10日　初版第1刷発行
2022年4月10日　初版第2刷発行

著　者　西村則康・前田昌宏
発行者　小山隆之
発行所　株式会社 実務教育出版
163-8671　東京都新宿区新宿1-1-12
電話　03-3355-1812（編集）　03-3355-1951（販売）
振替　00160-0-78270

印刷／文化カラー印刷　　製本／東京美術紙工

 ISBN978-4-7889-1495-7　C6041　Printed in Japan